Beobachtung kindlicher Selbstbildungsprozesse

Markus Kieselhorst · Stefan Brée
Norbert Neuß

Beobachtung kindlicher Selbstbildungsprozesse

Deutungskompetenzen frühpädagogischer Fachkräfte

Springer VS

Dr. Markus Kieselhorst
HAWK Hildesheim
Holzminden, Göttingen
Hildesheim, Deutschland

Prof. Dr. Norbert Neuß
Justus-Liebig-Universität Gießen
Gießen, Deutschland

Prof. Dr. Stefan Brée
HAWK Hildesheim
Holzminden, Göttingen
Hildesheim, Deutschland

ISBN 978-3-531-19732-6
ISBN 978-3-531-19733-3 (eBook)
DOI 10.1007/978-3-531-19733-3

Die Deutsche Nationalbibliothek verzeichnet diese Publikation in der Deutschen Nationalbibliografie; detaillierte bibliografische Daten sind im Internet über http://dnb.d-nb.de abrufbar.

Springer VS

Gedruckt auf säurefreiem und chlorfrei gebleichtem Papier

Springer VS ist eine Marke von Springer DE. Springer DE ist Teil der Fachverlagsgruppe Springer Science+Business Media.
www.springer-vs.de

Inhalt

1 Fragestellungen des Forschungsprojektes

Die Beobachtung und Deutung kindlicher Bildungsprozesse wird heute als eine zentrale Tätigkeit frühpädagogischer Fachkräfte angesehen. Mehr denn je wird von Fachkräften in Kindertagesstätten erwartet, dass kindliche Bildungsprozesse systematisch wahrgenommen, erfasst und reflektiert werden. „Die Fähigkeiten des genauen Beobachtens und Wahrnehmens sowie des Interpretierens von hoch komplexen Situationen im pädagogischen Alltag (…) stellen zentrale professionelle Kompetenzen dar" (Robert Bosch Stiftung 2008, S. 44). Im Qualifikationsprofil von ErzieherInnen werden Wahrnehmungs-, Deutungs- und Reflexionskompetenz und Beobachtungs- und Diagnosekompetenz dementsprechend als besonders relevant angesehen (vgl. Autorengruppe Fachschulwesen 2011, S. 12).

Längst sind die Qualität von Kindertagesstätten und die Professionalität frühpädagogischer Fachkräfte zu gesamtgesellschaftlichen Themen geworden. Auch außerhalb genuin (früh-)pädagogischer Fachkreise werden Überlegungen und Positionierungen bezüglich der Begleitung frühkindlicher Bildung vorgelegt. So fordert etwa die Bundesvereinigung der Deutschen Arbeitgeberverbände (BDA) in einem 8-Punkte-Katalog, jedes Kind solle eine frühzeitige effektive Förderung erhalten und benennt hierfür eine „umfassende systematische Diagnose" (BDA 2011, S. 2) als notwendige Voraussetzung, bei der Entwicklungsschritte und -defizite beobachtet und dokumentiert werden.

Dieser Anspruch ist eng verknüpft mit einem frühpädagogischen Paradigmenwechsel, in welchem das Kind als ein aktives und autonomes Subjekt konstruiert wird, welches sich durch die aktive Auseinandersetzung mit seiner sachlichen und sozialen Umwelt selbsttätig bildet (vgl. u.a. Laewen/Andres 2002; Schäfer 1998, 2005; Liegle 2006, Tietze/Viernickel 2007). Die Bildungs- und Orientierungspläne fordern in diesem Zusammenhang, in Kindertageseinrichtungen die Unterstützung frühkindlicher Bildung auf der Grundlage von Beobachtungs- und Dokumentationsverfahren zu realisieren: „ErzieherInnen sind forschende PädagogInnen, die mit Offenheit, einer sensiblen Wahrnehmungsfähigkeit von Situationen und mit einem teilnehmenden Interesse den ganz individuellen Bildungsweg jedes Kindes zu ergründen versuchen. (…) Die Beobachtung ist in jedem Fall eine zentrale Aufgabe der pädagogischen Fachkräfte und ein unerlässliches Instrument der Bildungsbegleitung von Kindern" (Niedersächsisches Kultusministerium 2005, S. 39).

Ein derartig normativ-professionelles Verständnis des Bildungsauftrages für Kindertageseinrichtungen stellt die pädagogische Praxis vor große Herausforderungen, zumal wenn oftmals die dafür notwendigen strukturellen Voraussetzungen nicht gegeben sind (vgl. Viernickel/Schwarz 2010, vbw – Gutachten 2012). Beobachtungen sind darüber hinaus kontingent und somit ist jede Beobachtung und Deutung mit der Schwierigkeit konfrontiert, eine Auswahl dazu treffen zu müssen, welche Kinder beobachtet werden, zu welchem Zeitpunkt dies geschieht und welche Aspekte eine besondere Aufmerksamkeit geschenkt werden soll. Bei der Tätigkeit des Beobachtens handelt es sich um einen aktiven Wahrnehmungs- und Interpretationsprozess, bei dem Umweltreize aufgrund interner, meist unbewusster Muster ausgewählt und in Informationen umgewandelt werden[1]. Fachkräfte wählen aus, vermuten, interpretieren, urteilen, entscheiden und konstruieren dabei eine durch Wissen, Biografie und Erfahrung bestimmte Perspektive auf kindliche Handlungen. Aus allgemeiner, erkenntnistheoretischer Sicht ist dies eine notwendige Form der Reduktion von Umweltkomplexität. Die Ausbalancierung zwischen dieser Reduktion und einer der Individualität der Kinder gerecht werdenden Komplexität stellt für frühpädagogische Fachkräfte eine wichtige Facette beruflicher Handlungskompetenz dar.

Damit ergeben sich auch Fragen danach, wie es frühpädagogischen Fachkräften in organisatorischer Hinsicht gelingt, unter teilweise schwierigen strukturellen Bedingungen komplexe Verfahren zur Beobachtung und Dokumentation von Bildungsprozessen im Alltag anzuwenden und in ihr Handeln zu integrieren (vgl. u. a. Leu et.al. 2007; Neuß 2007; Viernickel/Völkel 2005; Viernickel/Schwarz 2010, Weltzien/Viernickel 2008). Beobachtungs- und Dokumentationsverfahren sind kein Selbstzweck, sondern bilden die Grundlage, um mit allen Beteiligten (Kindern, Eltern, Kolleginnen und Kollegen) in einen Dialog zu treten, um daraus begleitende und unterstützende Maßnahmen für Kinder abzuleiten. Somit sind sie zentral für die Wahrnehmung und Interpretation kindlicher Bildungsprozesse und das pädagogische Handeln.

Die gelungene Umsetzung des Bildungsauftrages ist eng an das Gelingen von Beobachtungs- und Dokumentationsverfahren und den sich darauf beziehenden Dialog gebunden. Die Tätigkeit des Beobachtens, Interpretierens und Dokumen-

---

1 Ausführlich zu möglichen Beobachtungsfehlern und Beobachtungsrisiken: Bensel/Haug-Schnabel 2005 und Viernickel/Völkel 2005.

tierens bzw. die damit einhergehende Anwendung von Beobachtungs- und Dokumentationsverfahren wird damit sowohl ein unersetzlicher Bestandteil als auch ein Indikator für den Grad professionellen Handelns.

Im Rahmen der frühpädagogischen Professionalisierungsdebatte wird intensiv über die Fähigkeiten, das Wissen und die Haltungen von Fachkräften und in diesem Sinne auch über deren Aus- und Weiterbildung diskutiert. Inhaltlich geht es dabei vor allem um die Sensibilisierung von ErzieherInnen für die Bildungsprozesse von Kindern und um professionelle Haltung auf der Grundlage eines wissenschaftlich-reflexiven und praktisch-pädagogischen Habitus (vgl. Nentwig-Gesemann, Fröhlich-Gildhof, Harms, Richter 2011).

Mit dem Begriff der Professionalität ist im Allgemeinen zunächst einmal gemeint, dass eine Person die notwendigen Fähigkeiten und Fachkenntnisse besitzt, um eine berufliche Tätigkeit einem erwartbaren Qualitätsstandard gemäß auszuüben, obwohl diese Handlungsvollzüge nicht immer vollständig standardisierbar und nicht routinisierbar sind (vgl. Klatetzki 2005, S. 253 f.). Für den speziellen Fall pädagogischer Handlungsfelder stellt ein solches „Arbeiten in Ungewissheit" den Kern professionellen Handelns dar (vgl. Rabe-Kleeberg 1999, S. 293 ff.). In pädagogischen Berufen sollen Fachkräfte die grundlegende Kompetenz besitzen, beständig mit offenen, unbestimmten und unvorhersehbaren Situationen umzugehen, diese deutend zu verstehen und sich auf die ungewisse Bewältigung nicht standardisierbarer Situationen handelnd einzulassen (vgl. Nentwig-Gesemann 2008, S. 255). Die Ungewissheit soll als Aufforderung zu einer kontinuierlichen fachlichen und persönlichen Reflexion des pädagogischen Handelns bezogen auf die jeweilige Situation verstanden werden. Die Perspektive frühpädagogischer Fachkräfte wird weniger auf Anwendung von standardisiertem Rezeptwissen gerichtet, sondern auf Erzeugung fallbezogenen Reflexionswissens. Eine professionelle Haltung und die damit verbundenen Erkenntnis- und Handlungsweisen werden dabei durch implizite, handlungsleitende und habitualisierte Orientierungen geleitet (vgl. Nentwig-Gesemann, Fröhlich-Gildhof, Harms, Richter 2011). Nicht-professionelles Handeln gründet demgegenüber auf im Erfahrungslernen mitgelerntem Wissen, das sich unreflektiert und nicht explizierbar in Handlungswissen erschöpft (vgl. Oevermann 2008). Professionelles Handeln bewegt sich hier in einem vielschichtigen Spannungsfeld zwischen Alltags- und Reflexionswissen, in dem das eigene Handeln in der professionellen Beziehung zu Kindern ständig neu reflektiert, kritisiert und begründet werden soll (vgl. Rabe-Kleeberg 2006). Viernickel und Schwarz (2008, S. 46) nennen folgende konsenzfähigen Qualitätsziele im Aufgabenbereich „Beobachtung und Dokumentation":

- „Beobachtung als Grundlage für pädagogisches Handeln
- Systematisches Beobachten jedes Kindes
- Jedes Kind wird mindestens einmal im Jahr beobachtet
- Beobachtung schriftlich festhalten
- Fokus auf Themen, Interessen und Lernwegen des einzelnen Kindes
- Fokus auf Entwicklungsfortschritten des Kindes
- Systematische Auswertung und Reflexion der eigenen Beobachtung
- Auswertung im Team
- Reflexion mit den Eltern
- Austausch mit den Kindern
- Individuelle pädagogische Ziele ableiten und umsetzen
- Beobachtung und Dokumentation als Grundlage für Elterngespräche
- Beobachtungen werden dokumentiert
- Individuelle Bildungs- und Entwicklungsdokumentation für jedes Kind“

In diesem Sinne ist die Tätigkeit des Beobachtens und Deutens kindlicher Bildungsprozesse Kern frühpädagogischen Handelns und die Art und Weise, in der dies geschieht, ein Indikator für den Grad der Professionalität. Als zentrale Kategorie nimmt unser Forschungsprojekt also Beobachtungs- und Deutungspraktiken sowie daraus abgeleitete Interventionsplanungen in den Blick und arbeitet „Deutungskompetenz“ als professionelle Kernkompetenz heraus. Entsprechend werden folgende drei Aspekte genauer differenziert:

- Wahrnehmungs- und Beobachtungskompetenz: Was habe ich gesehen?
- Deutungs- und Analysekompetenz: Wie interpretiere ich das Gesehene?
- Planungs- und Interventionskompetenz: Welche pädagogischen Schlussfolgerungen ziehe ich aus dem Gedeuteten?

Fragestellung und Bezugspunkt des Forschungsprojektes

Wir wissen immer noch wenig darüber, auf welche Weise derzeit Handlungen von Kindern wahrgenommen und ggf. als Bildungsprozesse gedeutet werden. Unklar ist, wie Fachkräfte ihre Berufserfahrungen, ihr Fachwissen und ihre normativen Bildungserwartungen im Einzelnen verknüpfen und wie sie daraus pädagogische Handlungsorientierung gewinnen. Diese Fragen zur Beobachtungs- und Deutungstätigkeit frühpädagogischer Fachkräfte bilden den Bezugspunkt des Forschungsprojektes „Deutungskompetenzen – eine qualitative Studie mit ErzieherInnen", welches im Rahmen des Forschungsverbundes Frühkindliche Bildung und Entwicklung Niedersachsen durchgeführt wird. Das Projekt war von 2008 bis 2011 an der Hochschule für angewandte Wissenschaft und Kunst (HAWK) in Hildesheim angesiedelt. Der Forschungsverbund Frühkindliche Bildung und Entwicklung Niedersachsen (FBE)[2] wird vom niedersächsischen Ministerium für Wissenschaft und Kultur gefördert. Insgesamt arbeiten im Forschungsverbund acht Projekte aus den Disziplinen Erziehungswissenschaften, Soziale Arbeit und Psychologie an unterschiedlichen Fragestellungen aus dem Forschungsfeld der frühkindlichen Bildung. Die Projekte sind an fünf niedersächsischen Hochschulstandorten in Braunschweig, Göttingen, Hannover, Hildesheim und Lüneburg angesiedelt und bilden drei thematische Schwerpunkte, so genannte Forschungscluster: 1. Erwerb vorschulischer Kompetenzen, 2. Profession und Professionalisierung und 3. Heterogenität. Das hier dokumentierte Forschungsprojekt zu Deutungskompetenzen frühpädagogischer Fachkräfte bildet zusammen mit dem an der Universität Hildesheim angesiedelten Projekt „Professionelle Begleitung von Lern- und Bildungsprozessen in Kindertageseinrichtungen" den Cluster „Profession und Professionalisierung".

Das Ziel dieses Clusters besteht darin, Elemente einer empirisch gestützten Theorie professionellen Handelns im Feld der Frühpädagogik zu erarbeiten. Durch das jeweils eigenständige Forschungsprojekt, aber auch durch die clusterinterne inhaltliche Kooperation wurden sowohl Beobachtungs- und Deutungsprozesse als auch professionelle Praktiken des Feldes rekonstruiert.

Das Forschungsprojekt „Deutungskompetenzen frühpädagogischer Fachkräfte – eine qualitative Studie mit ErzieherInnen" konzentrierte sich hierbei auf die Rekonstruktion und Typisierung der Deutungskompetenzen von ErzieherInnen. Es wird hierbei erforscht, anhand welcher Aufmerksamkeitsfokussierungen und Interpretationsprozesse frühpädagogische Fachkräfte die Komplexität kindlichen Handelns wahrnehmen, deuten und somit zu Erkenntnissen gelangen, die dann eine zentrale Grundlage für ihr pädagogisches Handeln darstellen.

Das grundlegende Forschungsinteresse der Studie kann in der Fragestellung zusammengefasst werden:

Wie bringen ErzieherInnen Ordnung in die beobachtbare Komplexität? Wie rekonstruieren sie kindliches Verhalten und kindliche Selbstbildungstätigkeit vor dem Hintergrund eines normativ-professionellen Erwartungshorizonts?

2 Weitere Informationen finden sich im Internet unter www.forschungsverbund-fbe.de.

Die erkenntnisleitenden Fragen des Forschungsprozesses sind:

- Worauf fokussieren ErzieherInnen bei der Wahrnehmung und Interpretation kindlicher Bildungsprozesse ihre Aufmerksamkeit?
- Auf welche Wissensformen, welche wissenschaftlichen und/oder subjektiven Theorien, greifen sie hierbei zurück?
- Stellen sie Bezüge zwischen den beobachteten kindlichen Themen und Handlungen und den im niedersächsischen Orientierungsplan beschriebenen Bildungsformen und Bildungszielen her?
- Welche Konsequenzen würden sie aus dem Beobachteten und gedeuteten Verhalten des Kindes ziehen?
- Welche Rolle spielt das in Ausbildung und Weiterbildung erworbene Wissen bei der Deutung kindlicher Selbstbildungsprozesse?
- Welche berufsbiografischen Besonderheiten wie z. B. Ausbildung oder Berufserfahrung beeinflussen die Beobachtungs- und Deutungsprozesse?

Um diese Fragestellungen zu bearbeiten, wurde empirisches Material durch ein von uns entwickeltes Verfahren videogestützter, simulierter Fachgespräche erhoben und anhand der dokumentarischen Methode ausgewertet. Für die Datengewinnung wurden im Projekt auf diese Weise insgesamt dreißig Interviews mit ErzieherInnen aus Niedersachsen mit unterschiedlichen Ausbildungsgängen und Berufserfahrungen in Kindertagesstätten mit unterschiedlicher Größe und Trägerschaft geführt.[3]

Ein erstes Ziel des Forschungsprojektes bestand zunächst demnach darin, ein Setting zur Erhebung von Deutungskompetenzen und (berufsbiographischen) Kontextdaten frühpädagogischer Fachkräfte zu entwickeln. Mittels der erhobenen Daten wurden dann die zentralen Ergebnisse der Studie erarbeitet und eine Beschreibung frühpädagogischer Kompetenz bezüglich der Beobachtung und Deutung angefertigt. Ziel der Analysearbeit war es dabei, eine abstrakte Typisierung zu Beobachtungs- und Deutungsprozessen zu erstellen.

Da sich die thematische Ausrichtung des Projektes jedoch nicht ausschließlich auf die Rekonstruktion von Beobachtungs- und Deutungsprozessen bezieht, sondern Aussagen zu diesbezüglichen Kompetenzen treffen möchte, erfolgte zu-

3 Zum Forscherteam gehörte der wissenschaftliche Mitarbeiter Dr. Markus Kieselhorst, die Projektleiter Prof. Dr. Stefan Brée und Prof. Dr. Norbert Neuss sowie die studentische Hilfskraft Sabine Schleder, die vor allem in dieser Phase der Datenerhebung großen Anteil am Fortgang des Forschungsprozesses hatte.

sätzlich eine Einschätzung zu den anzutreffenden Niveaus im Feld. Dazu wurden die typischen Beobachtungs- und Deutungsprozesse in Bezug auf die Merkmale von Deutungskompetenzen diskutiert. Auf diese Weise liefert die hier vorgelegte Studie zum einen Einsichten in den Gebrauch von Beobachtungskriterien und in Effekte der im pädagogischen Feld eingeführten Beobachtungsverfahren und Bildungspläne.

Perspektivisch können die erarbeiteten Ergebnisse zum anderen als Informationsgrundlage dienen, um das curriculare und didaktische Vorgehen in der ErzieherInnenaus- und Fortbildung zu konzipieren bzw. zu erweitern.

Das Ergebnis des Forschungsprojektes besteht in diesem Sinne nicht darin, neuartige Konzepte zum Kompetenzbegriff vorzulegen oder neue Facetten frühpädagogischer Professionalität zu definieren. Vielmehr bietet es die Chance, die an anderer Stelle systematisch entfalteten Kompetenzdimensionen (vgl. Nentwig-Gesemann, et. al. 2011) frühpädagogischen Fachpersonals empirisch zu fundieren, d.h. konkret vorfindbare Kompetenzen und Orientierungen herauszuarbeiten und anhand konkreter Fälle zu beschreiben und zu plausibilisieren. Das Ziel ist empirisch überprüfbar zu machen, wie abstrakte Konzeptionalisierungen etwa des „reflektierten Erfahrungswissens", der „forschenden Haltung" oder des „wissenschaftlich-reflexiven Habitus" in der konkreten Handlungspraxis von ErzieherInnen sichtbar werden und einzuordnen sind. Auf diesem Wege soll dazu beigetragen werden, theoretische begründete Professionalitätserwartungen durch die Analyse empirischer Daten konzeptuell zu differenzieren.

Diese Studie legt also keine Ergebnisse zu den Alltagspraktiken der Beobachtungs- und Deutungsprozesse in der alltäglichen Berufspraxis der frühpädagogischen Fachkräfte vor. Dieser Aspekt war von vornherein durch die Wahl des Erhebungsinstrumentariums ausgeschlossen. An dieser Stelle sei auf die Studie „Professionelle Lern- und Bildungsbegleitung in Kindertagesstätten" (vgl. Cloos, Schulz 2011) verwiesen.

Überblick zu den einzelnen Kapiteln

Im Anschluss an dieses erste einleitende Kapitel, werden im folgenden Kapitel 2 zunächst grundlegende und zentrale Begriffe skizziert, die das Fundament der Studie bilden. Hier werden allgemeine oder theoretische Begriffe wie Beobachtung, Deutung und Kompetenz präzisiert und für die Verwendung im Zusammenhang der Studie beschrieben und anschlussfähig gemacht.

Im Kapitel 3 wird die Forschungsmethodik vorgestellt. Hier finden sich Informationen zum empirischen Material, dem Sampling der Studie und dem Erhebungsverfahren. Hinzu kommen auch differenzierte Beschreibungen der genutzten Analysemethoden und die Darstellung der Auswertungsarbeit.

Das Kapitel 4 steht in einem engen Zusammenhang mit unserer Forschungsmethodik. Hier erfolgt eine eingehende Beschreibung von Videosequenzen, die von den befragten Fachkräften wahrgenommen, beschrieben und gedeutet wurden.

Das Kapitel 5 stellt das Kernstück der vorliegenden Studie dar. Hier werden die Forschungsergebnisse in Form von Rekonstruktionen zu Strukturen, Prozessen und Dynamiken in den Beobachtungs- und Deutungsprozessen frühpädagogischer Fachkräfte beschrieben. Diese Befunde werden kritisch diskutiert und hinsichtlich frühpädagogischer Kompetenz eingeordnet. Hierdurch werden die Beobachtungs- und Deutungsprozesse nochmals aus einer anderen, normativen Perspektive betrachtet.

Abschließend erfolgen im Kapitel 6 ein zusammenfassendes Fazit und die kritische Reflexion des Forschungsprozesses. Im Ausblick werden Forschungsdesiderate benannt und Hinweise für anschließende Forschungsarbeiten gegeben.

2 Grundlegende Begriffe

Das Forschungsprojekt nimmt mit seiner Fragestellung nach Deutungskompetenzen frühpädagogischer Fachkräfte einen vielschichtigen Gegenstand in den Blick: Die im Kontext von Bildungsplänen als kindliche Selbstbildungsprozesse fokussierten Aktivitäten von Kindern werden von frühpädagogischen Fachkräften beobachtet und vor dem Hintergrund unterschiedlicher Wissensbestände, Haltungen und Kompetenzen gedeutet. Dieser Deutungsprozess wird heute als Bestandteil professioneller Bildungsbegleitung in der frühen Kindheit. angesehen.

Zur genauen Erfassung und expliziten Beschreibung dieser miteinander in Beziehung stehenden Aspekte, werden in diesem Kapitel die zentralen Begriffe „Beobachtung und Deutung", „Deutungsmuster", „Wissen" und „Kompetenz" und „Selbstbildung" erläutert und somit die theoretischen Ansatzpunkte der Studie dargestellt.

Es wird hierbei auf unterschiedliche theoretische Zugänge zurückgegriffen und eine auf die Fragestellungen des Forschungsprojektes bezogene thematische Eingrenzung vollzogen. Diese Auseinandersetzung mit zentralen Begrifflichkeiten dient dabei einerseits der Präzisierung der Forschungsfragen. Andererseits wird damit ein Rahmen erarbeitet, der die theoretische Sensibilität bei der Erhebung und Auswertung empirischer Daten schärft (vgl. Kap. 3, S. 51 ff) und diese in Bezug zum gegenwärtigen Forschungsstand setzt. Die vor diesem Hintergrund gewonnenen Ergebnisse werden schließlich diskutiert und eingeordnet (vgl. Kap. 6).

Zur Erläuterung der theoretischen Grundlagen wenden wir uns zunächst dem Begriffspaar „Beobachtung und Deutung" zu.

2.1 Beobachtung und Deutung

Je abstrakter man sich mit dem Thema „Beobachtung" auseinandersetzt, desto komplexer scheint dieser Sachverhalt zu werden. In konstruktivistischer Perspektive lässt sich Beobachten als ein „unterscheidendes Bezeichnen" (Luhmann 2009, S. 21) definieren. Dieser differenztheoretische Zugang besagt, dass Ereignisse in der Umwelt eines Beobachters durch dessen aufmerksames Wahrnehmen von anderen Ereignissen unterschieden werden und dann ggf. weitere Beachtung nach sich ziehen, während Anderes nicht berücksichtigt wird. Durch diesen Vorgang erfolgt eine Reduktion von Umweltkomplexität. Eine solche Beobachtung als unterscheidende Operation macht damit Ausschnitte der Umwelt für das Denken und Handeln eines Beobachters verfügbar, schließt aber im selben Zuge andere Umweltaspekte von der Aufmerksamkeit als „blinde Flecken" aus.

Allgemein vollziehen sich menschliche Erkenntnisprozesse im Wesentlichen durch ein Vergleichen von Sinneseindrücken mit bereits gemachten Erfahrungen und daran ausgebildeten psychischen Strukturen (vgl. Glasersfeld 1985, S. 32 ff.). Neue Erkenntnis wird vor dem Hintergrund bestehenden Wissens durch den Grad der Übereinstimmung mit Bekanntem als vertraut und ähnlich oder unbekannt und überraschend eingestuft und behandelt. Auf diese Weise gelingt es Beobachtern, komplexe Situationen auf grundlegende Aspekte zu reduzieren, in diesem Sinne zu typisieren und somit überhaupt erst bearbeitbar zu machen. Auch im Wort der Er*kenntnis* ist der Hinweis enthalten, dass sich eine beobachtende und deutende Auseinandersetzung mit der Welt immer auch auf bereits Bekanntes stützt (vgl. Nörenberg 2007, S. 13 f.). Neu Entdecktes muss sich mit bereits Bekanntem in eine Beziehung setzen lassen, sei es durch Ähnlichkeit oder Abweichung. Eine Beobachtung, die keinerlei Bezug zu bereits bestehenden (Wissens-) Kategorien und/oder Sinnsystemen aufweist, kann nicht eingeordnet und als unterscheidendes Bezeichnen damit letztendlich nicht verwirklicht werden.

Es zeigt sich hierbei, wie eng das Beobachten als ein reduzierendes Unterscheiden verknüpft ist mit komplexen Prozessen der Sinnkonstruktion. Beobachtung als Unterscheidung erzeugt die Voraussetzung dafür, dass ein spezifischer Sinn im „Auge des Betrachters" entstehen kann. Einen engen Bezug zum unterscheidenden Bezeichnen weist daher der Prozess der Deutung auf[4]. Deuten wird als ein komplexer Prozess des Erkennens und der Bedeutungszuweisung angesehen. Wer deutet, gibt ein Zeichen, weist auf etwas Bestimmtes hin, erklärt und legt aus. Deuten schließt damit unmittelbar an den Vorgang des Beobachtens an, nutzt die beim Unterscheiden gewonnen Daten, um sie zu einer Information zu verdichten. Beobachtung und Deutung sind also sehr eng miteinander verknüpft.

Prozesse von Beobachtung und Deutung sind also durch eine Vielzahl von Struktureigentümlichkeiten geprägt. Wahrnehmungspsychologisch wird hierbei zwischen top-down- und bottom-up-Prozessen unterschieden (vgl. Zimbardo 1992, S. 137 ff.). In einem komplexen neuronalen Geschehen entstehen ex-

4 Zum zirkulären Ineinandergreifen von Wahrnehmen, Beschreiben, Erklären, Bewerten vgl. Simon 1998.

plizite Deutungen und handlungsleitende Erkenntnisse im Spannungsfeld von sinnlichen Reizen, vorbewussten Wahrnehmungsoperationen und individuellen und soziokulturellen Faktoren. So werden etwa bewusste Unterscheidungen in einer Wahrnehmung durch vorbewusste neuronale Filterungen vorbereitet (Roth 2001). Vereinfacht kann man sagen: Wir nehmen nur das wahr, was durch die Kontrolle unserer vorbewussten Wahrnehmungsfilter gelaufen ist. Beobachtungen und Deutungen werden auf diese Weise durch eine Kombination subjektiver und soziokultureller Faktoren strukturiert, die sich im konkreten Fall als Erwartungen, Wissensformen und Motivationen äußern und als „Deutungsmuster" (Oevermann 2001a, 2001b) die Komplexität der Welt auf ein verarbeitbares Maß reduzieren.

Diese allgemeinen und abstrakten Überlegungen haben für das Feld der Frühpädagogik eine ganz konkrete Bedeutung. Hier hat sich ein Paradigmenwechsel vollzogen, der den institutionellen Auftrag von Kindertagesstätten und die pädagogische Orientierung wesentlich stärker als bislang auf Bildungsprozesse von Kindern ausgerichtet hat. Dieser Perspektivenwechsel hat bei Fachkräften u. a. zu Verunsicherung, zu einem Verlust von Wissenssicherheit und Handlungsroutinen geführt. Fachkräfte sind hier herausgefordert, ihre Unterscheidungsgewohnheiten zu hinterfragen, ihr fachliches Wissen zu überprüfen und ihr pädagogisches Handlungsrepertoire zu erweitern.

An dieser Stelle sollen die epistemologischen Prämissen nicht weiter ausgeführt werden, es lassen sich aber bezüglich unseres Forschungsprojektes einige konkrete Fragen ableiten und in eine praktische Betrachtung wenden:

- Welche Unterscheidungen verwenden Fachkräfte in Kindertagesstätten bei der Beobachtung von Kindern?
- Was gerät in die Aufmerksamkeit und was wird ihr als blinder Fleck entzogen?
- Wie und warum werden Fachkräfte auf Aspekte aufmerksam und wie werden die beobachteten Sachverhalte dann weiter thematisiert?

Allgemein und zusammenfassend formuliert, ist in dieser Studie danach zu fragen, in welches System von Erfahrungen, Wissen, normativen Orientierungen und Handlungsroutinen die Wahrnehmung von kindlichen Aktivitäten integriert wird und auf welche Weise dies geschieht.

Die pädagogische Praxis ist mit der Herausforderung konfrontiert, einen komplexen Vorgang professionell zu reduzieren und mit den Handlungszwängen des pädagogischen Alltags zu verknüpfen. Die meisten prozessorientierten Beobachtungsverfahren versuchen diese Probleme durch je nach dem dahinter stehendem theoretischen Ansatz unterschiedlich vorstrukturierte Beobachtungsraster zu lösen, wie beispielsweise das Modell des Deutschen Jungendinstituts (Leu et al. 2007) durch die Fokussierung von Lerndispositionen oder das Modell der Grenzsteine der Entwicklung (Michaelis, R. 2003) durch vorstrukturierte Fragen zu unterschiedlichen Lernbereichen.

2.2 Deutungsmuster, symbolische Ordnungen und Wissensformen

Beobachten, Deuten und Handeln vollziehen sich immer durch Rückbezug auf gesellschaftlich legitimierte Ordnungen, also z. B. in pädagogischen Systemen auf ein spezifisches Wissen, dem jeweils legitimierten „Bild vom Kind" und den damit zusammenhängenden pädagogischen Theorien und didaktischen Verfahren.

Unsere Studie berührt an dieser Stelle in Teilen das Konzept des Deutungsmusters im Sinne Oevermanns (2001a). Allgemein werden Deutungsmuster als Sinnzusammenhänge aufgefasst, die Subjekten und sozialen Gruppen dazu dienen, ihre soziale und physikalische Umwelt zu beobachten bzw. wahrzunehmen, zu interpretieren und ggf. in angemessener und legitimer Weise darauf zu reagieren. Sie bieten eine Orientierung und Strukturierung des Unklaren und Problematischen (vgl. Oevermann 2001b, S. 67).

Deutungsmuster strukturieren die Wahrnehmung als latente Erwartungssysteme, sie manifestieren sich in Normen, Wertorientierungen und Traditionen. Sie sind als kollektiv geteilte Vorstellungen sozial strukturiert und nicht psychologisch auf Individuen reduzierbar. Soziale Deutungsmuster treten dem einzelnen Subjekt als intersubjektive Struktur gegenüber, werden dann als Referenz des subjektiven Erlebens, Denkens und Handelns angepasst, genutzt und ggf. verändert.

Deutungsmuster sind dabei funktional auf eine Handlungsproblematik bezogen. Das Verhältnis von Deutungsmuster und Handlungsproblem ist dabei rekursiv konstituiert. Zum einen dient das Deutungsmuster dazu, in begründeter Weise handelnd auf das Problem zu reagieren. Zum anderen wird dieses Handlungsproblem erst durch den Sinnhorizont des Deutungsmusters selbst konstruiert. Allgemein werden die funktional auf das Handlungsproblem bezogenen Handlungsmöglichkeiten durch einen äußeren und inneren Kontext kanalisiert (vgl. Schneider 1988, S. 232). Den äußeren Kontext bilden kulturelle Regeln, Sprach- und Normensysteme, die die Bandbreite kulturell sinnvoller Handlungsmöglichkeiten aufspannen und bestimmen, wie im Normalfall reagiert werden kann. Der innere Kontext bildet sich aus dem Muster der in der subjektiven Perspektive der einzelnen handelnden Person als vernünftig und rational eingeschätzten Möglichkeiten zur Problemlösung.

Durch diese Anbindung erfahren Subjekte in ihrem Beobachtungs- und Deutungshandeln eine entlastende Orientierung, die sie bei ihren Unterscheidungen nutzen können, um im Alltag handlungsfähig zu bleiben. Im Regelfall gelangen also Subjekte unter Rückgriff auf gesellschaftliche symbolische Ordnungen zu entlastenden – vorstrukturierten – Deutungen, die es ihnen ermöglichen, eine klassifizierende Einordnung von komplexen Wahrnehmungen und Phänomenen in eine umfassende Sinnstruktur vorzunehmen (vgl. Keller 2008, S. 43). In sich wiederholenden Prozessen werden so Wissensformen erzeugt, routinisiert und habitualisiert (vgl. ebd., S. 45). Derartig reduzierte Deutungen und Sichtweisen weisen dabei keine gesamtgesellschaftlich homogene Struktur auf, sondern lassen sich nach sozial typischen Varianten unterscheiden. Subjekte konstruieren ihre Weltsicht gemäß ihrer Position im sozialen Raum.

> „Im Einzelnen bilden […] Deutungsmuster ein Orientierungs- und Rechtfertigungspotential von Alltagswissensbeständen in der Form grundlegender, eher latenter Situations-, Beziehungs- und Selbstdefinitionen (…). Deutungsmuster stehen damit synonym für individuelle oder gruppenspezifische Interpretationen der sozialen Wirklichkeit, die sich zu oberflächlich stimmigen, oft reduktionistischen regelgeleiteten Symbolsystemen verfestigen, und damit selbst die Wahrnehmungsweise, die perspektivische Sicht des Alltagslebens steuern und integrieren" (Bender 1991, S. 43).

Ein Individuum als erkennendes Subjekt wird damit in der Anwendung des Deutungsmusters zu einem integralen Bestandteil eines Bedeutungsgegenstandes (vgl. Schäffter 2007, S. 364) und im Rahmen eigener Veränderungsprozesse (z. B. durch Lernprozesse) kann sich auch die Konstruktion des Handlungsproblems als Bedeutungsgegenstand verändern.

Die konkrete Ausformung eines Deutungsmusters kann mit einem Klassiker der Wissenssoziologie, Karl Mannheim, als „Aspektstruktur" bezeichnet werden: „Aspektstruktur bezeichnet in diesem Sinne die Art, wie einer eine Sache sieht, was er an ihr erfasst und wie er sich einen Sachverhalt im Denken konstruiert. (…) Von den Merkmalen, durch die die Aspektstruktur einer Aussage charakterisiert ist (…) wollen wir hier nur einige anführen: Bedeutungsanalyse der zur Anwendung gelangenden Begriffe, das Phänomen des Gegenbegriffs, das Fehlen bestimmter Begriffe, Aufbau der Kategorialapparatur, dominierende Denkmodelle, Stufen der Abstraktion und die vorausgesetzte Ontologie" (Mannheim 1969,

S. 234) Das Konzept der Aspektstruktur konkretisiert die eingangs formulierten Fragen zum Beobachtungs- und Deutungsprozess pädagogischer Fachkräfte:

- Welche Begriffe, bzw. welche Terminologie verwenden die Befragten und
- welche dominierenden Denkmodelle von ErzieherInnen kristallisieren sich als spezifische Zugangsweisen aus dem Zusammenspiel von Beachtung und Ausblendung bestimmter Aspekte im Handeln von Kindern heraus?

Deutungsmuster sind allgemein durch inhärente Widersprüche gekennzeichnet. Einzelne Elemente als Versatzstücke eines Systems von Sinnkonstruktionen können sich logisch widersprechen. Solche Paradoxien sind in der Regel latent und werden nur im Rahmen expliziter Bearbeitungen aufgedeckt. Latenz als Merkmal von Deutungsmustern ist, wiederum aus konstruktivistischer Perspektive gesehen, die Frage nach den Unterscheidungen, die ein Beobachter verwendet, um etwas zu bezeichnen. Im Moment der operativen Verwendung ist die Unterscheidung unbeobachtbar, d. h. latent (vgl. Luhmann 2002). Latente Widersprüche können jedoch in einer konkreten Situation manifest werden, z. B. durch den Versuch der gleichzeitigen Aktualisierung widersprüchlicher, handlungsleitender Prämissen. Dies kann dann zu Blockaden im Deutungsprozess und der Generierung von Handlungsoptionen führen.

Symbolische Ordnungen müssen beständig aktualisiert und bestätigt bzw. modifiziert werden. Eine solche Aspektstruktur strukturiert nicht allein die Beobachtung und Deutung bestimmter Sachverhalte, sondern hat auch entscheidenden Einfluss darauf, in welcher Weise auf eine wahrgenommene Situation reagiert wird. Krais formuliert:

> „Jede Praxis impliziert kognitive Operationen, mobilisiert mentale Repräsentationen und damit strukturierende und organisierende Schemata dessen, was ist und was getan wird. (…) Die Wahrnehmung wird angeleitet durch Ordnungsvorstellungen, die nicht nur vorgeben, wie die Welt gesehen wird, sondern auch, was überhaupt wahrgenommen wird, worauf sich Aufmerksamkeit richtet“ (Krais 1993, S. 211, zitiert nach Keller 2008, S. 51/52).

Diese „Aspektstrukturen“ und „Ordnungsvorstellungen“ sind Kategorien, die die Beobachtung und Deutung erkennender Subjekte schon vor der Konfrontation mit konkreten, sinnlichen Wahrnehmungen strukturiert.

Im Rahmen der klassischen Wissenssoziologie wird der Zusammenhang zwischen Denkkategorie, Beobachtungsgegenstand und gesellschaftlichen Einflüssen hinsichtlich unterschiedlicher Wissensformen thematisiert. Auch der Beobachtungs- und Deutungsprozess pädagogischer Fachkräfte ist durch unterschiedliche Wissensformen prästrukturiert. In der hier vorliegenden Studie sollen die sozialen Bedingungen verschiedener Wissensformen nicht eingehender behandelt werden. Vielmehr sind die unterschiedlichen Formen, die dieses Wissen annehmen kann, von Interesse.

Für den Bereich des pädagogischen Wissens unterscheidet Vogel (vgl. 1999, S. 34 ff.) drei Formen: pädagogisches Alltagswissen, pädagogisches Professionswissen und erziehungswissenschaftliches Wissen:

Die von Vogel der Kategorie des „pädagogischen Alltagswissens" zugeordneten Wissensformen dienen zur Bewältigung pädagogischer Probleme, wie sie im Alltag auch von Nicht-Fachleuten vorkommen. Hier ist beispielsweise an Vorgehensweisen zu denken, auf die Eltern im Umgang mit ihren Kindern zurückgreifen. Dieses Wissen weist eine unsystematische und zusammenhangslose Struktur auf, d. h. es wird teilweise auf einzelne Versatzstücke aus fachlichen und wissenschaftlichen Kontexten zurückgegriffen und diese werden mit anderen, bspw. in Alltagserfahrung wurzelnden Aspekten zu Alltagstheorien synthetisiert. Die Bezugnahme auf fachliche Konzepte zeigt sich u. a. auch in der Verwendung entsprechender Begrifflichkeiten, die zwar ihren Ursprung in wissenschaftlichen Kontexten haben, aber zum Bestandteil von pädagogischem Alltagswissen geworden sind, dessen Funktion in der Bewältigung alltäglicher Problemlagen besteht, ohne dass dabei umfangreichere Überlegungen vorangestellt werden müssten.

Von den Formen des pädagogischen Alltagswissens grenzt Vogel das „pädagogische Professionswissen" ab. Hierbei handelt es sich um Kenntnisse, die er als notwenig bezeichnet, um einen pädagogischen Beruf auszuüben. Dieses Wissen dient dazu, auch bei schwierigen komplexen praktischen Problemen Handlungssicherheit zu gewinnen. Pädagogisches Professionswissen befähigt in diesem Sinne zu kompetentem Handeln, indem abgesicherte Wissensbestände über Zusammenhänge des Handlungsfeldes zu fachlich angemessenen Einschätzungen von Situationen und üblichen Strategien der Problembearbeitung führt. Dieses Wissen wird in der Regel in formalen Ausbildungen erworben.

Als dritte Kategorie kennzeichnet Vogel das „erziehungswissenschaftliche Wissen". Diese Wissensform wird nicht im Zusammenhang mit der Bewältigung praktischer Problemlagen erworben, sondern hat seinen Ursprung in einer akademischen Auseinandersetzung mit wissenschaftlichen Theorien. Gegenstand dieses Wissensbereiches sind konsistente und widerspruchsfreie Beschreibungen komplexer Zusammenhänge. Die praktische Verwertungsmöglichkeit in berufsalltäglichen Handlungsvollzügen im Sinne einer Handlungssicherheit ist nicht

Bezugspunkt dieser Wissensform. Vielmehr sind jegliche Inhalte gemäß wissenschaftlicher Prämissen als vorläufige Erkenntnisse gekennzeichnet und mit einem grundsätzlichen Zweifel versehen. In der gegenwärtigen Professionalisierungsdebatte bildet diese Wissensform etwa die Grundlage und Orientierung bei der Neugestaltung der Aus- und Weiterbildung sowie der Akademisierung des ErzieherInnenberufes.

In allgemeiner Form unterscheidet Rauner (vgl. 2006, S. 7) unterschiedliche Facetten eines „Arbeitsprozesswissens“:

Abbildung 1 Arbeitsprozesswissen (Grafik in Anlehnung an: Rauner 2006, S. 7).

Die Abbildung verdeutlicht, dass sich das Arbeitsprozesswissen aus unterschiedlichen Wissensformen zusammensetzt. Zum einen finden sich Anteile „praktischen Wissens“. Dieses subjektive Wissen ist kontextbezogen, d.h. es dient als Grundlage in spezifisch begrenzten Handlungssituationen und liegt implizit vor. Davon abzugrenzen ist das „theoretische Wissen“, welches kontextfrei gefasst ist und somit auf eine prinzipiell nicht begrenzte Anzahl unterschiedlicher Handlungssituationen bezogen sein kann. Die Inhalte des theoretischen Wissens sind wissenschaftsbezogen und können u. a. explizit zur Erklärung und Rechtfertigung von Arbeitshandeln genutzt werden. Das Arbeitsprozesswissen generiert sich schließlich als Schnittmenge, in der Anteile sowohl subjektiv-praktischen Wissens als auch objektiv-theoretischen Wissens integriert werden. Die Abbildung verdeutlicht also, wie sich das Arbeitsprozesswissen als Schnittmenge generiert, in der Anteile sowohl subjektiv-praktischen Wissens als auch objektiv-theoretischen Wissens integriert werden.

Bezüglich dieser und anderen unterschiedlichen Bestimmungen von Wissensbeständen, lässt sich vor dem Hintergrund der zuvor beschriebenen epistemologischen Zusammenhänge zwischen Beobachtung und Deutung schließen, dass die klassische Vorstellung, nach der Wissen objektive Realität abbildet, als hinfällig betrachtet werden kann. Wissen kann heute nicht mehr als repräsentativ und restaurativ aufgefasst werden. Wissen ist emergent und wird möglichst dialogisch bzw. reflexiv erzeugt (vgl. Moss/Urban 2011). Vor dem Hintergrund eines konstruktivistischen Verständnisses von Erkenntnis kann nur davon ausgegangen werden, dass ein Beobachter seine Unterscheidungen in die Welt einführt und von dort aus (s)ein System der Umweltinterpretation konstruiert. Dabei ist dieser Beobachter prinzipiell nur diesem seinem selbst gebildeten Deutungssystem verpflichtet, das bestimmt, welche weiteren Informationen aufgenommen werden und wie diese eingepasst werden können. Der Widerstand der Beobachtung besteht nicht in der Realität, sondern in den selbst erzeugten Strukturen und Realitätskonstruktionen des Beobachters. Ein erkennendes System ist in diesem Sinne in seinen Beobachtungen operativ geschlossen, es muss sich der Umwelt gegenüber Indifferenz leisten können (vgl. Luhmann 2005).

In diesem Sinne hat jede Wissensform, mit der die Komplexität der Umwelt ausschnittartig betrachtet wird, ihre blinden Flecken. Das heißt, dass jedes Wissen automatisch kennzeichnet, was nicht gewusst wird. Wissen produziert sich im Hinblick auf das jeweils Ausgeschlossene Nicht-Wissen.

Interessant für die Analyse im Rahmen unseres Projektes ist die Frage, in wie weit das eigene Nicht-Wissen reflektiert wird. Welche Anlässe und Formen gibt es, das eigene Nicht-Wissen zu thematisieren? Anhand welcher Widerstände wird die eigene Wirklichkeitskonstruktion in Zweifel gezogen (vgl. Luhmann 2002, S. 99)? Gerade durch den Wechsel zu dieser Perspektive können neue Informationen gewonnen werden, anstatt Irritationen gemäß bisheriger Wissenstrukturen anzupassen.

Die in der vorliegenden Studie durchgeführte Analyse empirischen Materials zur Rekonstruktion von Deutungsprozessen und -kompetenzen wurde diese dieser Bestimmung relevanter Aspekte von Deutungsmustern geprägt und bildet ihre theoretische Grundlage. Entsprechend wurden die hier benannten theoretischen Prämissen bezüglich unseres Forschungsgegenstandes transformiert und zu konkreten Fragestellungen präzisiert (vgl. Abs. 3.3, S. 70 ff).

Für den Bereich der Frühpädagogik lassen sich derzeit unterschiedliche Wissensbestände und Ordnungssysteme beobachten. Angestoßen durch einen fachlich-wissenschaftlichen Diskurs zur Beobachtung und Deutung kindlicher Bildungsprozesse mischen sich im Feld handelnder ErzieherInnen dadurch zunehmend unterschiedliche Ansätze, Sichtweisen und Deutungsmuster. Von pädagogischen Fachkräften kann dies in der Praxis als verwirrend erlebt werden.

In diesem Sinne spiegelt das Feld der Pädagogik im Speziellen wider, wie sich der Umgang mit „Wissen" im Allgemeinen verändert hat. Die so genannte „Wissensgesellschaft" kann vor allem als eine Gesellschaft beschrieben werden, in der Wissen eine immer kürze Halbwertszeit besitzt und die aktuell gültigen Wissensbestände vor diesem Hintergrund bereits mit einem verstärkten Zweifel hinsichtlich ihrer Gültigkeit versehen sind (vgl. Nörenberg 2007, S. 5 ff.).

Gegenstand dieser Studie kann und soll es nicht sein, die Deutungsmuster von ErzieherInnen auf gesamtgesellschaftliche Strukturen zurückzuführen. Dennoch werden im Folgenden die sozialen Rahmenbedingungen skizziert, in dem diese als Spannungsverhältnisse vorgestellt werden, innerhalb derer sich Deutungen verorten (müssen).

2.2.1 *Zwischen Tradition und Modernisierung*

Die Analyse unserer Studie muss auch berücksichtigen, in welchem historisch-strukturellen Kontext Beobachtungen und Deutungen von ErzieherInnen stehen und sich aktuell bewegen. Eine Forschungs-Hypothese wäre, dass Deutungsmuster von Fachkräften noch eng mit dem historisch-strukturellen Ursprungskontext elementarpädagogischer Institutionen und dessen Grundkonflikten verbunden sind, wie etwa der traditionelle Konflikt des Kindergartens zwischen Betreuung und Erziehung einerseits und Bildung andererseits. Kindertagesstätten und Krippen sind als Organisationen zur Erbringung von sozialen Dienstleistungen nach wie vor der Familien- und Jugendhilfe angegliedert. Die Auseinandersetzung über den Bildungsauftrag und die Familienergänzung begleitet die Geschichte des Kindergartens von Anfang an. Das sozialpädagogische Doppelmotiv, einerseits Frauen die Erwerbstätigkeit zu ermöglichen und andererseits Kinder nach spezifischen Kriterien zu erziehen, wirkt bis in die Gegenwart (vgl. Reyer 2004). Die aktuelle erziehungswissenschaftliche Diskussion um Kindertagesstätten als Bildungsorganisationen ist durch den pädagogischen Paradigmenwechsel, wissenschaftliche Erkenntnisse insbesondere der Neurowissenschaften über das frühe Lernen und die Veränderung gesellschaftlicher Bedingungen neu belebt worden.

Derzeit lassen sich eine Reihe frühpädagogischer Antinomien feststellen. Die folgende Gegenüberstellung soll die aus unserer Sicht wesentlichen Aspekte aufführen:

Tabelle 1 Frühpädagogische Antinomien

Frühpädagogische Antinomien		
Instruktion	vs.	Ko-Konstruktion
Kriteriengeleitete Beobachtung, Beobachtungskonzepte	vs.	Ungerichtete Aufmerksamkeit
Bildungsbereiche, Kompetenzprofile	vs.	Themen der Kinder, Selbstbildungsprozesse
Mütterlichkeit/Beziehungsqualität	vs.	Erziehungswissenschaftliche/pädagogische Professionalität
Alltagstheorien	vs.	Wissenschaftliche Theorien
Intuitives Handeln	vs.	Aufgeklärte Reflexion
Interessen der Kindergruppe	vs.	Interessen des einzelnen Kindes
Kind als Objekt	vs.	Kind als Subjekt und Dialogpartner Kind als Akteur seiner Entwicklung

Für ErzieherInnen besteht in diesem Sinne die Herausforderung darin, bei der Beobachtung und Deutung kindlichen Verhaltens nicht nur auf professionelle Wissensbestände zurückgreifen zu können, sondern darüber hinaus in der Lage zu sein, dieses kritisch zu hinterfragen. Der Referenzrahmen der Beobachtung und Deutung muss in diesem Sinne von den ErzieherInnen in kritischer Auseinandersetzung mit aktuell gültigen Wissensbeständen der professionellen und wissenschaftlichen Community selbst konstruiert werden.

Für die konkrete Handlungspraxis von Fachkräften in Kindertagesstätten stellt sich die Frage, wie sie beispielsweise den aus dem Konzept der Selbstbildung von Kindern resultierenden Handlungsproblemen sinnvoll mit eigenen, bestehenden Deutungsmustern begegnen oder ob diese aus der erziehungswissenschaftlichen Fachdiskussion lediglich von außen an sie herangetragen und als „fremd“ erlebt werden bzw. fremd bleiben. Wie wird diese Diskrepanz von ErzieherInnen erlebt und beschrieben? Wie wird das in der Beobachtung von Kindern und der Deutung ihres Verhaltens evident? Sind Konzepte der Beobachtung und Dokumentation von Bildungsprozessen dazu in der Lage, neue Deutungsmuster in ein rekursives Verhältnis zu heutigen strukturellen Handlungsproblemen zu setzen und damit Deutungsmuster zu aktualisieren?

Für die Prämissen dieses Projekts und den Berufsalltag von ErzieherInnen gewendet bedeutet dies, dass aus der Beobachtung und Deutung kindlicher Selbstbildungsprozesse", jeweils spezifische Deutungsmuster und Handlungsorientierungen resultieren. So verändert sich etwa durch eine reflektierte ressourcenorientierte Beobachtung von Kindern nicht nur die Wahrnehmung kindlicher Bildungsprozesse, sondern auch der Dialog mit Kindern und Eltern als eine dialogorientierte Handlungsstruktur (vgl. Weltzien/Viernickel 2008). Eine Veränderung der Deutungsmuster von einer „Defizitorientierung" zu einer „Ressourcenorientierung" ändert also die Interaktion bzw. die Beziehung der Beteiligten. Aus handlungsrelevanten Dialogen über Kinder und deren Eltern werden Dialoge mit Kindern und deren Eltern. Unserer Einschätzung nach sind diese spezifischen Beobachtungs- und Deutungsmuster nicht nur durch biografische und gesellschaftliche Voraussetzungen beeinflusst, sondern auch durch den pädagogischen Alltagskontext, in denen diese Beobachtungen durchgeführt werden.

2.2.2 Beobachtungen und Deutungen im Spannungsverhältnis zwischen professionellem Anspruch und pädagogischem Alltag

ErzieherInnen sind durch die in Bildungs- und Orientierungsplänen festgeschriebene Aufforderung zur Beobachtung und Deutung bzw. Dokumentation kindlicher Bildungsprozesse mit einem hochgradig komplexen Aufgabenfeld konfrontiert, das sich einerseits aus der der Vielschichtigkeit von Beobachtungsprozessen speist und andererseits durch ihren Bezugspunkt, das kindliche Handeln, nicht weniger kompliziert wird.

Die Herausforderung an das pädagogische Personal besteht darin, kindliche Bildungsweisen in ihrer Besonderheit systematisch zu beobachten, zu deuten und im Hinblick auf die in den Bildungsplänen abgesteckten Ziele in einen reflektierten Handlungszusammenhang zu bringen.

Diesen Anforderungen an die Professionalisierung wird die tatsächliche Praxis vielfach noch nicht gerecht. So werden etwa von Koch und Jüttner für Niedersachsen nach wie vor Defizite bei der Umsetzung der Orientierungspläne konstatiert. Vielfach fehlen ihrer Ansicht nach systematische Bildungs- und Lerndokumentationen sowie die damit verbundenen Kompetenzen bei der Deutung kindlicher Bildungsweisen. Für die Umsetzung des Bildungscurriculums wird weiterhin ein hoher Professionalisierungsbedarf beschrieben (vgl. Koch/Jüttner 2007).

Wirkliche Beobachtungs- und Deutungskompetenz setzt voraus, bei der Beobachtung und Deutung kindlichen Verhaltens in der Lage zu sein, sowohl auf professionelle Wissensbestände und darin legitimierte Unterscheidungsmöglichkeiten zurückzugreifen, als auch die in der Fachliteratur angebotenen Beobachtungsmodelle zu unterscheiden, in der Praxis anzuwenden und dabei sowohl diese Modelle als auch die eigene ggf. daran orientierte Beobachtung kritisch zu hinterfragen. Der Referenzrahmen der Beobachtung und Deutung muss in diesem Sinne von den ErzieherInnen selbst konstruiert werden.

In Anbetracht dieser so zentralen wie anspruchsvollen Aufgabe scheint es nicht verwunderlich, dass der Vorgang des Beobachtens und Deutens eine prominente Rolle einnimmt, wenn über Professionalität und Qualität in der Frühpädagogik diskutiert wird (vgl. Honig 2004). Diverse Methoden und Verfahren zur Beobachtung und Dokumentation von Bildungsprozessen (vgl. Laevers 1997; Leu 2007; Schäfer/Strätz 2005; Viernickel/Völkel 2005) versuchen daher, diesen Prozess zu systematisieren, zu reflektieren und einem Dialog zwischen allen am Bildungsprozess Beteiligten (ErzieherInnen, Eltern, Kindern) zugänglich zu machen.

2.3 Selbstbildungsprozesse

Das Konzept der „Selbstbildung " ist von zentraler Bedeutung in den derzeitigen Diskursen um die frühkindliche Bildung und der Konzeption dieses Forschungsprojekts. Selbstbildungsprozesse bei Kindern sind solche Aktivitäten, die Kinder selbständig etwa ohne eine pädagogische, didaktische oder kommunikative Instruktion entfalten. Dazu gehören das selbsttätige Experimentieren, Konstruieren, Bauen, Zeichnen oder Malen ebenso, wie das Beobachten und Staunen, Bewegungs- und Rollenspiele oder Nachdenken und Phantasieren. Bildung ist demnach „ein individueller, sich an und in der Person, am Ende durch sie vollziehender Vorgang. ‚Ich bilde mich', lautet die richtige Beschreibung. Eine Form, die mir ein anderer aufprägt, macht mich nicht zum Gebildeten, sondern zu einem Gebilde." (vgl. von Hentig 2003, S. 13). Damit werden die Autonomie des Subjektes und seine Selbstkonstruktion im Bildungsprozess hervorgehoben.

Parallel dazu thematisieren frühpädagogische Fachdiskurse aber auch den kokonstruktiven Aspekt von Lernprozessen (vgl. u.a. Fthenakis 2009). Dieser Ansatz betont das Lernen in sozialen Zusammenhängen, bei dem die Sozialpartner der Kinder (die pädagogischen Fachkräfte und die Kindergruppe) in den Blick kommen. Die Frage ist hier, wie, inwiefern und wodurch werden gemeinsame Bildungs- und Lernprozesse angeregt und auf welchem Niveau begegnen sich die Partner jeweils? Der Selbstbildungsansatz unterscheidet sich insofern vom kokonstuktiven Lernen, als er den Blick auf die informellen, ungelenkten, individuellen Themen und Aktivitäten der Kinder konzentriert. Schäfer warnt aber auch davor, die Konzepte „Selbstbildung" und „Ko-Konstruktion" vereinfachend zu benutzen: „Wenn der Begriff der Selbstbildung, scheinbar kritisch, durch den Begriff des Sozialkonstruktivismus kontrastiert wird, dann geht das nur, wenn einerseits der Begriff Selbstbildung in einem naiven Sinn – als ein sich aus sich selbst heraus bilden – unterstellt wird. Auf der anderen Seite wird der Sozialkonstruktivismus mit der Vorstellung gleichgesetzt, das Kind würde durch seine sozialen Bezüge ‚konstruiert'" (Schäfer 2005, S. 49). Grell gibt entsprechend ein falsches Vertrauen auf die Selbstbildungspotenziale des Kindes zu bedenken, das einerseits zu viel von den Kindern erwartet und auf der anderen Seite zu wenig in den Blick nimmt, „was Erwachsene tun können und müssen, um die Lernprozesse der Kinder durch geeignete pädagogische Arrangements aktiv anzuregen und zu unterstützen." (Grell 2010, S. 154 ff.)

Im Konzept der „Selbstbildung" bekommen daher die Beobachtungs- und Deutungskompetenzen der pädagogischen Fachkraft eine zentrale Bedeutung, weil die pädagogischen Aktivitäten erst nach dem Erfassen und Verstehen der kindlichen Interessen und Themen sinnvoll angeschlossen werden können. Anschlussfähige pädagogische Angebote basieren auf der kompetenten Deutung und Differenzierung kindlicher Bildungsprozesse im Hinblick auf das, was Kinder von selbst können, wollen und ausdrücken und das, wo sie auf die Unterstützung und Begleitung von Erwachsenen angewiesen sind. Selbstbildungsprozesse von Kindern können daher pädagogisch nicht aufgegriffen werden, wenn sie von frühpädagogischen Fachkräften nicht beobachtet, differenzierend gedeutet und dokumentiert werden und entsprechende pädagogische Handlungen nach sich ziehen (Interventionsplanung und/oder Entwicklungsbegleitung). „Bildungsarbeit in der Kindertagesstätte muss an den Fragen und Ideen der Kinder ansetzen und ihnen Impulse geben, ihr eigenes Forschungsinteresse zu erweitern" (Schäfer 2005, S. 183). Laewen und Andres betonen, das es darum geht, die Deutungsperspektive von Kindern nicht durch die Deutungsperspektive von Erwachsenen zu ersetzen, sondern sinnvoll um kulturverträgliche Anteile zu ergänzen und zu erweitern. (vgl. Andres und Laewen, 2006, S. 108). Ein pädagogisches Handeln, welches die Interessen und die Denk- und Verarbeitungstätigkeiten der Kinder beachtet, soll ihnen helfen, ihre Selbstbildungspotentiale zu entfalten. An die Stelle einer normativen Bildungsperspektive treten die Aktivitätsformen der Kinder selbst. Beachtenswerte Aspekte dieser Tätigkeiten sind die psychischen, emotionalen, sinnlichen, kreativen, symbolischen und imaginären Anteile kindlicher Bildung, die sich in konkreten symbolischen Ausdrucksweisen und Ausdrucksphänomenen äußern. Dazu gehören u.a. Übergangsobjekte, Spiele, Bewegung, Sprache und Wortwitz, Weltwissen, Sammlungen, Naturerfahrungen, Zeichnungen, Phantasie und unsichtbare Freunde, Sandkastenliebe, Medienerfahrungen und Rituale uvam. (vgl. u.a. Neuß 2007, Neuß 2009, Duncker/Lieber/Neuß/Uhlig 2010). Die Bildungsaufgabe liege laut Schäfer darin, Lernen zu ermöglichen, „das nicht nur in ein Netz von bedeutungshaltigen Dimensionen unserer Kultur einführt, sondern dem Subjekt auch die Gelegenheit gibt, sein eigenes Netz von subjektiv bedeutungsvollen Verbindungen zu diesen kulturellen und sozialen Angeboten zu knüpfen. So gesehen wird der Prozess der Bildung zu einem Geschehen, in dem innersubjektive und außersubjektive Dimensionen von Erfahrung bedeutungsgebend miteinander in Verbindung gebracht werden." (Schäfer 2003, S. 98). Damit betont er die Prozesse der inneren Verarbeitung im Bildungsprozess, die durch die kommunikative Begleitung der Fachkraft und durch Projekte begleitet werden sollten (vgl. Schäfer 2005, S. 202ff). In dieser Bildungsvorstellung wird „Bildung" nicht primär als Anhäufung von Wissen verstanden, wie es gelegentlich materiale Bildungstheorien beschreiben. „Bildung ist das Können und Wissen, das wir tatsächlich als Werkzeug benutzen, um die Aufgaben zu lösen, die sich in unserem Alltag stellen oder die wir uns suchen. Allgemeiner noch, Bildung ist das Instrumentarium, mit welchem wir unsere Welterfahrungen deuten." (Schäfer 2009). Daher sind in der Deutung von Schäfer auch weniger die „Bildungsbereiche" im Zentrum, sondern vielmehr die Erschließungs-, Wahrnehmungs- und Verarbeitungsformen dieser (austauschbaren) Bildungsinhalte. Die sind u.a.

- Bildung der sinnlichen Wahrnehmung
- Bildung der Körpersinne
- Bildung der emotionalen Wahrnehmung
- Bildung von Imagination, Fantasie und szenischem Spiel
- Ästhetische Bildung
- Bildung des sprachlichen Denkens.

Die genannten Aspekte finden sich als Spuren von Selbstbildungsprozessen in den Alltagshandlungen der Kinder wieder. Wenn hier von „Spuren" die Rede ist, so wird damit eine vorsichtige Interpretationsperspektive verdeutlicht, denn kindliches Lernen und kindliche Selbstbildungsprozesse sind an sich nicht beobachtbar. Vielmehr interpretieren und deuten pädagogische Fachkräfte ihre Beobachtungen, denen sie dann – je nach Deutung – eine gewisse Be-Deutung zumessen. Je mehr sie über die besondere Wahrnehmungs- und Aneignungsperspektive von Vorschulkindern wissen, desto besser können sie ihre Lernprozesse beschreiben, verstehen und deuten. „Selbstbildung setzt eine Pädagogik des Zulassens voraus" (Arnold 2010, S. 164).

In Folge dieses Bildungsverständnisses verändert sich auch der Blick auf die Frage nach der Qualität einer Kindertagesstätte. „Die Verbesserung von Erziehung und Bildung für Kinder zwischen eins und sechs muss sich an ihrem spezifischen Bildungsbedarf orientieren, nicht einfach an Erwartungen, welche die Erwachsenenwelt an die Kinder richtet. Frühkindliche Bildung darf daher, wenn sie effektiv sein will, nicht nur die Anforderungen der Gesellschaft oder Schule an das Kind berücksichtigen, sondern muss sich zunächst am Kind und seiner Tätigkeit orientieren." (Schäfer 2002, S. 2). Für eine derart diffrenzierte Orientierung „am Kind und seiner Tätigkeit" sind Beobachtungs- und Deutungskompetenzen zentrale pädagogische Fähigkeiten, weil ohne das kompetente Verständnis der kindlichen Bildungsprozesse die Selbstbildungspotentiale der Kinder ungenutzt bleiben.

2.4 Der Begriff Kompetenz

2.4.1 Was ist – allgemein – Kompetenz?

Eine wissenschaftliche Untersuchung, die sich auf den Themenkomplex „Kompetenzen" richten, ist mit der Problematik konfrontiert, dass keine eindeutige und kontextübergreifende Definition dieses Begriffes vorliegt. Was jeweils eine Kompetenz ausmacht, kann nur vor dem Hintergrund der theoretischen Konzepte und Besonderheiten spezifischer Handlungsfelder bestimmt werden.

Da diese Studie Aussagen zu Deutungskompetenzen von ErzieherInnen treffen möchte, muss der Kompetenzbegriff genauer definiert und an die im Bereich der Frühpädagogik bestehenden Bedingungen angepasst werden. Im Folgenden wird deshalb der Begriff der Kompetenz für die behandelte spezifische Fragestellung mit Inhalt gefüllt. Unter anderem wird hierbei rekonstruiert, wie Kompetenz und Professionalität aus theoretisch-erziehungswissenschaftlicher Perspektive konzeptualisiert wird und was kompetente Beobachtung und Deutung aus der Sicht von Konzepten zur Beobachtung und Dokumentation von Bildungsprozessen ausmacht.

Die Ursprünge des Kompetenzbegriffs werden ideengeschichtlich oftmals in der Sprachtheorie Noam Chomskys gesehen (Chomsky 1973). Einige Autoren identifizieren darüber hinaus soziologische und psychologische Wurzeln (vgl. Klieme/Hartig 2007, S. 14ff.).

Eine heute als klassisch zu bezeichnende Definition des Kompetenzbegriffs wurde durch Max Weber vorgenommen. In seiner soziologischen Perspektive wird Kompetenz nicht vorrangig als Eigenschaft von Personen verstanden, sondern auch als gesellschaftliche Zuschreibung. Weber unterscheidet in seinem Kompetenzbegriff zwischen „Zuständigkeit", „Fähigkeit" und „Bereitschaft" (vgl. Kurtz 2010, S. 8). Auch andere Autoren beziehen sich auf diese Einteilung. So stellt Marquard fest: „Kompetenz hat offenbar irgendwie zu tun mit Zuständigkeit und mit Fähigkeit und mit Bereitschaft und damit, dass Zuständigkeit, Fähigkeit und Bereitschaft sich in Deckung befinden" (Marquard 1981; zitiert nach Klieme/Hartig 2007, S. 12).

Mit Blick auf die heute geführte Diskussion über Qualität in Kindertagesstätten und Professionalität von frühpädagogischen Fachkräfte lässt sich feststellen, dass auch hier durch diese drei Facetten wesentliche Aspekte der aktuellen Diskussion abgedeckt werden. Diese Definition soll daher in einem ersten Schritt zur Klärung dienen, ob und ggf. warum ErzieherInnen bezüglich der Beobachtung und Deutung kindlicher Bildungsprozesse zunächst einmal grundsätzlich als kompetent einzuschätzen sind.

Zuständigkeit: (qua Bildungsauftrag)

Durch den Paradigmenwechsel in der Frühpädagogik, der sich wesentlich durch den (erneut) formulierten Bildungsauftrag an Kindertagesstätten ausdrückt, sowie einer Vielzahl einschlägiger Publikationen kann konstatiert werden, dass ErzieherInnen genuin die Zuständigkeit zugewiesen wird, in professioneller Art und Weise Bildungs- und Entwicklungsprozesse von Kindern zu beobachten, zu deuten und in fachlich angemessener Weise Auskunft darüber geben zu können, bzw. entsprechende Dokumente und Dokumentationen anzufertigen (vgl. Niedersächsisches Kultusministerium 2005, S. 39ff.; Robert Bosch Stiftung 2008; S. 77–79).

Im Sinne Max Webers ist mit dem Begriff der Zuständigkeit auch impliziert, dass ErzieherInnen qua Status als frühpädagogische Fachkräfte, der damit einhergehenden professionellen Sonderstellung und einer durch Fachlichkeit entsprechend hierarchisch legitimierten „Deutungsmacht“ ihre Beobachtungen und Deutungen beispielsweise gegenüber Eltern mit einer verstärkten Gültigkeit untermauern können.

Bereitschaft: (qua Mitgliedschaft in der Organisation Kindertagesstätte)

Die Bereitschaft, verstanden als Motivation, eine solche Tätigkeit auszuführen, bleibt nicht vollständig im persönlichen Entscheidungsbereich der einzelnen ErzieherInnen und somit deren subjektiver Gemütslage verpflichtet. Als Mitarbeitende einer Kindertagesstätte, ist eine entsprechende Bereitschaft durch Aufgaben- und Stellenbeschreibungen und entsprechende Weisungsgebundenheit gegeben. „Jeder kann immer auch anders handeln und mag den Wünschen und Erwartungen entsprechen oder auch nicht – aber nicht als Mitglied einer Organisation“ (Luhmann 1997, S. 829). In diesem Sinne wird eine Organisation Kindertagesstätte, die sich an aktuellen Rahmenbedingungen (Bildungsplänen, fachspezifischem Diskussionstand) orientiert, entsprechende Handlungsweisen von ihren Mitarbeitenden einfordern.

Im Rahmen berufssoziologischer Erhebungen zu ErzieherInnen im Beruf, zeigt sich hier eine „ambivalente Professionalität“ (Dippelhofer-Stiem 2006, S. 363): Im Rahmen fachlicher Orientierungen lässt sich ein ambitionierter Anspruch frühpädagogischer Fachkräfte feststellen, pädagogische Leitbilder und erzieherische Prinzipien umzusetzen. Gleichermaßen zeigen diese Studien jedoch auch, dass die Bereitschaft nicht immer mit entsprechenden Fähigkeiten im tatsächlichen Handeln korreliert. Dieser Befund verweist auf den dritten Aspekt von Kompetenz.

Fähigkeit: (Wissen und Können)

Der dritte Aspekt bezieht sich auf das Wissen und Können der Fachkräfte, also der Fähigkeit zur Beobachtung und Deutung kindlichen Handelns. Die Fokussierung auf die Facette der Fähigkeit spezifiziert Kompetenzen als „kontextspezifische Leistungsdispositionen, die sich funktional auf Situationen und Anforderungen in bestimmten Domänen beziehen“ (Klieme/Leutner 2006; zitiert nach Klieme/Hartig 2007, S. 14). Im Zusammenhang mit der vorliegenden Studie ist damit eine Leistungsdisposition bezeichnet, die sich als Fähigkeit zur Beobachtung und Deutung kindlicher Bildungsprozesse realisiert.

Dieser dritte Aspekt des Kompetenzbegriffs bildet den zentralen Gegenstand der hier vorgelegten Studie, zu dessen Bearbeitung Analysen empirischer Daten durchgeführt wurden. In welchem spezifischen Kontext die Fähigkeiten von Fachkräften untersucht werden und bezüglich welcher Anforderungen sich diese Kompetenzen zeigen, wird an späterer Stelle eingehender reflektiert (vgl. Kap. 3, S. 51).

Zunächst erfolgt eine weitere Präzisierung des Kompetenzbegriffs. Auch wir wollen hierzu mit einem Zitat von F. E. Weinert fortfahren, welches sich in vielen Textbeiträgen findet (u. a.: Klieme 2004, S. 11; Nentwig-Gesemann u. a. 2011; S. 8), die sich mit dem Kompetenzbegriff auseinandersetzen:

Kompetenzen sind hiernach „die bei Individuen verfügbaren oder durch sie erlernbaren kognitiven Fähigkeiten und Fertigkeiten, um bestimmte Probleme zu lösen, sowie die damit verbundenen motivationalen, volitionalen und sozialen Bereitschaften und Fähigkeiten, um die Problemlösung in variablen Situationen erfolgreich und verantwortungsvoll nutzen zu können“ (Weinert 2001, S. 27 f.).

Oelkers und Reusser bezeichnen analog dazu mit dem Kompetenzbegriff erlernte bzw. noch erlernbare Handlungs-, Operations- und Begriffschemata, die Personen dazu befähigen, in bereichsspezifischen Kontexten Probleme zu lösen. Kompetenzen als Fähigkeiten und Fertigkeiten sind erweiterungs- und veränderungsfähig, also nicht statisch zu denken. „Kurz gefasst könnte man sagen: Kompetenz ist die persönlich erreichte und automatisierte Fähigkeit, in bestimmten Wissensdomänen und nach Abschluss vieler verschiedener Lernsequenzen in begrenzter Generalisierung auf neue Anforderungen hin Probleme lösen zu können.“ (vgl. Oelkers/Reusser 2008, S. 27).

Entsprechend stetig komplexer werdender Anforderungen in fast allen Berufsgruppen, einhergehend mit einer Zunahme der zu berücksichtigenden fachspezifischen Inhalte, bzw. deren kritischer Bewertung und abwägenden Anwendung, sind auch Fachkräfte im Bereich der Frühpädagogik aufgefordert, beständig zu lernen, bzw. umzulernen, um in ihrer berufliche Tätigkeit kompetent und professionell handeln zu können.

Die Einschätzung darüber, was in diesem Zusammenhang als kompetent angesehen wird, kann anhand unterschiedlicher Zugänge erschlossen werden. Im Zuge der dazu geführten (berufs-)pädagogischen Diskussion erfolgte eine Verlagerung der Aufmerksamkeit weg von bestimmten Wissensinhalten und hin zu einer ganzheitlichen, subjektorientierten Perspektive. Dieser Wandel lässt sich anhand der Begriffe von „Qualifikation“ und „Kompetenz“ nachzeichnen und erläutern:

Während der Qualifikationsbegriff inhaltlich auf spezifische Kenntnisse, Fertigkeiten und Fähigkeiten ausgerichtet ist, die in curricular gestalteten Lernzusammenhängen erworben und durch Zertifikate und Zeugnisse bescheinigt werden, ist dies beim Kompetenzbegriff grundlegend anders. Kompetenz wird heute hinsichtlich der Prozesse von Selbstorganisation, kontingenten Handlungsoptionen, Sinnbezug und Selbstreflexionsprozessen diskutiert (vgl. Kaufhold 2006, S. 50 ff.).

Kauffeld u. a. (2003, S. 261) definieren den Begriff der Kompetenz bezüglich beruflicher Kontexte folgendermaßen: „Unter der beruflichen Handlungskompetenz werden alle Fähigkeiten, Fertigkeiten, Denkmethoden und Wissensbestände des Menschen, die ihn bei der Bewältigung konkreter sowohl vertrauter als auch neuartiger Arbeitsaufgaben selbstorganisiert, aufgabengemäß, zielgerichtet, situationsbedingt und verantwortungsbewusst – oft in Kooperation mit anderen – handlungs- und reaktionsfähig machen und sich in der erfolgreichen Bewältigung konkreter Arbeitsanforderungen zeigen, verstanden".

Zur zusammenfassenden Spezifizierung des Kompetenzbegriffs können also Konzepte aus Psychologie und Erziehungswissenschaft herangezogen werden. Diese unterscheiden sich zwar in einigen Konnotationen, Klieme und Hartig (vgl. 2007, S. 21) fassen jedoch zusammen, dass es sich bei Kompetenz um eine Disposition handelt, die erlernt werden kann und zur Bewältigung unterschiedlicher Aufgaben und Situationen dient. Sie umfasst Wissen, kognitive Fähigkeiten, Selbstregulationsmechanismen, sozial-kommunikative Fähigkeiten und motivationale Orientierungen.

2.4.2 Stufen der Kompetenzentwicklung

Es liegen heute unterschiedlichste Konzepte vor, anhand derer Kompetenz nicht allein begrifflich bestimmt wird, sondern unterschiedliche Niveaus definiert werden, um diese mit konkret beobachtbarem praktischen Handeln vergleichbar machen (vgl. Pfadenhauer 2010, S. 157 ff.; Erpenbeck/von Rosenstiel 2003. An dieser Stelle werden nur einige ausgewählte Ansätze vorgestellt.

Kompetenz in der Expertiseforschung

Als Folie zur Kategorisierung von Kompetenz wurde in der Expertiseforschung das Novizen-Experten-Paradigma von Dreyfus und Dreyfus (vgl. 1987) entwickelt. Dieses Modell definiert fünf Phasen der beruflichen Kompetenzentwicklung und unterscheidet dabei zwischen Novizen, Anfängern, Kompetenten, Gewandten und Experten.

Der Novize als Berufsanfänger verfügt über wenig Erfahrung bezüglich praktischer Arbeitsvollzüge. Er orientiert sich laut Dreyfus und Dreyfus in seinem

Handeln an erlernten Regeln bzw. an Methoden üblichen berufspraktischen Vorgehens.

In der sukzessiven Entwicklung über die einzelnen Niveaustufen vom Novizen zum Experten, so die Feststellung von Dreyfus und Dreyfus, handeln Personen vermehrt aufgrund ihrer konkreten Berufserfahrung, anstatt ausschließlich formal-methodisch gemäß standardisierter Vorgaben. Des Weiteren erfassen sie Situationen verstärkt in umfassender Weise und berücksichtigen zunehmend Aspekte, die der Beobachtung der Novizen entgehen.

Berufstätige Personen im Status eines Experten verfügen somit schließlich neben fachspezifischem Wissen über eine vielschichtige Berufserfahrung, die ihnen als primäre Basis zur Bewältigung von Arbeitsaufgaben dient. Diese Erfahrungswerte erlauben es ihnen zudem, Situationen umfassend zu beobachten und zu bewerten. Dies geschieht dann auch in intuitiver Art und Weise.

Vier Kompetenzniveaus nach Rauner

Rauner u. a. (vgl. Rauner 2006, S. 10 ff.; Rauner, et al. 2008, S. 16 ff.; Rauner 2009, S. 8 ff.) haben zur Erfassung beruflicher Kompetenzentwicklung vier Kompetenzniveaus formuliert und unterscheiden hierbei zwischen nomineller, funktionaler, konzeptuell-prozessualer und ganzheitlich-gestalterischer Kompetenz.

1. Stufe: nominelle Kompetenz
Auf dieser ersten Stufe beruflicher Kompetenz verfügen die Auszubildenden über ein oberflächliches, begriffliches Wissen, ohne dass dieses bereits handlungsleitend im Sinne beruflicher Handlungsfähigkeit ist. Der Bedeutungsumfang beruflicher Fachbegriffe reicht kaum über den der umgangssprachlichen Verwendung fachsprachlicher Begriffe hinaus.

2. Stufe: funktionale Kompetenz
Auf diesem Kompetenzniveau basieren die fachlich-instrumentellen Fähigkeiten auf den dafür erforderlichen elementaren Fachkenntnissen und Fertigkeiten, ohne dass diese in ihren Zusammenhängen und in ihrer Bedeutung für die berufliche Arbeit durchdrungen sind. „Fachlichkeit“ äußert sich als kontextfreies, fachkundliches Wissen und entsprechende Fertigkeiten.

3. Stufe: konzeptuelle/prozessuale Kompetenz
Berufliche Aufgaben werden in ihren Bezügen zu betrieblichen Arbeitsprozessen und -situationen interpretiert und bearbeitet. Aspekte wie Wirtschaftlichkeit,

Kunden- und Prozessorientierung werden dabei berücksichtigt. Die Auszubildenden verfügen über ein berufliches Qualitätsbewusstsein.

4. Stufe: ganzheitliche Gestaltungskompetenz
Auf diesem Kompetenzniveau werden berufliche Aufgaben in ihrer jeweiligen Komplexität wahrgenommen und unter Berücksichtigung der vielfältigen betrieblichen und gesellschaftlichen Rahmenbedingungen sowie der divergierenden Anforderungen an den Arbeitsprozess und das Arbeitsergebnis gelöst. Die Aufgabenlösung wird als Kompromiss zwischen divergierenden Interessen und der Nutzung der gegebenen fachlichen Möglichkeiten interpretiert und bewertet. Die Gestaltungsspielräume werden erkannt und ausgelotet.

Qualifikationsrahmen und frühpädagogische Qualifikationsprofile

Neben diesen Konzepten zur Beschreibung und Einordnung von Qualifikationen und Kompetenzen liegen weitere Konzepte vor, auf die wir detaillierter eingehen möchten, da sie für unsere Studie, besonders für die Ergebnisdarstellung und Diskussion, wichtige Referenzen darstellen. Dies sind: der Europäische Qualifikationsrahmen (EQR), der Deutsche Qualifikationsrahmen (DQR), der Qualifikationsrahmen für Deutsche Hochschulabschlüsse (HQR), das Qualifikationsprofil Frühpädagogik-BA sowie das Qualifikationsprofil Frühpädagogik-Fachschule. Hier werden zum einen bildungsbereichsübergreifend Niveaustufen des Kompetenzerwerbs definiert (EQR; DQR; HQR), zum anderen spezifische Qualifikationsprofile für Handlungsfelder der Frühpädagogik beschrieben, in denen detailliert formuliert wird, über welche Kompetenzen ErzieherInnen nach ihrer Ausbildung an Fachschulen (vgl. Autorengruppe Fachschulwesen 2011) bzw. Hochschulen (vgl. Robert Bosch Stiftung 2008) verfügen sollten.

Die einzelnen Konzepte beziehen sich zum Teil explizit aufeinander. So stellt der EQR die Grundlage für den DQR dar, welcher wiederum mit dem Qualifikationsrahmen für Deutsche Hochschulabschlüsse (HQR) kompatibel ist (vgl. DQR 2010, S. 5). In Anlehnung an den DQR und wurden die Qualifikationsprofile Frühpädagogik für Fach- und Hochschule entwickelt.

Deutscher Qualifikationsrahmen (DQR)

Die Zielsetzung des DQR ist es, ein allgemeines Raster zur Erfassung von Qualifikationen vorzulegen, das bildungsbereichsunabhängig angewendet werden kann. Der Kompetenzbegriff wird zunächst als „die Fähigkeit und Bereitschaft des Einzelnen, Kenntnisse und Fertigkeiten sowie persönliche, soziale und methodische Fähigkeiten zu nutzen und sich durchdacht sowie individuell und sozial verantwortlich zu verhalten" (vgl. DQR 2010, S. 4).

Diese allgemeine Definition wird dann anhand unterschiedlicher (Sub-)Kategorien entfaltet. Als Hauptkategorien werden zunächst „Fachkompetenz" und „Personale Kompetenz" unterschieden und anhand weiterer Subkategorien ausdifferenziert. So untergliedert sich „Fachkompetenz" in „Wissen" und „Fertigkeiten". Personale Kompetenz in „Sozialkompetenz" und „Selbständigkeit". „Methodenkompetenz" als dritte Hauptkategorie wird als Querschnittskompetenz verstanden, die sich in diesem Sinne durch alle Kompetenzbereiche zieht.

Die folgende Grafik verdeutlicht diese Struktur:

Abbildung 2 Kompetenzbereiche des Deutschen Qualifikationsrahmen (vgl. DQR 2010)

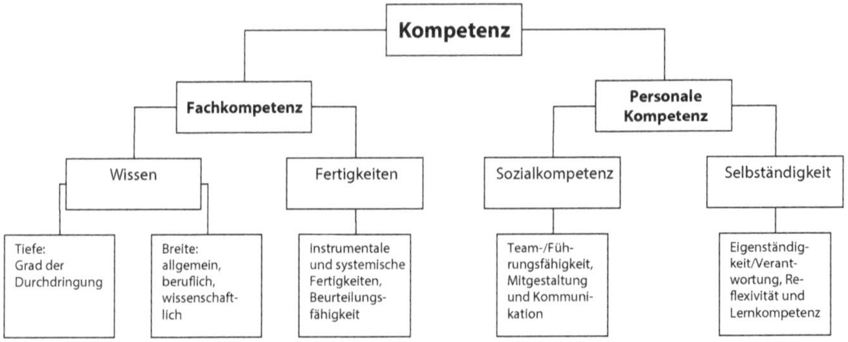

Anhand dieser Kompetenzkategorien werden acht Niveaus definiert, die es ermöglichen, die in der allgemeinen, informellen, der beruflichen und/oder der Hochschulbildung erworbenen Qualifikationen einzuordnen. Die Niveaustufe 1 definiert Kompetenzen, die zur Erfüllung einfacher Anforderungen in einem überschaubaren Arbeitsbereich benötigt werden. Die darauf aufbauenden Niveaustufen bezeichnen entsprechende Steigerungen in den Ausprägungen der Kompetenzen. Das Niveau 6 entspricht der Stufe 1 des HQR und beschreibt demnach Kompetenzen auf dem Niveau einer Bachelor-Qualifikation. Die darauf folgenden Stufen definieren das Niveau von Master-Qualifikationen (7) und Promotion/Phd-Qualifikation (8).

An dieser Stelle wird zur Illustration lediglich die Kategorie „Wissen" als Teilaspekt der Fachkompetenz auf Niveaustufe 6 vorgestellt. Diese Niveaustufe 6 entspricht gemäß des Qualifikationsrahmens für Deutsche Hochschulabschlüsse einer Bachelor-Qualifikation. Absolventen, die diesem Niveau zuzuordnen sind, verfügen:

> „über breites und integriertes Wissen einschließlich der wissenschaftlichen Grundlagen, der praktischen Anwendung eines wissenschaftlichen Faches sowie eines kritischen Verständnisses der wichtigsten Theorien und Methoden" oder „über breites und integriertes berufliches Wissen einschließlich der aktuellen fachlichen Entwicklungen" oder über „Kenntnisse zur Weiterentwicklung eines wissenschaftlichen Faches oder eines beruflichen Tätigkeitsfeldes" oder „über einschlägiges Wissen an Schnittstellen zu anderen Bereichen (…)." (DQR 2010, S. 7).

Die Niveaustufe 6 bzw. Bachelorqualifikation wurde an dieser Stelle ausgewählt, da dieses Niveau in der aktuellen Diskussion um die Professionalisierung des ErzieherInnen-Berufs bzw. entsprechende akademische Ausbildungsabschlüsse eine wichtige Referenz darstellt. Die aktuelle Einstufung der Fachschulausbildung auf Niveau sechs hat eine Kontroverse innerhalb der frühpädagogischen Ausbildungslandschaft ausgelöst.

Qualifikationsprofil „Frühpädagogik" – Fachschule/Fachakademie Qualifikationsrahmen Frühpädagogik – BA

Eine entsprechend gelagerte Adaption für den Bereich frühpädagogischer Kompetenzen und Handlungsfelder wurde in Form der Qualifikationsprofile „Frühpädagogik" – Fachschule/Fachakademie (vgl. Autorengruppe Fachschulwesen 2011) und dem Qualifikationsrahmen Frühpädagogik – BA (vgl. Robert Bosch Stiftung 2008) vorgelegt. Die Beschreibung von Kompetenzen orientiert sich im Qualifikationsprofil „Frühpädagogik" – Fachschule/Fachakademie an der Niveaustufe 6 des DQRs. Hierbei wird der Anspruch formuliert, die fachschulische Ausbildung innerhalb des Referenzrahmens diesem Niveau zuzuordnen (vgl. Autorengruppe Fachschulwesen 2011, S. 12).

Die im DQR noch recht allgemein formulierten Kompetenzniveaus werden im Qualifikationsprofil „Frühpädagogik" – Fachschule/Fachakademie und im Qualifikationsprofil Frühpädagogik-BA bezüglich der Prozessschritte frühpädagogischen Handelns und unterschiedlicher Handlungsfelder, in denen diese umgesetzt werden, angepasst. Auf diesem Wege werden die Kompetenzdimensionen für den Bereich der Frühpädagogik konkretisiert und ausformuliert (vgl. Autorengruppe Fachschulwesen 2011, S. 12).

Die Prozessschritte pädagogischen Handelns werden in beiden Qualifikationsprofilen weitestgehend ähnlich benannt[5] (vgl. Autorengruppe Fachschulwesen 2011, S. 14; Robert Bosch Stiftung 2008, S. 24).

Diese sind:

- Wissen und Verstehen
- Analyse und Einschätzung/Bewertung
- Planung und Konzeption
- Organisation und Durchführung
- Evaluation und Reflexion

Als weitere Dimension werden Handlungsfelder benannt, in denen diese Prozessschritte umgesetzt werden. Handlungsfeld 1: Kinder in ihrer Lebenswelt verstehen und Beziehungen zu ihnen entwickeln; Handlungsfeld 2: Entwicklungs- und Bildungsprozesse unterstützen und fördern; Handlungsfeld 3: Gruppenpädagogisch handeln; Handlungsfeld 4: Mit Eltern und Bezugspersonen zusammenarbeiten; Handlungsfeld 5: Institution und Team entwickeln; Handlungsfeld 6: In Netzwerken kooperieren und Übergänge gestalten (vgl. Autorengruppe Fachschulwesen 2011, S. 18 ff.; Robert Bosch Stiftung 2008, S. 25).

Während sich im Rahmen dieser Studie die Erhebung empirischer Daten durch das teilstrukturierte Interview größtenteils auf die angeführten Prozessschritte stützt (vgl. Abs. 3.1.1), bezieht sich das Erkenntnisinteresse hinsichtlich der Deutungskompetenzen lediglich auf eine Auswahl an pädagogischen Handlungsfeldern. Mit Blick auf die Kompetenzprofile können diese den Bereichen „Kinder in ihrer Lebenswelt verstehen und Beziehungen zu ihnen aufbauen", „Entwicklungs- und Bildungsprozesse unterstützen und fördern" (Autorengruppe Fachschulwesen 2011, S. 14) bzw. „Kind in Beziehung zu sich & anderen", „Kind & Welt" (Robert Bosch Stiftung 2008, S. 25) zugeordnet werden.

Die folgende Auflistung stellt eine Auswahl der in diesen Handlungsfeldern beschriebenen Kompetenzmerkmale dar.

Die Absolventinnen und Absolventen verfügen über ein

- systematisches und wissenschaftlich fundiertes Wissen aus den relevanten Bezugswissenschaften, die ein komplexes und kritisches Verständnis von Ent-

5 Lediglich der Prozessschritt „Forschung und Recherche" ist nur im Qualifikationsprofil Frühpädagogik-BA enthalten.

wicklungs- und Sozialisationsprozessen ermöglichen (vgl. Autorengruppe Fachschulwesen 2011, S. 18; Robert Bosch Stiftung 2008, S. 27);

Sie sind in der Lage:

- die Entwicklung von Kindern – auch in Abschnitten- zu beobachten, zu verstehen und zu analysieren (vgl. Robert Bosch Stiftung 2008, S. 29);
- einerseits fallbezogene und fallübergreifende sowie andererseits situationsbezogene und situationsübergreifende Erkenntnisse zu gewinnen und miteinander in Beziehung zu setzen (vgl. ebd.);
- Beobachtungsergebnisse und Interpretationen im fachlichen Austausch unter Bezugnahme auf wissenschaftliche Kriterien zum jeweiligen Entwicklungsstand des Kindes auszutauschen, zu überprüfen und zu vertreten (vgl. Autorengruppe Fachschulwesen 2011, S. 19);
- Bildungsthemen und Entwicklungswege eines Kindes auf der Grundlage von Praxis- und Forschungsmethoden gegenüber Eltern und Bezugspersonen angemessen darzustellen und zu vermitteln (vgl. Robert Bosch Stiftung 2008, S. 33);

Sie verfügen über:

- breites und integriertes Wissen und dessen wissenschaftliche Grundlagen, das ihnen ein komplexes und kritisches Verständnis von Entwicklungs-, Lern-, Bildungs- und Sozialisationsprozessen eröffnet (vgl. Autorengruppe Fachschulwesen 2011, S. 20);
- breites und integriertes Wissen über Beobachtungs- und Dokumentationsverfahren zum Entwicklungsstand und den Entwicklungsprozessen von Kindern (vgl. ebd.);

und sind in der Lage:

- Bedürfnisse, Interessen und Potenziale von Kindern zu analysieren und diese bezüglich ihrer Bedeutung für Entwicklungs- und Bildungsprozesse zu beurteilen (vgl. ebd., S. 21).

Auf weitere Aspekte wird bei der Datenauswertung und Ergebnisdarstellung verwiesen, sofern sie als Referenzen herangezogen werden.

Die hier skizzierten Qualifikationsprofile definieren letztendlich unterschiedliche Grade der Berufsfähigkeit. Es werden Kompetenzen formuliert, über die eine Fachkraft nach Abschluss einer Ausbildung als Fähigkeit verfügt. Die beschriebenen Niveaus orientieren sich demnach an der Leitidee einer beruflichen Handlungsfähigkeit.

2.4.3 Kompetente Beobachtung und Deutung kindlicher Lern- und Bildungsprozesse

Neben Definitionen zu Kompetenzniveaus, die im Rahmen von Ausbildungen und Berufspraxis erworben werden (sollen), finden sich Bemühungen, auch die bestehende frühpädagogische Praxis von in Kindertagesstätten tätigen ErzieherInnen zu professionalisieren.

Im Bereich der Beobachtung und Deutung bzw. Dokumentation kindlicher Lern- und Bildungsprozesse sind in den letzten Jahren eine Vielzahl unterschiedlicher Modelle und Methoden entwickelt und in das Feld der Kindertagesstätten implementiert worden.

Grob lassen sich diese Verfahren in zwei Kategorien unterscheiden. Zum einen entwicklungsorientierte, diagnostische Messverfahren ‚beispielsweise „Grenzsteine der Entwicklung“ (Michaelis 2003), die eine starke Strukturierung der Beobachtung aufweisen und diese anhand operationalisierter Kategorien lenkt. Zum anderen ressourcenorientierte Verfahren zur Beobachtung und Dokumentation ‚beispielsweise die „Bildungs- und Lerngeschichten“ (Leu et al. 2007), die vergleichsweise offen gestaltet sind und eine verstehende Annäherung an Situationen und kindlichen Handelns nahe legen.

Die eher diagnostischen Verfahren sollen dem frühpädagogischen Fachpersonal dazu dienen, Entwicklungsauffälligkeiten bei Kindern zu erkennen. Dazu werden meist standardisierte Diagnosebögen entwickelt, die es beispielsweise durch den Gelsenkirchener Entwicklungsbogen ermöglichen sollen, „schnell und unkompliziert zu erkennen, wie weit ein Kind in verschiedenen Entwicklungsbereichen (Sprache, Kognitive Entwicklung, Soziale Kompetenz, Feinmotorik, Grobmotorik) entwickelt ist und wo es verstärkt Unterstützung benötigt. Hierbei ist zu erwähnen, dass es sich bei dem Entwicklungsbegleiter nicht um einen wissenschaftlichen Test handelt; allerdings sind teilweise Merkmale in Anlehnung an bestehende Verfahren ausgewählt worden“ (Beyer et al. 2003, S. 2).

Stellvertretend für die Vielzahl an Beobachtungsmodellen, wird hier das Konzept der Bildungs- und Lerngeschichten (vgl. Leu et al. 2007) vorgestellt.

Lerngeschichten

Das aus Neuseeland stammende Konzept der „Learning stories“ wurde vom Deutschen Jugendinstitut adaptiert. Dieses Modell strukturiert die Beobachtung und Deutung anhand von fünf Lerndispositionen: „Interessiert sein“, „Engagiert sein“, „Standhalten bei Herausforderungen und Schwierigkeiten“, „Sich ausdrücken und mitteilen“ und „An der Lerngemeinschaft mitwirken und Verantwortung übernehmen“. ErzieherInnen sind hierbei aufgefordert zu erkennen, inwiefern die Lerndispositionen in bestimmten Situationen zum Ausdruck kommen und sichtbar werden.

Hierzu werden die Lerndispositionen anhand listenförmiger Aufführungen genauer ausformuliert. Beispielsweise wird hier beschrieben, woran die Lerndisposition „Interessiert sein/Engagiert sein“ zu erkennen ist:

- nähert sich Dingen und Personen an. Das Kind richtet seinen Blick auf etwas.
- wendet sich Dingen oder Personen aufmerksam zu und setzt sich damit auseinander.
- sucht sich selbst eine Aufgabe.
- ...

Oder bei der Lerndisposition „Standhalten bei Problemen und Schwierigkeiten“:

- weiß, was es kann und was es nicht kann.
- stellt sich der Situation.
- versucht herauszufinden, worin das Problem besteht.
- gibt trotz Zögern nicht auf und startet einen neuen Versuch.
- kehrt nach einer Pause wieder zurück.
- ...

(vgl. Leu et al. 2007, S. 60 ff.)

Die Einschätzung kindlichen Handelns und Verhaltens anhand der Lerndispositionen bildet gewissermaßen den Kern des Verfahrens. Diese von ErzieherInnen durchgeführten Beobachtungen und Deutungen werden dann in ein systematisches Vorgehen integriert und weiter verarbeitet. Dieses systematische Vorgehen orientiert sich an den Prozessschritten „Beobachten und Interpretieren“, „Diskutieren“, „Dokumentieren“ und „Entscheiden über das weitere Vorgehen“.

An dieser Stelle soll das Modell der Bildungs- und Lerngeschichten in seinem gesamten Design nicht eingehender beschrieben werden (vgl. hierzu: Leu et al.

2007). Im Zusammenhang mit der Fragestellung unseres Projektes sollen an dieser Stelle jedoch exemplarisch und am Beispiel der Lerngeschichten Kompetenzen aufgeführt werden, die ErzieherInnen unserer Einschätzung nach benötigen, um professionell zu handeln.

Einschätzung der von ErzieherInnen benötigten Kompetenzen

1. Neugierde für kindliches Tun. Durch den Ansatz der Bildungs- und Lerngeschichten kann nahezu jede Situation im Alltag der Kindertagesstätten zu bedeutsamen Lern- und Bildungsprozessen avancieren. ErzieherInnen benötigen hier die Fähigkeit, jederzeit darauf gefasst zu sein, entsprechende Prozesse zu entdecken und festzuhalten. Im Sinne des Modells benötigt das frühpädagogische Fachpersonal ein stets mitlaufendes Interesse und kontinuierliche Aufmerksamkeit für die Handlungen und das Verhalten von Kindern.
2. Beobachtung konkreter Situationen anhand bestimmter Kriterien. Diese Kriterien variieren in ihrem Abstraktionsgrad. Während beispielsweise der Aspekt „Nähert sich Dingen und Personen an. Das Kind richtet seinen Blick auf etwas“ auf konkret sichtbares Verhalten verweist, zielen andere Aspekte, wie beispielsweise „Stellt sich der Situation“ oder „Weiß, was es kann und was es nicht kann“ auf abstraktere Vorgänge, die nicht unmittelbar durch Beobachtung sichtbarer Handlungen hergeleitet werden können, sondern von den Beobachtenden eine Interpretationsleistung verlangen, um zu entsprechenden Deutungen zu gelangen. Die Frage, woran wiederum zu erkennen ist, dass sich ein Kind der Situation stellt, wird vom Beobachtungsraster des Modells nicht beantwortet und den Anwendern überlassen.
3. Beobachtung von Prozessen: Hier ist gefordert, dass die Erzieherin oder der Erzieher weiß, dass eine einmalige Beobachtung zunächst nur eine Momentaufnahme kindlicher Bildungsaktivität darstellt. Für eine hinreichende Interpretationsgrundlage muss mindestens noch eine weitere Beobachtung durchgeführt und inhaltlich mit anderen Beobachtungen zu einem Kind/einer Situation in einen Zusammenhang gestellt werden.
4. Kritische Haltung gegenüber der eigenen Beobachtung und Deutung. Von vorneherein wird die Beobachtung und Deutung anhand der vorgegebenen Lerndispositionen mit einem Zweifel versehen und darauf hingewiesen, dass es sich hierbei zunächst um eine subjektive Beobachtung und Deutung einer einzelnen Erzieherin handelt, die gemäß ihres Standpunktes (Aufmerksamkeit, Biographie, Deutungsmuster, etc.) darauf vorbereitet ist, bestimmte Aspekte überhaupt zu sehen bzw. wertzuschätzen, andere jedoch nicht. Gefor-

dert ist hier also eine selbstkritische Haltung in der Beobachtung, die die eigene Sichtweise als diskussionsbedürftig einstuft.

5. Kommunikative Kompetenzen: Von Erziehrinnen wird gefordert, die eigene Beobachtung und Deutung in unterschiedlichen Zusammenhängen (im Dialog mit den beobachteten Kindern, den Eltern und im Teamgespräch mit KollegInnen) als vorläufigen Vorschlag zu diskutieren. Hinzu kommt die Kompetenz, die eigenen Beobachtungen anhand schriftlicher Aufzeichnungen festzuhalten.
6. Fundierte Entscheidungsprozesse über pädagogische Interventionen: Bei aller dialogisch ausgerichteten Philosophie dieses Modells ist es letztlich die Erzieherin oder der Erzieher, die/der nach Kenntnisnahme unterschiedlicher Perspektiven auf Kinder und Situationen eine Entscheidung darüber zu treffen hat, in welcher Weise möglichst fördernd auf eine gedeutete Beobachtung eingegangen werden kann. Räumliche, zeitliche und soziale Faktoren müssen hier berücksichtigt werden, um dann didaktisch geschickt auf die Lern- und Bildungsprozesse von Kindern einzuwirken.

Ergänzt wurde das Verfahren der Lerngeschichten durch zusätzliche Veröffentlichungen, die dem frühpädagogischen Fachpersonal u. a. entwicklungstheoretische Hintergründe liefern sollen, um kindliche Bildungs- und Entwicklungsprozesse kompetent beobachten und deuten zu können. Beispielsweise wurden hierfür die Tätigkeitstheorie und das Konzept der „dominierenden Tätigkeit" ausgewählt, „weil es ein gut überschaubares Muster bietet, das die ungemeine Komplexität der kindlichen Entwicklung zumindest theoretisch reduziert. Angesichts der Fülle möglicher Entwicklungserscheinungen kann dies eine hilfreiche Unterstützung für die Arbeit pädagogischer Fachkräfte in Kindertageseinrichtungen sein. Ähnlich dem Konzept der Lerndispositionen werden praktikable Kategorien vorgestellt, die im Gedächtnis haften bleiben und mit deren Hilfe sich Beobachtungen entwicklungstheoretisch einordnen lassen" (Flämig/Musketa/Leu 2009, S. 13).

Zu den vorangestellten Kompetenzen lässt sich somit eine weitere, siebte Kompetenz hinzufügen:

7. Beobachtung konkreter Situationen anhand Kategorien einer Entwicklungstheorie.

Die unterschiedlichen Verfahren zur Beobachtung und Dokumentation von Bildungsprozessen sind sowohl in ihrer Struktur, als auch in den thematischen

Schwerpunktsetzungen unterschiedlich. Allen Ansätzen ist jedoch gemein, den Anwenderinnen und Anwendern Anhaltspunkte an die Hand zu geben, mit denen die Komplexität kindlicher Lern-, Bildungs- und Entwicklungsprozesse hinreichend abgebildet werden kann. So finden sich in den unterschiedlichen Modellen teils stark differierende, teils ähnliche Kategorien, anhand derer beobachtet und gedeutet werden kann.

Den jeweiligen Kategorisierungen der Modelle liegen mehr oder weniger explizit formulierte und ausgewiesene Vorstellungen zu kindlichen Lern- und Bildungsprozessen zugrunde. Dieser Punkt soll zunächst nicht weiter diskutiert werden. Im Zusammenhang dieses Forschungsprojektes ist stärker von Interesse, wie die Beobachtungs- und Deutungstätigkeit von ErzieherInnen verstanden, strukturiert und gewissermaßen angeleitet wird, um eben beobachtend und deutend an kindliches „Tun“ anzuschließen. Auch hier muss, so unterstellen wir an dieser Stelle, zumindest implizit ein Verständnis darüber zugrunde liegen, was kompetente Beobachtung und Deutung – zumindest aus Perspektive des jeweiligen Modells – auszeichnet.

2.4.4 Reflektierende Rekonstruktion von Kompetenz

Anhand der hier skizzierten vielschichtigen und teilweise wenig koordinierten Theorieversatzstücke aus wissenschaftlicher Literatur, Qualifikationsprofilen und Handreichungen für die Praxis erfolgte eine erste Annäherung dazu, was in diesem Forschungsprojekt konkret unter dem Begriff Deutungskompetenz verstanden wird. Dies kann dabei im Forschungsverlauf zunächst nur ein vorläufiges und rein theoretisches Verständnis von Deutungskompetenz sein. Erst durch den Forschungsprozess selbst, durch Erhebung und Analyse empirischer Daten (vgl. Kap. 3), kann der Begriff Deutungskompetenz hinreichend präzisiert und inhaltlich gefüllt werden.

Gemäß der bis hier erfolgten theoretischen Herleitung umfasst der Begriff „Deutungskompetenz“ die Fähigkeit, Handlungsweisen von Kindern wahrzunehmen, zu differenzieren und zu interpretieren sowie darin implizierte Hinweise auf Bildungsprozesse, ihre Begleitung, Anregung und Unterstützung herauszuarbeiten. Zentral ist dabei die Frage, welches Wissen ErzieherInnen im Kontext pädagogischer Handlungsfelder nutzen und wie sich dieses Wissen als Beobachtungs- und Deutungsgrundlage bewährt.

Die Deutungskompetenz der ErzieherInnen wird durch induktives Schließen entlang zweier Herangehensweisen untersucht. Zum einen erfolgt eine hermeneutische Rekonstruktion der Beobachtung und Deutung, bei der die Struktur und Dynamik von Beobachtung und Deutung sowie ihre Aspektstruktur (vgl. Mannheim 1969) beschrieben wird. Zum anderen werden sowohl aus Kompetenz- und Professionstheorien als auch anhand der Analyse gängiger Verfahren zur Beobachtung und Dokumentation von Bildungsprozessen allgemeine Merkmale professionell-kompetenten Handelns zu einem Referenzraster verdichtet, anhand dessen dann die rekonstruierten Deutungspfade einer Einordnung und Kritik unterzogen werden können.

Vor dem Hintergrund des eingangs vorgestellten Kompetenzbegriffs, muss sich diese Kritik auf die Struktur, den Prozess und die Dynamik in der Beobachtung und Deutung beziehen, bspw. auf den Aspekt der Irritationsfähigkeit von Wahrnehmungsprozessen. Es kann dann *kein inhaltlicher* Abgleich zwischen den von den Befragten getroffenen Aussagen und einer abstrakt-akademisch postulierten „Musterlösung" (vgl. Kapitel 4) vollzogen werden. In diesem Falle würde lediglich ein Vergleich zwischen den Aufmerksamkeitsfokussierungen der Wissenschaftler als Urheber der Referenzmatrix und denen der Befragten erfolgen. Es bestünde die Gefahr, dass das zu Erforschende lediglich in die Muster des eigenen (erziehungs-)wissenschaftlichen Selbstverständnisses eingeordnet würde (vgl. Nohl 2007, S. 256). Es würden, anders ausgedrückt, lediglich zwei Beobachtungen erster Ordnung kontrastierend in ein Verhältnis gesetzt. Daraus lässt sich jedoch keine Einschätzung von Kompetenz ableiten. Denn die zugrunde liegenden Situationen sind derart komplex, dass sie unterschiedlichste Aufmerksamkeitsfokussierungen und Relevanzsetzungen zulassen. Es gibt in diesem Sinne hinsichtlich der beobachteten Situationen keine eindeutig „richtige" oder „falsche" Deutung. Das (innovative) Bemerken und die Benennung anderer Phänomene als derer, die in der Bewertungsmatrix aufgeführt wurden, ist keine legitime Grundlage für die zur Einschätzung eines Defizits in der Beobachtung und Deutung.

Ziel der Analyse muss es vielmehr sein, eine Beobachtung 2. Ordnung durchzuführen, bei der der Modus Operandi der Beobachtung und Deutung der befragten Praktiker rekonstruiert werden kann. Die Frage ist dann nicht *was* die Realität in der Perspektive der Befragten hinsichtlich der gezeigten Filmsequenzen ist, sondern *wie* die Deutung der Situation hergestellt bzw. *wie* die Perspektive reproduziert wird (vgl. Bohnsack; Nentwig-Gesemann; Nohl 2007, S. 12).

In diesem Sinne kann kompetentes Handeln bzw. professionelles Handeln nicht allein von einem wissenschaftlich-distanzierten Standpunkt aus beurteilt werden, sondern muss in seinen praktischen Handlungsvollzügen rekonstruiert werden. Es gilt, „dass die wissenschaftliche Erkenntnis immer nur nachträglich rekonstruierend die Geltung dessen überprüfen kann, was die Praxis selbst in der

Krisenhaftigkeit und Offenheit ihres Tagewerks vollbracht hatte" (Oevermann 1996, S. 79).

Dies auf das webersche Wertfreiheitsprinzip zurückgehende Postulat gesteht der Praxis eine Autonomie bezüglich ihres zweckrationalen Handelns zu. Es erfolgt keine Bevormundung der Praxis durch die Wissenschaft, sondern eine „Befähigung zu einer selbständigen, mit Anspruch auf Vernünftigkeit und rationaler Begründbarkeit vollzogenen Zwecksetzung" (ebd., S. 80).

Wissenschaft kann also nicht eine vollständige Reflexion eines Handlungsproblems anfertigen, um dann der Praxis eine richtige, rationale Vorgehensweise nahe zu legen. Aber Praxis kann aus einer wissenschaftlichen Perspektive kritisiert werden, bzw. kann eine verstehende Rekonstruktion hinsichtlich der Struktur, des Prozesses und der Dynamik von Beobachtung und Deutung auch unabhängig von ihren jeweiligen inhaltlichen Relevanzsetzungen vergleichen und einschätzen.

Zusammenfassung: ein Raster zur Erfassung von Beobachtungs- und Deutungskompetenz

In den vorangegangenen Teilkapiteln wurde ein Überblick darüber gegeben, was aus jeweils unterschiedlicher Perspektive als „kompetent" und/oder „professionell" zu bezeichnen ist.

Deutungskompetenzen sind damit ein wichtiger Indikator für die Professionalität von ErzieherInnen. Unsere Studie fragt in diesem Sinne nach einer sehr spezifischen Form der Kompetenz, die jedoch für den derzeitigen Diskurs über Professionalität in der Frühpädagogik gleichsam einen sehr zentralen Stellenwert einnimmt.

Kompetenzen bezüglich der Beobachtung und Deutung kindlichen Verhaltens im Feld der Frühpädagogik kennzeichnen sich u. E. nach vor allem durch die folgenden Aspekte aus:

- Neugierde für kindliches Tun und Wachheit für besondere Lernsituationen von einzelnen Kindern und Prozessen in der Kindergruppe;
- den sprachlichen Differenzierungsgrad in der Beobachtung und Deutung kindlichen Verhaltens bezüglich der detaillierten Erfassung komplexer Situationen und der Entwicklung unterschiedlicher Deutungsvarianten;
- die Fähigkeit, Beobachtungen und Deutungen mit pädagogischen und/oder wissenschaftlichen Konzepten in Beziehung zu setzen und diese in den Diskurs mit KollegInnen, Eltern und letztlich auch den Kindern einzubringen;

- die (Selbst-)Reflexivität in Bezug auf eigene Orientierungsmuster und die Fähigkeit zum kritischen Hinterfragen;
- die Fähigkeit, eigene Deutungen in Diskussionen zu vertreten und argumentativ zu begründen.
- Hinzu kommt als weitere Kompetenzdimension die pädagogische Haltung. Als grundlegende handlungsleitende Orientierung ist sie maßgeblich ausschlaggebend dafür, welche der potentiellen Kompetenzen im pädagogischen Handeln wirksam werden. Die professionelle Haltung dokumentiert sich in Orientierungsmustern, Werten, Normen, Deutungsmustern, dem Bild vom Kind und dem eigenen Selbstverständnis (vgl. Fröhlich-Gildhoff, Nentwig-Gesemann, Pietsch 2011, S. 6/7). Weinert (vgl. 2001, S. 27 ff.) definiert Kompetenz demgemäß als eine Disposition, d. h. als eine prinzipielle Fähigkeit, die potentiellen Handlungen zugrunde liegt. Diese Kompetenz bleibt latent, bis sie sich in der Performanz, der Umsetzung von Handlungsmöglichkeiten in realisierte Handlungen, veräußert und widerspiegelt. An dieser Prämisse orientierte sich auch das Erhebungsdesign unseres Forschungsprojektes.

Das konkrete Vorgehen in der Erhebung empirischer Daten vor dem Hintergrund der hier vorgestellten Prämissen wird im nächsten Kapitel dargestellt.

3 Forschungsdesign und Forschungsmethodik

Die in diesem Kapitel ausgeführten Darstellungen zum wissenschaftlichen Vorgehen sollen größtmögliche Transparenz über den Forschungsprozess herstellen. In diesem Sinne erfolgt hier eine (Selbst-)Beschreibung und Reflexion der Erforschung der Beobachtungs- und Deutungsprozesse der befragten ErzieherInnen. Es soll auf diesem Wege mithin die wissenschaftliche Vorgehensweise dokumentiert werden und die gewählte Methodik innerhalb des Forschungsdesigns nachvollziehbar und reflektierbar gemacht werden.

Das hier beschriebene Forschungsprojekt „Deutungskompetenzen – eine qualitative Studie mit ErzieherInnen" hat es sich zur Aufgabe gemacht hat, die Beobachtungs- und Deutungsprozesse frühpädagogischer Fachkräfte zu rekonstruieren und in ihrer Funktionslogik zu verstehen. Wie eingangs beschrieben (vgl. Kapitel 1 und 2) soll ermittelt werden, worauf ErzieherInnen bei der Beobachtung kindlicher Aktivitäten ihre Aufmerksamkeit richten, welche Wissensformen sie zur Deutung nutzten, welchen Differenzierungsgrad die Beobachtungen bezüglich der detaillierten Erfassung komplexer Situationen aufweisen und mit welchen (pädagogischen) Konzepten diese in Beziehung gesetzt werden. Derzeit liegt hierfür kein einheitliches Forschungsverfahren vor. Vielmehr muss der jeweilige Interpretationsgang gemäß seiner Fragestellung und seines Gegenstandsbereiches variieren (vgl. Reichertz 1997, S. 39).

Unsere sozialwissenschaftliche Analyse hat das Ziel, die innere Logik und Struktur von Beobachtungs- und Deutungsprozessen explizit darzustellen. Aufgrund der thematischen Nähe zum theoretischen Konzept der Deutungsmuster (vgl. Kapitel 2) kann ein Blick auf die in diesem Kontext formulierten Fokussierungen wissenschaftlicher Analysen Inspiration auch für unsere Arbeit bieten. Die Analyse von Deutungsmuster beinhaltet nach Oevermann:

- die Rekonstruktion der Elemente in Deutungskompetenzen (Wissensbestände, Darstellungsformen, Prinzipien, Argumente als Kategorien von Deutungsmustern) und
- die Rekonstruktion der Konsistenzregeln, d. h. explizite Aussagen dazu, welche Elemente in den Deutungsmustern kompatibel/inkompatibel (Konsistenzprobleme) zueinander sind (vgl. Oevermann 2001b, S. 25). Besonders die

„Fahndung nach argumentativen Inkonsistenzen" (Oevermann 2001b) wird als Erkenntnis generierende Perspektive genutzt werden.

Die aufgeführten thematischen Aspekte stellen in der hier allgemein formulierten Form eine erste Zielsetzung der Forschung dar, die sich auch auf die Wahl der Methodik auswirkt. Der von uns gewählte Forschungsgegenstand stellt hierbei eine besondere Herausforderung für die Erhebung und Auswertung empirischer Daten dar. Es musste ein Verfahren entwickelt werden, mit dem Beobachtungs- und Deutungsprozesse in ihrem Vollzug erfasst, beobachtet und einer wissenschaftlichen Analyse zugänglich gemacht werden können.

Bei Beobachtungs- und Deutungsprozessen handelt es sich um Vorgänge, die zu einem wesentlichen Teil als subjektive, (un-)bewusste Wahrnehmungs- und Interpretationsprozesse ablaufen. Als physisch-psychische Prozesse in Form von sensorischer und kognitiver Informationsaufnahme und -verarbeitung sind sie den Methoden der qualitativ-empirischen Sozialforschung nur schwer und in begrenztem Umfang zugänglich.

Dies bedeutet, dass die in unserem Forschungsprozess thematisierten Beobachtungs- und Deutungsprozesse nicht im direkten Zugriff beobachtet, erfasst oder gemessen werden können. Daher sind Befragungen einzelner Individuen zu ihren Wahrnehmungen und Deutungen sowie ihren Handlungsregeln bzw. deren Begründung notwendig. Die Rekonstruktion von Deutungskompetenzen ist somit grundlegend an sprachliche Äußerungen von ErzieherInnen gebunden. In einer entsprechenden Befragung können die Subjekte aber ggf. keine expliziten Aussagen zu diesen Aspekten ihrer Deutungsmuster geben. Gerade kollektive Deutungsmuster mit großer Reichweite hinsichtlich ihres Geltungsbereiches und der sozialen Gruppe, in der sie gelten, werden als „sehr selbstverständlich" erlebt und sind für die konkret handelnden Subjekte am wenigsten explizierbar. Es ist dann die Aufgabe der Forschung, die „Oberfläche der im Datenmaterial expliziten Gehalte [zu] durchstoßen (…), [damit] die tiefenstrukturell verankerten Erfahrungsgehalte und argumentationslogischen Verknüpfungen gehoben werden" (Oevermann 2001b, S. 60; Einschub: M. K.).

Solche „Erfahrungsgehalte und argumentationslogische Verknüpfungen" in der Beobachtungs- und Deutungstätigkeit von ErzieherInnen sind einerseits sicherlich durch die aktuelle frühpädagogische Diskussion und die eingeführten Bildungs- und Orientierungspläne und Verfahren, wie z. B. Beobachtungs- und Dokumentationskonzepte, geprägt. Weitere Aspekte wurden auch im Zusammenhang mit den historisch generativen Deutungsmustern erwähnt (vgl. Kapitel 2.2, S. 20 ff).

Eine wissenschaftliche Untersuchung zu Deutungskompetenzen frühpädagogischer Fachkräfte muss diese fachlichen und gesellschaftlichen Kontexte auch in der Erhebung, z. B. durch entsprechende Fragen im Interview, berücksichtigen. Andererseits muss die durchgeführte Studie so offen gestaltet werden, dass in der Erhebung empirischer Daten ausreichend Raum gegeben wird, in dem die Befragten ihre spezifische Perspektive artikulieren können und außerdem die Analyse dieses empirischen Datenmaterials für, eventuell auch unerwartete, Beobachtungs- und Deutungsstrukturen sensibel bleibt.

Für die Erforschung der Deutungskompetenzen frühpädagogischer Fachkräfte wurde eine differenzierte Forschungsmethodik erstellt, die den hier skizzierten Faktoren Rechung trägt. Im Folgenden wird darauf ausführlicher eingegangen und erläutert, wie die Datenerhebung durch teilstrukturierte Interviews durchgeführt wurde. Hierbei wird das gesamte dazu entwickelte Erhebungsdesign vorgestellt, welches wir als „videobasiertes Fachgespräch" bezeichnen. Im Anschluss daran werden der Feldzugang und vor allem das dabei gewählte Sampling beschrieben. Abschließend wird die zur Datenanalyse genutzte dokumentarische Methode in der Anwendung zur Rekonstruktion von Beobachtungs- und Deutungsprozessen und der Anfertigung von Typisierungen zum Deutungsprozess von ErzieherInnen detailliert dargestellt.

3.1 Das Erhebungsdesign

Die Erhebung im Feld wird durch ca. 1,5-stündige Interviewsitzungen realisiert, die durch eine Reihe unterschiedlicher Phasen gekennzeichnet ist. In diesem Teilkapitel zum Erhebungsdesign werden die einzelnen Phasen eingehend vorgestellt.

Den Beschreibungen zum genauen Ablauf der Erhebung werden zunächst einführende Überlegungen zum Interview als simuliertem Fachgespräch vorangestellt. Anschließend werden die Interviewsituation und die Einstiegsphase beschrieben. Danach erfolgt die detaillierte Beschreibung der für die Erhebung genutzten Filme als zentralem Gegenstand in der Beobachtung und Deutung der Befragten. Im daran anschließenden Teil wird, gemäß der Chronologie der Interviewsitzungen, das teilstrukturierte Interview vorgestellt, und methodisch-wissenschaftlich reflektiert. Schließlich wird der quantitative Fragebogen vorgestellt, der ergänzend zum Interview an die Befragten ausgeteilt wurde.

3.1.1 *Das Interview als videobasiertes Fachgespräch*

Kompetenz ist immer auf die Gestaltung und Bewältigung von Handlungssituationen gerichtet und kann demzufolge auch nur in einem handelnden Vollzug beobachtet, erfasst und bewertet werden (vgl. Kaufhold 2006, S. 22). Zur Erfassung, Messung und Beschreibung von Kompetenz/en wurden daher bereits eine Reihe von Verfahren mit unterschiedlichster Ausrichtung und für diverse Kontexte entwickelt (vgl. Erpenbeck/von Rosenstiel 2003; Kaufhold 2006, S. 145 ff.; Rauner, et al. 2008). Analog zu diesen Verfahren der Kompetenzerfassung haben auch wir in unserem Forschungsprojekt zur Erhebung der Deutungskompetenz von ErzieherInnen ein Design entwickelt, in dem ein Handlungs- und Anforderungsbezug gegeben ist.

Der von uns untersuchte Tätigkeitsbereich von Beobachtung und Deutung kindlichen Handelns und Verhaltens, bzw. kindlicher Lernprozesse, ist als kommunikativer, dialogischer Prozess zu verstehen. Für die frühpädagogische Praxis ist es entscheidend, dass Deutungen auch sprachförmig geäußert werden können und im Gespräch fachlich fundiert und plausibel dargestellt werden. Nur auf diesem Wege werden Beobachtungen und Deutungen in das Kommunikationssystem einer Kindertagesstätte (Teamberatung, kollegialer Austausch, Elterngespräch) aufgenommen und Diskussionen zugänglich gemacht.

Die Interviewsituation dient nicht dazu, Befragte über eine Handlung berichten zu lassen, die sie jeweils in anderen Kontexten und zu anderen Zeiten vollziehen. Vielmehr erfolgt der Vollzug der zu bewältigenden Handlung, die Beobachtung und Deutung kindlichen Handelns und die sprachförmige Auskunft darüber, im Interview selbst (vgl. Lüders/Meuser 1997, S. 69 f.).

Dazu wurde das teilstrukturierte Interview an den Aspekten eines professionellen Gesprächsverlaufs orientiert mit den Phasen von Anamnese („Was haben Sie beobachtet?"), Diagnose („Was ist das Thema des Kindes?") und Interventionsplanung („Was könnten Sie in einer solchen Situation tun?") und stellt in diesem Sinne den Handlungskontext dar, wie er auch in ähnlicher Form beispielsweise in Teamdiskussionen in der Kindertageseinrichtung gegeben sein könnte. In diesem Sinne stellte das Interview gewissermaßen ein simuliertes, videobasiertes Fachgespräch dar.

Durch das Erhebungsdesign wird demnach eine Handlungsanforderung erfasst, die als typisch für die berufliche Arbeitspraxis von ErzieherInnen angesehen werden kann. Bei der Bearbeitung dieser Aufgabe bietet sich ein großer Spielraum an, in dessen Rahmen eine Vielzahl an Varianten der Beobachtungs- und Deutungsprozesse möglich und fachlich plausibel sind. In diesem Sinne kann die

Aufgabe gemäß der jeweiligen, spezifisch ausgeprägten Kompetenz der Befragten gelöst werden.

Das Interview ist dabei so konzipiert, dass es die Entfaltung vorhandener Kompetenzen der Befragten zulässt. Denn welche Kompetenzen, bzw. Anteile einer Kompetenz eine Person zeigen kann, ist auch abhängig von gegebenen Anforderungen, die einige Fähigkeiten aktivieren, wohingegen andere Kompetenzanteile zur Bewältigung der Handlungsproblematik nicht benötigt werden und daher auch nicht in beobachtbarer Weise in Erscheinung treten (vgl. Kaufhold 2006, S. 23). In diesem Sinne erfolgt im Verlauf des Interviews auch eine Anhebung des Anspruchsniveaus, um Beobachtungs – und Deutungskompetenzen in möglichst großer Bandbreite empirisch zu erfassen.

Die Aufgabenstellung des Interviews als simuliertes Fachgespräch über eine kindliche Selbstbildungssequenz berücksichtigt dabei unterschiedliche Prämissen (vgl. Rauner 2006, S. 12):

Die Aufgabe

- erfasst ein realistisches Problem beruflicher Arbeitspraxis;
- steckt einen berufsspezifischen, eher großen Gestaltungsspielraum ab und ermöglicht eine Vielzahl verschiedener Lösungsvarianten unterschiedlicher Tiefe und Breite;
- erfordert bei der Lösung ein berufstypisches Vorgehen;
- fordert dazu heraus, die Aufgabe im Sinne der Dimensionen beruflicher Professionalität auf der jeweiligen Entwicklungsstufe zu lösen.

Die Interviewsitzung, an der jeweils der Interviewleiter und die interviewte Person teilnehmen, gliedert sich in drei wesentliche Abschnitte:

- Es wird eine videographierte kindliche Selbstbildungsszene gezeigt, darauf folgt
- eine Schreibphase der interviewten Person und schließlich wird ein
- teilstrukturiertes Interview durchgeführt.

Dieser Ablauf wird anhand dreier verschiedener Videosequenzen wiederholt (vgl. Kap. 4, S. 83 ff). Die einzelnen Teile der Erhebung, einschließlich der Einsstiegs- und Schlussphase des Interviews, werden im Folgenden erläutert.

3.1.1.1 Die Interviewsituation

Um Hemmnisse im Forschungsprozess abzubauen, nennt Lamnek (vgl. 1989, S. 20) als wichtiges Merkmal qualitativer Methodologie die „Naturalistizität": „Die Untersuchungssituation soll daher dem Lebensalltag des zu Untersuchenden nicht fremd sein. Daher müssen kommunikative Akte eingegangen werden, die Alltagssituationen möglichst ähnlich sind". Daher werden die Interviews jeweils in der Kindertagesstätte durchgeführt, in der die interviewte Person tätig ist. Die Wahl der Räumlichkeiten wird dem Interviewpartner überlassen. Im telefonischen Vorgespräch wurde jedoch darauf hingewiesen, dass eine ungestörte und ruhige Umgebung für die Durchführung des Interviews notwendig ist.

Die Interviewpartner kamen dieser Vorgabe in allen Fällen nach. Auch wurden mit Kolleginnen und Kollegen Absprachen getroffen, sodass sich die Interviewpartner für die Zeit des Interviews aus dem Arbeitsalltag der Kindertagesstätte heraus nehmen konnten. Einige Interviews wurden auch außerhalb der Öffnungszeiten der Kindertagesstätte durchgeführt. Alles in allem konnten die Interviews in einer weitest gehend ungestörten Situation durchgeführt werden.

Zur Durchführung der Interviews wurde im Vorfeld ein Interviewleitfaden entwickelt, der neben dem Fragenkatalog auch exakte Angaben zur gleichartigen Durchführung der Interviews enthält.

Die Einstiegsphase

Der Beginn des Interviews erfolgt in Form einer nicht strukturierten, offenen Gesprächsphase zwischen dem Interviewer und der interviewten Person. Diese Einstiegsphase wird darüber hinaus vom Interviewer auch genutzt, um die Vorbereitungen für das Interview abzuschließen. Neben der Einrichtung der technischen Ausstattung wird ebenfalls darauf geachtet, dem Interviewpartner ausreichend Zeit zur Verfügung zu stellen, um sich auf die Interviewsituation einzustellen.

Nach dem ersten offenen Gesprächsteil folgt der Einstieg in das Interview mit einem festgelegten Statement des Interviewleiters. In diesem Statement soll für die Interviewpartner in erster Linie deutlich werden, dass sie bei der anschließenden Befragung als Expertinnen und Experten angesehen werden und der/die Interviewführer/in als interessierte/r Nachfrager/in das Gespräch gemäß des Interviewleitfadens führt.

3.1.1.2 Film als Gegenstand von Beobachtung und Deutung

Zunächst wird den teilnehmenden ErzieherInnen eine ca. dreiminütige Filmsequenz gezeigt, in denen ein bzw. mehrere Kind(er) in Situationen zu sehen sind, wie sie tagtäglich in Kindertagesstätten vorkommen: ein Kind hantiert mit Holzkisten, ein Mädchen geht auf dem Außengelände umher und ein anderes Kind sortiert Muscheln und kleine Steinchen. Die Videosequenzen wurden einer DVD der Publikation des Deutschen Jugendinstituts zu Bildungs- und Lerngeschichten (Leu et al. 2007) entnommen bzw. entstammten Videoaufnahmen, die von uns selbst angefertigt wurden.

Im Erhebungssetting wurden den Interviewpartnern identische Filmsequenzen vorgelegt, damit sich die jeweils individuellen Deutungen auf eine standardisierte Situation beziehen und somit eine Vergleichbarkeit über die untersuchten 30 Befragten in Form von Einzelfällen möglich ist.

In einer Vorstudie wurden aus ca. 80 verfügbaren Filmsequenzen drei ausgewählt, um sie in der Befragung anzuwenden. Um Inkompatibilitätsprobleme bezogen auf konkrete Handlungsprobleme erheben zu können, müssen in den Filmsequenzen mehrfach interpretierbare Handlungen von Kindern zu sehen sein, die die ErzieherInnen in das Dilemma der nicht Vereinbarkeit widerstrebender Elemente ihrer Deutungsmuster führen (können).

Insgesamt wurden in jeder Interviewsitzung drei Filmsequenzen gezeigt, um auch fallinhärente Vergleichshorizonte zu generieren. Dadurch konnte in der anschließenden Auswertung analysiert werden, ob bestimmte Kompetenzen über unterschiedliche Situationen hinweg erkennbar sind.

Die Filmsequenzen werden aus Gründen der Lesbarkeit und zur stringenten, zusammenhängenden Darstellung der Forschungsmethodik im anschließenden Kapitel 4 eingehend analysiert und beschrieben.

3.1.1.3 Das teilstrukturierte Interview

Im Anschluss an die Vorführung der Filme wird eine fünfminütige Schreibphase durchgeführt, in der die Fachkräfte ihre Beobachtungen und Deutungen schriftlich festhalten können. Dazu wird ein von uns vorbereitetes DIN A4-Formblatt genutzt, das durch die beiden Überschriften „Beobachtung“ und „Deutung“ in zwei Abschnitte eingeteilt ist und eine kurze aber präzise Erläuterung zu dieser Einteilung beinhaltet.

Schreiben Sie bitte zunächst
(a) Ihre Beobachtungen und
(b) ihre Deutung/Interpretation der Beobachtung in einem Text auf.
(Kennzeichnen Sie beide Teile durch die Buchstaben (a) und (b).)

Dieser Schreibimpuls dient zweierlei Zwecken:

1. Er erlaubt den Erzieher/innen, zunächst für sich das Gesehene zu rekapitulieren, eingehender zu reflektieren und die gewonnenen Eindrücke zu notieren. Durch diesen Schritt wird es den Interviewpartnern möglich, sich eine Zeit lang relativ ungestört mit der gezeigten Filmsequenz auseinander zu setzen und inhaltlich auf das anschließende Interview dazu vorzubereiten bzw. ihre Ausführungen während des Interviews auf die eigenen Notizen zu stützen. So werden predeterminierende Einflüsse des Interviewers vermieden.
2. Im Alltag von ErzieherInnen in Kindertagesstätten und Krippen werden Beobachtungen oftmals in kurzen Notizen festgehalten. Die im Erhebungssetting vorgesehenen fünf Minuten zur Anfertigung der Aufzeichnungen bilden dabei unserer Einschätzung nach realistische Bedingungen, wie sie als Zeitfenster auch im Berufsalltag zur Verfügung stehen.

Im Anschluss an den Schreibimpuls wird ein ca. zehnminütiges teilstrukturiertes, fokussiertes Interview zur Filmsequenz durchgeführt. Hierfür wurde ein Leitfaden entwickelt, der in Anlehnung an typische Prozessschritte frühpädagogischen Handelns (vgl. Autorengruppe Fachschulwesen 2011, S. 14) bzw. empfohlene Phasen in der Beobachtung und Dokumentation von Bildungsprozessen (vgl. Leu 2007, S. 66 ff., Flämig/Musketa/Leu 2009, S. 33 ff.) das Interview in die Phasen von offener Beobachtung, Analyse bzw. Deutung, Planung pädagogischer Interventionen und (Selbst-)Reflexion strukturiert. Dieses Interview enthält somit sowohl offene als auch fokussierte Anteile.

Durch die Konzeption des Erhebungsverfahrens, wurden gewissermaßen zwei grundlegende Positionen der aktuellen Diskussion um die Beobachtung und Dokumentation von Bildungsprozessen berücksichtigt. Durch einen Teil der Interviewfragen wurde eine Beobachtungshaltung eingenommen, die Schäfer als „ungerichtete Aufmerksamkeit" (Schäfer 2003, S. 8 ff.) bezeichnen würde. Durch einfache Fragen (wie: „Was haben Sie gesehen?"), sind Antworten mit allen denkbaren Schwerpunktsetzungen möglich. Das offen gehaltene Design wurde gewählt, um die Beobachtungen und Deutungen der Praktiker nicht durch Vorannahmen der Forschung zu prädeterminieren. Vielmehr wurde hierbei angestrebt, die Perspektive der Forschung zunächst in den Hintergrund zu stellen und für Aufmerksamkeitsfokussierungen aus der Praxis zu öffnen und um diese zu erweitern. Dies entspricht dem Merkmal der „Offenheit“ in der qualitativen Forschung (vgl. Lamnek 1989, S. 20 ff.). Es werden keine Unterscheidungen aus der pädagogischen Fachdiskussion oder Beobachtungsbögen zu kindlichen Bildungsprozessen in die Interviewsituation eingebracht. Es erfolgt eine Konzentration auf die Sicht des Interviewpartners und auf seine Sinnkonstruktionen:

- Was ist ErzieherInnen bei der Beobachtung wichtig?
- Wo liegen ihre Aufmerksamkeitsfokussierungen?
- Welche Erklärungsmuster werden entwickelt?
- Was wird erklärt und welches Wissen wird dazu herangezogen?
- Welche Handlungsmöglichkeiten und -notwendigkeiten werden gesehen?

Das Interview bezieht sich dabei auch auf die von den Interviewten eingeschlagenen Schwerpunktsetzungen und geht auf sie ein. Zentrale Begrifflichkeiten, die die Befragten verwenden, werden durch die Interviewleiter aufgegriffen, z. B.: „Was meinen Sie genau, wenn Sie sagen, dass das Kind *arbeitet*?“

Um den Gesprächsverlauf im Sinne dieser Phasen auf den Untersuchungsgegenstand mit seinen unterschiedlichen Aspekten und Themen zu fokussieren (vgl. Meuser/Nagel 1997, S. 488) und eine Vergleichbarkeit zwischen den 30 Interviews zu erzielen, wurde das Interview ausgehend von offenen Fragen zu den allgemeinen Beobachtungen und zum Aufmerksamkeitsfokus der Befragten („Was haben Sie beobachtet“?), über spezifische Fragen zu Deutungen („Mit welchem Thema beschäftigt sich das Kind“?) und möglichen Interventionen („Was würden Sie in dieser Situation, bzw. im Anschluss an dieses Situation tun“?) im weiteren Verlauf stärker strukturiert, um auf diesem Wege die Beobachtungs- und Deutungskompetenzen in Bezug auf kindliche Bildungsprozesse zu fokussieren.

„Der Leitfaden schneidet die interessierenden Themen aus dem Horizont möglicher Gesprächsthemen heraus und dient dazu, das Interview auf diese Themen zu fokussieren“ (Meuser/Nagel 1997, S. 488). In der Literatur werden diese Interviews auch als Experteninterviews bezeichnet. Leitfaden- bzw. Experteninterviews weisen eine mittlere Strukturierung zwischen narrativem und standardisiertem Interview auf (Scholl 2003, S. 72).

Das Interview konzentriert sich hierbei auf relevante Aspekte der aktuellen Diskussion:

- Inwiefern können ErzieherInnen Bildungsprozesse von Kindern mit gängigen Beobachtungsmodellen beobachten?
- Gelingt es ihnen, Bildungsbereiche zu benennen?
- Werden Rückschlüsse zu theoretischen Konzepten oder Bildungsplänen gezogen?
- Werden Möglichkeiten benannt, mit denen man die Bildungsprozesse der Kinder befördern kann?

3.1.1.4 Die Fragen des teilstrukturierten Interviews

Um im Rahmen der Auswertung vergleichbares Datenmaterial für die komparative Analyse zu erhalten, werden zunächst, wie geschildert, die 30 Interviews durchgeführt. Anschließend ist es zur Bestimmung von Deutungskompetenzen notwendig, fallimmanente Vergleiche vorzunehmen. Daher werden im Interview die Fragen in drei Durchgängen zu den drei Filmen wiederholt, um jeweils einen Deutungsrahmen rekonstruieren und seine wiederholte Anwendung beobachten zu können, um ihn in einem dritten Durchgang als Deutungsrahmen verifizieren zu können. Folgende Fragen werden im Interview gestellt:

Was haben Sie beobachtet?
Mit dieser Frage wird sehr offen erkundet, anhand welcher *Aufmerksamkeitspunkte* und Unterscheidungen die ErzieherInnen das handelnde Kind bzw. dessen Umgebung beobachten. Was wird benannt, was nicht? Welche *Begriffe* (Taxonomie) werden verwendet, um die Situation zu beschreiben. Wie werden diese Begriffe (ggf. auf Nachfrage) inhaltlich gefüllt. Können Aussagen über die Situation mit konkreten Sequenzen des Films *belegt* werden? (z. B.: Der Junge strengt sich an, weil er stöhnt und das Gesicht verzieht).

Wie deuten Sie die Situation?
Nach der ersten Beschreibung des Beobachteten kann die interviewte Person hier darstellen, was ihrer Meinung nach in der gezeigten Filmszene *thematisch* abläuft. Es kann beschrieben werden, vor welcher Interpretationsfolie die gezeigte Szene bewertet wird. In welche Schemata und Skripte wird das Beobachtete einsortiert? Wie ist das, was das Kind/die Kinder dort tun, *einzuschätzen*? Handelt es sich um eine „normale" oder eine „besondere" Situation? Ist das Verhalten des Kindes engagiert oder gleichgültig? Gibt es *zentrale Aspekte*, die hier eine Rolle spielen? Was wirft Fragen auf? Welches kindliche Handeln wird problematisiert? Werden

die Aussagen der Deutung argumentativ begründet, stringent aus der Beobachtung hergeleitet und werden Bezüge hergestellt?

Um was geht es dem Kind?
Diese Fragen beziehen sich weiterführend auf die Sinnkonstruktion des Beobachters. Inwieweit können die ErzieherInnen die Perspektive des Kindes auf die Situation einnehmen und rekonstruieren, um Themen der Kinder zu identifizieren? Beschreiben die ErzieherInnen die Themen der Kinder auf einer *konkreten Ebene*, indem das, was die Kinder tun, beschrieben wird, oder können auch die impliziten Themen der Kinder auf einer *begrifflich abstrakteren Ebene* benannt werden?

Lernt das Kind hier etwas? Können Sie einen Bildungsbereich benennen?
Mit diesen Fragen wird die Beobachtung auf den Lernprozess des Kindes gelenkt. Wenn nicht schon vorher durch die befragte Person selbst dieser Aufmerksamkeitsfokus eingebracht wurde, kann hier erfragt werden, was unter dem Gesichtspunkt der kindlichen Bildungsprozesse zur Filmsequenz gesagt werden kann. Wie differenziert kann der *Lernprozess beschrieben* werden? Werden die Beobachtungen in den *Referenzrahmen einer Lerntheorie* gestellt?

Diese Frage ist außerdem insofern wichtig, als sie im Vergleich zu den vorherigen Fragen eine anspruchsvollere fachliche Auseinandersetzung mit der gezeigten Situation erfordert. In den Antworten der Befragten auf diese Frage wird deutlich, welche Wissensform sie bei der Beobachtung und Deutung kindlicher Selbstbildungsprozesse in Anschlag bringen. Um relativ abstrakte intrasubjektive Prozesse wie „Lernen" beschreiben zu können, sind ErzieherInnen auf fachlich anspruchsvollere Referenzrahmen angewiesen. Wird ein solcher Referenzrahmen genutzt oder verbleiben die Aussagen auf einem konkreten Niveau?

Es soll ermittelt werden, welchen Differenzierungsgrad der Interviewpartner durch gezieltes Nachfragen erreichen kann. Für die Entfaltung komplexer Deutungen muss im Rahmen des Interviews auch der Raum gegeben werden. In diesem Sinne werden differenzierte Fragen gestellt, um differenzierte Antworten zu ermöglichen.

Die Frage lenkt die Aufmerksamkeit des Interviewpartners gezielt auf die Fähigkeiten und den Bildungsprozess des Kindes. Damit werden Antworten in gewissem Sinne vorstrukturiert. Die Fragen sollen die befragten ErzieherInnen bei der größtmöglichen Entfaltung ihrer Deutungskompetenzen stützen, ohne aber Informationen einzuspeisen.

Hier wird des Weiteren erkennbar, inwieweit der Interviewpartner seine Beobachtungen mit Konzepten und Klassifikationen beispielsweise aus Beobachtungsmodellen oder dem Niedersächsischen Bildungsplan in Verbindung bringen kann.

Welche Erfahrungen und welches Fachwissen nutzen Sie, um die Situation zu deuten?
Die befragte Person kann hier versuchen, das Raster zu benennen, anhand dessen die Situation analysiert wurde. Interessant ist dabei, ob die befragte Person in reflexiver Weise über die Fähigkeit zu einer solchen Selbstbeobachtung verfügt oder ob die angelegten Beobachtungsschemata unreflektiert benutzt werden. Diese Frage zielt auf das handlungsreflektierende Wissen (know why) ab (vgl. Rauner et al. 2009, S. 7).

Die befragte Person wird angehalten, den eigenen Deutungsprozess explizit zu beschreiben. Hierbei wird deutlich, ob die ErzieherInnen die Beobachtung und Deutung als routinierten Vorgang, als habituelles Handeln vollziehen, bei dem sie auf atheoretisches Wissen zurückgreifen, oder ob die in der Handlungspraxis der Beobachtung und Deutung genutzten Vorgehensweisen reflexiv zugänglich sind und explizit beschrieben werden können (vgl. Nohl 2009, S. 19).

Generell ist ein solcher selbstreflexiver Zugriff auf die eigene Beobachtungs- und Deutungspraxis möglich, in professionellen Kontexten wird eine solche Fähigkeit zur Rekonstruktion der eigenen Handlungspraxis sogar als notwendig angesehen (vgl. Nentwig-Gesemann 2011, S. 10) und als „nachträgliche Begründungsverpflichtung des Professionellen" (Oevermann 1996; zitiert nach Nentwig-Gesemann 2011, S. 10) bezeichnet, die auf einer theoretisch-wissenschaftlichen Basis vollzogen werden soll.

Was würden Sie im Anschluss an die beobachtete Situation tun?
Deutungsmuster beziehen sich auf Handlungsprobleme. Hier wird erhoben, welches Handlungsproblem die ErzieherInnen in dieser Filmsequenz sehen bzw. nicht sehen. Außerdem kann diese Frage zeigen, ob die Erzieherin bzw. der Erzieher an die erkannten oder vermuteten Themen und Interessen der Kinder eigene Handlungsfolgen (Intervention) knüpft. Auf diese Weise wird deutlich, inwiefern pädagogische Konsequenzen aus einer beobachteten Szene gezogen werden würden und welche dies sein könnten.

Begründung der Antworten durch die Befragten
In der Interviewführung wird darauf geachtet, dass Begründungsstrukturen erhoben werden. Gegebenenfalls werden Sondierungsfragen gestellt, um Auskünfte über Begründungen zu erhalten, wie etwa: „Können Sie das bitte erläutern?" oder

„Woran sehen Sie, dass das Kind etwas lernt?“. Solche „Warum-Fragen“ sind unerlässlich, um Auskunft über die Legitimation von Entscheidungen zu erhalten und so das strukturelle Niveau der Antworten rekonstruieren zu können (vgl. Aufenanger 1991, S. 43 ff.). Deshalb dürfen die Interviews nicht auf der Ebene einer Erhebung von bloßen Einschätzungen und Meinungen verbleiben („handlungsleitendes Wissen; know that“), sondern sollten durch Rückfragen zu den zugrunde liegenden Argumentationsstrukturen vordringen. Diese Fragen zielen auf das handlungserklärende Wissen (know how) ab (vgl. Rauner et al. 2009, S. 7. und S. 11).

Die Schlussphase
Nach Abschluss der Befragung zum dritten Film wird die Interviewsequenz der Erhebung durch den Interviewleiter beendet, indem allgemeine Fragen zum Interview und dessen Durchführung gestellt werden, beispielsweise wie die Interviewpartner die Erhebungssituation erlebt haben, ob ihnen die Teilnahme Freude bereitet hat, etc. Vor allem in der Perspektive der Interviewten ändert sich hiermit der Kontext des Interviews, auch wenn das über den gesamten Interviewzeitraum sichtbare Aufnahmegerät offenkundig noch nicht ausgeschaltet wurde. Dadurch stellt der abschließende Austausch oftmals einen Übergang in ein offenes Gespräch zwischen Interviewten und Interviewer dar, in dem die Beobachtung und Deutung kindlicher Handlungen aus einer anderen Perspektive thematisiert wird, als dies im formellen Teil des Interviews der Fall war. Dieser offene Interviewteil wird weiterhin elektronisch mitgeschnitten und steht damit ebenfalls der Analyse zur Verfügung. In diesem Teil werden oftmals die Rahmenbedingungen in der Kindertagesstätte und im Arbeitsalltag der Interviewpartner thematisiert, unter denen Beobachtung und Deutung kindlichen Handelns vollzogen werden.

3.1.1.5 Reflexionen zur Interviewführung

Analytisch muss bedacht werden, welche Realitätsebenen sich im Rahmen eines Interviews abbilden und analysiert werden können. Bei Analysen gemäß der Methode der objektiven Hermeneutik wird zwischen zwei Realitätsebenen, den Ebenen 1 und 2, unterschieden (vgl. Schneider 1988, S. 225 ff.), wobei die erste Realitätsebene die Handlungsebene bezeichnet, über die die interviewte Person berichtet und die zweite Realitätsebene die Interviewsituation selbst darstellt. Es wird dann postuliert, dass der wissenschaftliche Zugang zur ersten Realitätsebene durch subjektive Verzerrungen in der Wahrnehmung und Darstellung der interviewten Personen verstellt ist. Folgerichtig konzentriert man sich dann auf die zweite Realitätsebene und analysiert nicht die Handlungssequenzen, über die im Interview berichtet wird, sondern das Interview als „Interviewer-Interviewten-Interaktion" (vgl. Schneider 1988, S. 226). Im hier vorgestellten Erhebungsdesign ist die Situation jedoch entscheidend anders gelagert. Das Interview wurde im vorliegenden Forschungsprozess zwar methodisch reflektiert, war aber nicht Gegenstand der Analyse und bezüglich der Auswertung der Interviewer-Interviewten-Interaktion weniger relevant.

Denn die von uns gewählte Form der Datenerhebung soll, wie eingangs erwähnt, ein Fachgespräch simulieren. Demnach kann die Handlungsebene (Realitätsebene 1, vgl. Schneider 1988, S. 225) direkt beobachtet werden und ist nicht durch Verzerrungen subjektiver Deutungen (Realitätsebene 2) verzerrt.

Dennoch stellt das Interview eine künstliche Situation dar, die sich von der üblichen Arbeitsrealität der Befragten unterscheidet. Generell ist die Durchführung eines Interviews mit einer Reihe von zum Teil unerwünschten psychologischen Effekten belastet (vgl. Gutjahr 1985), die eine wissenschaftliche Erhebung verfälschen können. Es stellt sich daher die Frage, in wieweit diese Rahmenbedingungen dazu führen, dass die Beobachtungs- und Deutungstätigkeit der Befragten beeinflusst wird. Beispielsweise sind die in den Filmen gezeigten Kinder den ErzieherInnen nicht persönlich bekannt und das „Fachgespräch" wird in einer ungewohnten (Interview-)Situation mit einem unbekannten Gesprächspartner geführt. Daher kann das Interview die Atmosphäre einer Prüfungssituation suggerieren und eine entsprechende Befangenheit der Interviewten auslösen. Trotz dieser Implikationen, die ernst zu nehmen sind und eingehend dargestellt und reflektiert werden müssen, gehen wir davon aus, dass unser Verfahren geeignet ist, Beobachtungs- und Deutungskompetenzen zu erheben. Denn Kompetenz im Sinne einer Disposition (Handlungsgrundlage und prinzipieller Fähigkeit) realisiert und dokumentiert sich in der situationsspezifischen, konkreten Handlungspraxis (vgl. Nentwig-Gesemann 2011, S. 8).

Wird das Interview von den Befragten als Stresssituation erlebt, kann dies zwar Auswirkungen auf ihre Performanz haben, muss jedoch nicht zwangsläufig zu Einbußen in der Aussagekraft der Daten hinsichtlich des zu erforschenden Gegenstandes führen. Vielmehr zeigen Untersuchungen (vgl. Klatetzki 2010, S. 217), dass in solchen herausfordernden Situationen dominante Handlungsweisen besonders stark hervortreten. Die Interviewsituation bewirkt in diesem Sinne, dass die jeweils verinnerlichten Orientierungen der Befragten stärker hervortreten. Es kann daher davon ausgegangen werden, dass sich auch im Rahmen des Interviews jene Deutungskompetenzen und leitenden Orientierungen der Befragten zeigen, auf die sie auch im Arbeitsalltag zurückgreifen. Allerdings sind die Deutungskompetenzen von der Performanz, also dem tatsächlichen Handeln im Alltag abzugrenzen, denn die im Interview geäußerten Intentionen und Leitlinien müssen nicht auch tatsächlich realisiert werden.

3.1.2 Der standardisierte Fragebogen

Ergänzend zu den Interviews werden standardisierte Fragebögen zur Erhebung einiger objektiver Sozialdaten (vgl. Reichertz 1997, S. 46) eingesetzt. Es werden dabei in erster Linie berufsbiographische Faktoren wie beispielsweise Alter, Berufserfahrung, Ausbildung und absolvierte Weiterbildungen erhoben, aber auch Aspekte wie etwa die Struktur der Kindertagesstätte (Anzahl von Mitarbeitenden, Gruppengrößen) und die verwendeten Beobachtungsverfahren erfragt. Die so ermittelten Daten dienen im Laufe der Forschung in erster Linie der soziogenetischen Typenbildung (vgl. Abs. 3.3, S. 70 ff).

3.2 Datenerhebung und Feldzugang

In diesem Teilkapitel wird die Erhebung empirischer Daten im Feld beschrieben, die sich in zwei Phasen gliedert.

Wie eingangs beschrieben (vgl. Kap. 2), konnte der Begriff der Deutungskompetenz im Verlauf der Forschung zunächst nur theoretisch abgeleitet werden. Somit wurden auch die Fragen in Interview und Fragebogen an diesem theoretischen Verständnis ausgerichtet.

Im weiteren Verlauf der Forschung wird ein rekursives Verhältnis zwischen theoretischer Reflexion und konkreten Fragen in der Datenerhebung etabliert. Die durch theoretische Prämissen vorläufig generierten Annahmen werden in einer ersten explorativen Datenerhebung und Auswertung getestet, um Fragen in der Erhebung präziser strukturieren und auf wesentliche Aspekte ausrichten zu können. Die erste Konzeption des Leitfadens zur Interviewführung und der ergänzende Fragebogen sind entsprechend als erste Hypothesen anzusehen, die in Form von Unterscheidungen in das Feld eingebracht werden, um dann ggf. verändert oder verworfen zu werden.

Gerade bei der Erhebung von Deutungsmustern wird sehr aufmerksam darauf geachtet, den Einfluss von Fragestellungen im Interview auf die Aussagen der Interviewpartner möglichst gering zu halten und die Aufmerksamkeit nicht schon durch Unterscheidungen der Forscher zu strukturieren oder zu überformen. Es ist zentral, dass Relevanzsetzungen der Befragten nicht überblendet werden (vgl. Kelle 1998, S. 11).

Die Schwierigkeit bei der Entwicklung des quantitativen Fragebogens, aber auch des Interviewleitfadens, liegen zu Beginn der Forschung vor allem darin, dass sie auf Aspekte von Deutungsmustern ausgerichtet werden müssen, die erst im Forschungsprozess selbst in ihrer Form differenziert erkennbar und beschreibbar werden.

3.2.1 Pretest

Das Erhebungs- und Interviewverfahren wurde zunächst im Rahmen eines Pretests erprobt. In einem ersten Test mit einer Studierenden des Studiengangs Bildung und Erziehung an der HAWK Hildesheim wurde zunächst die grundlegende Durchführung hinsichtlich der Ablauforganisation und dem Einsatz der technischen Infrastruktur überprüft.

Um den Pretest des Weiteren möglichst nah an den Gegebenheiten des späteren Feldes zu testen, wurden zwei weitere Interviews mit jeweils einer Erzieherin und einem Erzieher in Kindertagesstätten durchgeführt. Diese Interviews wurden bereits auch transkribiert und analysiert. Dadurch konnte auch eine erste Einschätzung zur Güte der durch die Interviewfragen provozierten Antworten erfolgen und erste Erfahrungen mit der Analyse gemacht werden, u. a. auch, was die Qualität der Interviewführung und den Differenzierungsgrad der Transkriptionsregeln anbelangte.

Im Anschluss an den Pretest wurden aus den Erfahrungen mit der Interviewführung und der Durchsicht der getroffenen Aussagen sowohl die Ablauforganisation als auch die Interviewführung angepasst. Das grundlegende Erhebungssetting konnte jedoch beibehalten werden.

Im Vergleich zu den Veränderungen, die nach der Durchführung der Pretests erfolgten, beschränkten sich diese Anpassungen auf Feinheiten vor allem bezüglich der Interviewführung. Beispielsweise wurde der Interviewleitfaden überarbeitet und dabei eine Fokussierung und Vereinfachung der Leitfragen vorgenommen. Es wurden Fragen anders formuliert, um die Verständlichkeit zu erhöhen und weitere Regeln für die Durchführung der Interviews gefunden. Zusammenfassend lässt sich sagen, dass sich diese Veränderungen im Rahmen einer Optimierung der Erhebung vollzogen und in diesem Sinne keine so entscheidenden Abänderungen mehr hervorbrachten, als das dadurch die Vergleichbarkeit der ersten Interviews mit den Folgenden gefährdet gewesen wäre.

3.2.2 Die Struktur des Feldes: das Sampling

Im Rahmen einer qualitativen Studie müssen Entscheidungen bezüglich des Samples getroffen werden. Diese Entscheidungen können sich an unterschiedlichen Prämissen orientieren. An dieser Stelle wird die von uns getroffene Auswahl der Befragten transparent gemacht und begründet.

Im Rahmen der qualitativen Studie kann nicht angestrebt werden, ein für Niedersachsen repräsentatives Ergebnis vorzulegen. Hierzu ist die Datenmenge aus 30 Interviews zu gering und darüber hinaus ist dies nicht Zielsetzung einer explorativen Studie. Dennoch haben wir die Erhebung im Sinne eines theoretischen Samplings an Strukturmerkmalen Niedersachsens orientiert: Gemäß der Bevölkerungsstruktur Niedersachsens als Flächenland wurden Interviews entsprechend der realen prozentualen Verteilung der Einwohner in Orten mit weniger als 30 000 Einwohnern, mit weniger als 100 000 Einwohnern und mit mehr als 100 000 Einwohnern geführt. Hierbei wurden ebenso unterschiedliche Träger der Einrichtungen berücksichtigt. Um weitere Vergleichsdimensionen für die Auswertung zu generieren, wurden weiterhin das Alter, die Art der Ausbildung und das Geschlecht der Befragten berücksichtigt. So wurden Fachkräfte mit mehr bzw. weniger als zehn Jahren Berufserfahrung befragt, dabei sowohl ErzieherInnen als auch Erzieher im Sampling berücksichtigt und Fachkräfte mit unterschiedlichen Ausbildungswegen (Berufsausbildung an Fachschulen und Studium an Fachhochschulen) ausgewählt.

Im Folgenden wird das Sampling der Studie genauer dargestellt.

Verteilung nach Bevölkerungsdichte

In Niedersachsen leben insgesamt ca. 8 Mio. Menschen. Die Bevölkerungsdichte beträgt 167 Einwohner pro km^2. Damit ist Niedersachsen ein Flächenland mit vergleichsweise geringer Bevölkerungsdichte[6]. Die regionale Verteilung der Bevölkerung ergibt folgende Struktur[7]:

- 1 535 292 Menschen leben in Orten mit mehr als 100 000 Einwohnern = 19,2 % (gerundet);

---

6 (Vergleich: Berlin 3834 Einw./km2; Nordrhein-Westfalen 528 Einw./km2) Quelle: http://de.statista.org/statistik/daten/studie/1242/umfrage/bevoelkerungsdichte-in-deutschland-nach-bundeslaendern

7 Berechnungen auf Grundlage von Quellen des Landesbetriebs für Statistik und Kommunikationstechnologie Niedersachsen (LSKN) im Jahre 2008

- 1 906 034 Menschen leben in Orten mit 30 000 bis 100 000 Einwohnern = 23,8 % (gerundet);
- 4 558 674 Menschen leben in Orten mit weniger als 30 000 Einwohnern = 57 % (gerundet).

Entsprechend dieser Verteilung wurden die 30 Interviewpartner ermittelt:

- Erzieher/innen aus Orten mit mehr als 100 000 Einwohnern = 19,2 % = 6 (gerundet)
- Erzieher/innen aus Orten mit 30 000 bis 100 000 Einwohnern = 23,8 % = 7 (gerundet)
- Erzieher/innen aus Orten mit weniger als 30 000 Einwohnern = 57 % = 17 (gerundet)

Zudem wurde die Tatsache berücksichtigt, dass Kindertagesstätten von unterschiedlichen Trägern geführt werden und ErzieherInnen ggf. unter unterschiedlichen Rahmenbedingungen arbeiten. Die unterschiedlichen Träger wurden mit der Bevölkerungsverteilung in Beziehung gesetzt. Die Verteilung der Interviewpartner ergibt somit folgendes Bild:

Verteilung nach Bevölkerungsdichte und Trägern:

Tabelle 2 Verteilung der Befragten nach Trägerzugehörigkeit und Ortsgröße

<table>
<tr><th></th><th></th><th colspan="3">Einwohnerzahl</th></tr>
<tr><th>Träger (in %)</th><th>Anzahl gesamt</th><th>Unter 30 000</th><th>30 000–100 000</th><th>Über 100 000</th></tr>
<tr><td>Kommunale Träger (31,12 %)</td><td>9</td><td>5</td><td>2</td><td>2</td></tr>
<tr><td>Ev. Kirche/Diakonie (22,36 %)</td><td>7</td><td>4</td><td>2</td><td>1</td></tr>
<tr><td>Freie Träger (15,85 %)</td><td>5</td><td>3</td><td>1</td><td>1</td></tr>
<tr><td>Kath. Kirche/Caritas (10,43 %)</td><td>3</td><td>2</td><td colspan="2">1</td></tr>
<tr><td>Elternverein (9.8 %)</td><td>3</td><td>2</td><td colspan="2">1</td></tr>
<tr><td>DRK (6,66 %)</td><td>2</td><td>1</td><td colspan="2">1</td></tr>
<tr><td>AWO (3,47 %)</td><td>1</td><td colspan="3">1</td></tr>
<tr><td>Betriebskindertagesstätte (0,31 %)</td><td>0</td><td>0</td><td>0</td><td>0</td></tr>
</table>

Um vergleichbare Daten zu erhalten, wies die Studie zudem eine spezifische Struktur bezüglich des Ausbildungsstandes und der Berufserfahrung der ErzieherInnen auf.

Verteilung nach Berufserfahrung und Ausbildungsstand
Es wurden drei Personengruppen bestimmt:

- ErzieherInnen mit mehr als 10 Jahren Berufserfahrung
- ErzieherInnen mit maximal 3 Jahren Berufserfahrung
- ErzieherInnen mit einer akademischen Ausbildung (Bachelor/Master o. Ä.)

Verteilung nach Geschlecht
In die von uns durchgeführten Befragungen wurden auch Erzieher einbezogen. Der Genderaspekt stellte in unserer Projektausrichtung keinen zentralen Aspekt dar. Dennoch vermuteten wir, dass durch die Geschlechterunterscheidung eventuell ein erkenntnisfördernder Unterschied eingeführt werden könne. Durch einen Vergleich männlicher und weiblicher Deutungskompetenz kann ggf. eine Kontrastierung in den Daten entstehen. Dies wurde aber in diesem Projekt nicht explizit verfolgt.

3.2.3 Der Feldkontakt

Nachdem die Struktur des Samplings in der dargestellten Weise festgelegt war, wurden entsprechende Kindertagesstätten und ErzieherInnen ermittelt. Die Kontaktaufnahme erfolgte zunächst durch ein Telefonat mit der jeweiligen Leitungsperson der Einrichtung, in dem das Forschungsprojekt vorgestellt und die Bereitschaft zu einer Mitarbeit erfragt wurde Sofern eine geeignete Interviewpartnerin bzw. ein geeigneter Interviewpartner zur Verfügung stand, wurde ein kurzer Brief übersandt, in dem nochmals die Fragestellung des Forschungsprojektes und der Ablauf der Interviewsitzung beschrieben wurden. Der Termin zur Durchführung des Interviews wurde direkt zwischen dem Interviewleiter und der zu befragenden Person telefonisch vereinbart.

Unsere Erfahrungen bei diesen ersten Feldkontakten zeigen, dass die Praktiker des Feldes dem Projekt und der Forschungsfrage in der Regel äußerst positiv gegenüber stehen. Oftmals wurde bereitwillig in die Teilnahme am Interview eingewilligt.

3.3 Datenauswertung

In diesem Kapitel werden die Schritte zur Datensicherung und Datenauswertung dargestellt. Im Wesentlichen soll verdeutlicht werden, wie das empirische Material in einem rekursiven Wechselverhältnis von systematischer Auswertung und fortschreitender Theoriegenerierung aufgeschlossen wird. Dazu wird nach kurzen Erläuterungen zur Transkription vor allem die zur Analyse genutzte dokumentarische Methode beschrieben.

3.3.1 Die Transkription

Die Interviews werden über das Mikrofon eines digitalen Aufnahmegerätes aufgenommen und elektronisch gespeichert. Diese Tonaufnahmen werden anschließend mit Hilfe der kostenfreien Transkriptionssoftware „f4“[8] auf dem Computer transkribiert.

Tabelle 3 Transkriptionsregeln

Aspekt	**Darstellung im transkribierten Text (Beispiel)**	**Erläuterung**
Keine lautgerechte Schreibung	„Dat is so!“ wird zu: „Das ist so!“	Deutsche Orthografie
Interpunktion	, . ; : ! ?	Konventionell
Kommentare	(lacht)	Situationsbeschreibung in Klammern
Pausen	...	Ab einer Sprechpause von 3 Sekunden, ohne Längenangabe
Unverständliche Textpassagen	(unverständlich: Text)	In Klammern mit vermutlich gemeintem Text
Zitat	Da wurde immer gesagt: „Darauf müsst Ihr besonders achten!“	Kennzeichnung durch Anführungszeichen
Anonymisierung	Nr.	Namen werden durch Nummerierung ersetzt

8 siehe: http://www.audiotranskription.de (zuletzt aufgerufen: 03. 03. 2008)

Da der Analyseschwerpunkt auf inhaltlichen Aspekten liegt, war die Darstellung des Sprechaktes selbst nur bedingt entscheidend für das Verständnis. Anders als beispielsweise bei narrativen oder biographischen Interviews, wird den strukturellen Merkmalen der sprachlichen Äußerungen keine hohe inhaltliche Bedeutung zugeschrieben und sie werden daher lediglich rudimentär festgehalten. Bei der Transkription der erhobenen Interviews wird somit ein mittleres Niveau im Differenzierungsgrad der Transkription realisiert. Alle Aussagen werden wortgetreu festgehalten, auch unter Berücksichtigung wenig inhaltstragender sprachlicher Äußerungen (wie bspw. „äh" und „mh") sowie der Kennzeichnung von Sprechpausen. Analoge Anteile der Kommunikation, wie etwa Gestik und Mimik sowie Betonung, werden in der Regel nicht berücksichtigt. Die folgende Tabelle stellt die der Transkription zugrunde gelegten Regeln dar.

3.3.2 Die Analysemethode: dokumentarische Methode

Das empirische Datenmaterial wird in erster Linie anhand der dokumentarischen Methode (vgl. Bohnsack 2000; Bohnsack/Nentwig-Gesemann/Nohl 2007; Nohl 2009) und teils in Anlehnung an die Methoden der Grounded Theory (Strauss; Corbin 1996) analysiert. Die Grounded Theory kann als klassischer Ansatz zur Auswertung leitfadengestützter Interviews angesehen werden (vgl. Meuser/Nagel 2002, S. 81; Witzel 2000, S. 2), während die Analyse von Interviews mit der dokumentarischen Methode bisher weniger häufig umgesetzt wurde (vgl. Nohl 2009, S. 14).

In diesem Kapitel wird nun eingehender auf den forschungspraktischen Analyseprozess eingegangen, um über die Vorgehensweise größtmögliche Transparenz herzustellen und auch die mitgeführten kritischen (Selbst-)Reflexionen darzustellen. Es wird demnach erläutert, wie die Prozesse der Beobachtung und Deutung der Befragten in der wissenschaftlichen Auswertung interpretiert werden. Es erfolgt somit eine „Rekonstruktion der Rekonstruktion" (vgl. Bohnsack 2000, S. 26 ff.).

Die dokumentarische Methode wurde für die Auswertung der Daten gewählt, weil bei diesem Ansatz der Fokus primär auf die Rekonstruktion von Orientierungsmustern gerichtet ist und somit speziell für den in dieser Studie interessierenden Gegenstand der Beobachtungs- und Deutungskompetenz geeignet erscheint.

Vor allem für die vertiefenden Analysen zu Sinnstrukturen und impliziten Logiken in der Beobachtung und Deutung der Befragten bietet dieser Ansatz die im Folgenden beschriebenen fruchtbaren Verfahrensschritte zur Aufschlüsselung des empirischen Materials. Für die projektspezifischen Fragestellungen erscheint er auch deshalb als adäquat, da er bereits in vielfältiger Weise in der Forschung zu pädagogisch-professionstheoretischen Zusammenhängen Anwendung gefunden hat und sich hierbei bewährte (vgl. Bohnsack, Nentwig-Gesemann 2010).

Die Auswertungsarbeit mit der dokumentarischen Methode richtet sich zum einen auf die Rekonstruktion des immanenten Sinngehaltes in den Äußerungen der Befragten. Hierbei wird der thematische Gehalt ermittelt, d.h. das *was* besprochen wird. Zum anderen wird der Dokumentsinn rekonstruiert, d.h. Aussagen werden als Dokument einer Orientierung interpretiert und die Herstellungsweise und der Orientierungsrahmen, in dem Themen oder Problemstellungen behandelt werden, abgebildet. Hierzu werden formulierende und reflektierende Interpretationen durchgeführt, anhand derer zunächst einzelne Fälle analysiert werden. Durch komparative Analysen unterschiedlicher Fälle werden diese Analysen ausgeweitet und ausdifferenziert. Durch die Rekonstruktion der inhärenten Orientierungsrahmen werden sukzessive abstraktere Beschreibungen angefertigt, die schließlich zur Entwicklung sinngenetischer und soziogenetischer Typen führen.

Die Auswertungsarbeit mit diesem Instrument wird an dieser Stelle lediglich hinsichtlich des konkreten Gegenstandsbereiches der vorliegenden Studie kurz skizziert. Eine ausführliche Darstellung der Methodik soll nicht hier geleistet werden und kann ohnehin fundierter anhand einschlägiger Veröffentlichungen studiert werden (Bohnsack 2000; Bohnsack, Nentwig-Gesemann, Nohl 2007; Nohl 2009; Bohnsack, Nentwig-Gesemann 2010).

Thematische Verläufe und formulierende (Fein-)Interpretation

In einem ersten Schritt wird zunächst die thematische Gliederung der Interviews rekonstruiert. Zu einem Teil ist diese Gliederung, besonders die chronologische Abfolge in der Bearbeitung bestimmter Fragestellungen, dabei bereits durch die Phasen des teilstrukturierten, fokussierten Interviews vorgegeben, das sich wie eingangs beschrieben an den typischen Phasen eines professionellen Gesprächs- bzw. Deutungsprozesses orientiert. Entscheidender ist hierbei jedoch, dass durch die relative Offenheit, die auch in teilstrukturierten Interviews gegeben ist, ermittelt werden kann, welchen Aufmerksamkeitsfokus und welche Themen die Befragten in der Reflexion der gezeigten Filmsequenzen bearbeiten. So kann sich die Aufmerksamkeit beispielsweise auf die Einschätzung des Alters eines Kindes beziehen oder aber stärker auf die Beobachtung seiner Motorik.

Um den immanenten Sinngehalt in den Äußerungen der Befragten zu ermitteln, wurden die Interviews einer formulierenden (Fein-)Interpretation unterzogen (vgl. Nohl 2009, S. 46/47). Hierbei werden die Äußerungen der Befragten nach Ober- und Unterthemen gegliedert und schließlich die Essenz der getroffenen Aussagen zusammenfassend formuliert (vgl. ebd. S. 64).

Formulierende und reflektierende Interpretation Interview Erzieherin 1

ANALYSE: 1. Teil

Formulierende Interpretation/Inhalt, „Was?":
Oberthemen (OT), Unterthemen (UT, UUT, etc.)

Thematische Gliederung:

Offene Frage des Interviewers: „Was haben Sie beobachtet"?

OT I: Das Kind ist nicht zufrieden mit dem Rollwagen

UT: 119–120:	<u>Alter des Kindes</u>
UUT: 119:	Es ist ein Krippenkind
UUUT: 120:	Keine drei Jahre alt, wahrscheinlich noch keine zwei Jahre alt
UUT: 120:	Das Alter ist schwer zu schätzen
UT: 121–122:	<u>Umgang des Kindes mit dem Rollwagen</u>
UUT: 121:	Das Kind hat einen Rollwagen, aber das reicht ihm nicht.
UUT: 122:	Der Rollwagen wird beladen und geschoben
UT: 123–131:	<u>Umgang des Kindes mit seiner Unzufriedenheit</u>
UUT: 123–124	Dem Kind reicht das nicht, es überlegt was es anders machen könnte
UUT: 124–125	Das Kind nimmt andere Hilfsmittel hinzu
UUT: 125–127	Das gefiel ihm nicht, er konstruiert weiter
UUT: 127–129	Obwohl es etwas Rollendes haben möchte, dreht es den Rollwagen mit den Rädern nach oben

UUUT: 129	Unsicherheit der Erzieherin bezüglich ihrer Deutung
UUT: 130–131	Das Kind beschäftigt sich mit dem Wagen, ist aber nicht zufrieden

UT: 136–143: Ausstrahlung/Mimik des Kindes

UUT: 136–138:	Das Kind strahlt keine Freude aus. Es ist konzentriert, aber sieht irgendwie unzufrieden aus.
UUT: 138–139:	Schwierigkeit der Einschätzung: man kann nur spekulieren und durch Filmsituationen werden Kinder beeinflusst.
UUT: 139–143:	Nach Einschätzung der Erzieherin strahlt das Kind keine Zufriedenheit aus: es lächelt nicht, es wendet sich nicht an die Erzieherin, es macht keine Gesten der Zufriedenheit.
UUT: 143:	Die Erzieherin schließt ihre Einschätzung aus den in 139–143 benannten Indizien.

Detaillierte formulierende Interpretation OT I (119–143): Das Kind ist nicht zufrieden mit dem Rollwagen

Das Kind wird als „Krippenkind“ klassifiziert, welches jünger als drei, bzw. zwei Jahre ist. Es hantiert mit einem Rollwagen, mit dem es aus unbekanntem Grund nicht zufrieden ist. Es nimmt andere Gegenstände hinzu, „konstruiert“ und überlegt, was es verändern könnte. Trotz dieser Auseinandersetzung mit dem Rollwagen bleibt das Kind unzufrieden. Die Unzufriedenheit ist an seiner Mimik und Gestik und an seinem Kommunikationsverhalten zu erkennen.

All das ist schwer einzuschätzen. Man kann hier nur spekulieren, die Deutung ist unsicher und das Kind wird durch das Filmen beeinflusst.

Durch diesen Arbeitsschritt wird eine erste Übersicht zu den thematischen Gehalten, d. h. den inhaltlichen Schwerpunkten und Relevanzsetzungen des Interviews gewonnen.

Diese erste formal-thematische Annäherung wird durch die Methodik des offenen Codierens (vgl. Strauss/Corbin 1996, S. 43 ff.) im Sinne der Grounded Theory und unter Zuhilfenahme des Auswertungsprogramms „MaxQDA“ unterstützt. Hierbei erfolgt die Codierung der Textsequenzen in vergleichsweise kleinen Einheiten, die einige Worte (3–5) oder auch mehrere Sätze (2–5) umfassen. Dadurch können in dieser Analyse Details zu den Aufmerksamkeitsfokussierungen der Befragten differenziert wahrgenommen und gekennzeichnet werden.

Reflektierende Interpretation
Im Anschluss an diese formulierende Interpretation, werden reflektierende Interpretationen vorgenommen.

Hierbei richtet sich die Analyse auf die Rekonstruktion des Orientierungsrahmens, d.h. auf die inhärente Struktur und die Dynamik des Beobachtungs- und Deutungsprozesses sowie die ihm zugrunde liegenden Orientierungsmuster. Es wird erarbeitet, welche Eigentümlichkeiten des Deutungsprozesses sich dokumentieren. Der dokumentarische Sinn ist in der Handlungspraxis verwurzelt (vgl. Nohl 2009, S. 9), im Falle unserer Erhebung in der Bearbeitung des simulierten Fachgesprächs (vgl. 3.1.1, S. 54ff). Ziel der Analyse ist es, eine Beobachtung 2. Ordnung durchzuführen, bei der der Modus Operandi des Beobachtens und Deutens rekonstruiert werden kann (vgl. Bohnsack/Nentwig-Gesemann/Nohl 2007, S. 12). Die Frage ist dann vor allem, wie Fachkräfte die Deutung einer Situation herstellen bzw. wie Deutungen im zeitlichen Verlauf reproduziert oder ggf. verändert werden und welche thematischen Weichenstellungen sich im Vergleich zur dramaturgischen Entwicklung anderer Fälle zeigen. Beispielsweise kann sich hier zeigen, dass eine befragte Erzieherin den Handlungsprozess eines Kindes durch Vergleiche mit anderen Kindern deutet, während eine andere hierzu fachliche Konzepte heranzieht.

Diskurs- bzw. Fallbeschreibung/komparative Analyse
Wichtiger Bestandteil der Auswertung ist die stets mitlaufende komparative Analyse. Diese wird zunächst in Form fallimmanenter Vergleiche durchgeführt. Durch komparative Analysen werden Aussagen identifiziert, denen dieselbe Regelhaftigkeit, d.h. derselbe Orientierungsrahmen, zugrunde liegt. Hierbei wird überprüft, ob sich Deutungsrahmen, die im ersten Interviewabschnitt rekonstruiert werden können, sich im zweiten Interviewabschnitt fortsetzen und auch im dritten Abschnitt ratifiziert werden können. Wenn sie eine entsprechende Kontinuität über mehrere Erzählpassagen und die drei Interviewanteile hinweg aufweisen, werden sie als „homologe Äußerungen" bezeichnet.

Beispiel 1 – Erzieherin 1:
Deutung durch den Vergleich mit anderen Kindern/anderen Situationen:

1. homologe Äußerung/en (Filmsequenz 1):
   „Es gibt auch Dreijährige, die noch Windeln tragen".
   „Mein Bruder konnte auch nur ‚Auto' sagen und nichts anderes, also (lacht) das wäre jetzt nichts …".

2. homologe Äußerung/en (Filmsequenz 2):
   „Normalerweise will ein Kind gleich in die Sandkiste mit so einem Sandtrichter".
   „Ich schließ darauf, dass es sehr zurückhaltend ist, weil es viele Kinder gibt, die erstmal beobachten, bevor sie überhaupt in Aktion treten".

3. homologe Äußerung (Filmsequenz 3):
   „Ein anderes Kind würde die im Kreis legen".
   „Das ist immer wieder faszinierend, wie die … aus irgendetwas … etwas Eigenes machen. Also, man gibt ihnen ein paar Muscheln und ein paar Steinchen und sie machen daraus was".

Orientierungsrahmen werden jedoch nicht allein anhand homologer Äußerungen erkannt und rekonstruiert, sondern vor allem auch in Abgrenzung zu „heterologen Äußerungen" (vgl. Nohl 2009, S. 50 ff.) im empirischen Material validiert. Heterologe Äußerungen verweisen auf differente Operationsmodi in der Bearbeitung eines Themas. Vor dem kontrastierenden Hintergrund dieser heterologen Äußerungen treten die Eigentümlichkeiten von Orientierungsrahmen deutlicher hervor bzw. können überhaupt erst als solche wahrgenommen und in die Aufmerksamkeit der Auswertung gebracht werden.

Darüber hinaus werden fallübergreifende Vergleiche auf inhaltlicher und struktureller Ebene durchgeführt, um homologe Äußerungen und die dadurch gekennzeichneten Orientierungsrahmen ggf. auch in anderen Fällen identifizieren zu können und anhand weiterer empirischer Belege anzureichern und auszuarbeiten.

Beispiel 2 – ErzieherInnen 14, 22 und 27 zu Filmsequenz 3,
Kindliches Handeln ist Spiel:

1. homologe Äußerung (Erzieherin 14):
   „Das ist ein ganz normales Spiel und ähm, würde dann das jetzt nicht so unbedingt der Mathematik zuordnen, einfach Spaß an der Freude" (Erzieherin 14, Abs. 78).

2. homologe Äußerung (Erzieherin 22):
   „Ich glaube, es war eine Situation, die sich durch das Spielen mit den Perlen, mit den Muscheln im Freispiel ergeben hat, aber das ist jetzt spekulativ" (Erzieherin 22, Abs. 108).

3. homologe Äußerung (Erzieherin 27):
   „Das Kind spielt mit den Steinchen und ähm sortiert die mal um und deckt die wieder zu" (Erzieherin 27, Abs. 89).

Vor allem dieser Fallvergleich auf inhaltlicher und struktureller Ebene vermag einen wesentlichen Beitrag dabei zu leisten, die Eigentümlichkeiten von Beobachtungs- und Deutungsprozessen empirisch begründet herauszuarbeiten. Durch das eingangs beschriebene Sampling bieten sich in der Auswertung eine Reihe unterschiedlicher, zunächst theoretisch begründeter, Vergleichshorizonte bezüglich grundlegender berufsbiographischer Daten der Interviewten an.

Das Ziel der Analysearbeit ist es nicht allein, einen speziellen empirischen Fall zu beschreiben, sondern eine abstrakte Typenbildung zu vollziehen, die über den Einzelfall hinaus Erklärungspotenzial bietet.

3.3.2.1 Sinngenetische Typenbildung

Die Analyse dient letztlich der abstrakten Definition sinngenetischer Typen (vgl. Kap 5, S. 129 ff). Sinngenetische Typen liegen dann vor, wenn sich in der komparativen Analyse unterschiedlicher Einzelfälle Orientierungsmuster zeigen, die fallübergreifende Kontinuität aufweisen, d. h. wenn es gelingt, Orientierungsmuster abstrahierend zu beschreiben und in unterschiedlichen Fällen in ihrer generativen Wirksamkeit nachzuweisen.

Durch die Rekonstruktion der Beobachtungs- und Deutungsprozesse der Befragten wurde im Laufe des Forschungsprozesses deutlich, dass hierbei mehrere sinngenetische Typen vorzufinden sind. Die Beobachtungs- und Deutungsprozesse können nicht anhand eines einzelnen sinngenetischen Typs bzw. Orientierungsrahmens hinreichend differenziert rekonstruiert werden. Denn Deutungspraktiken sind von Komplexität und Dynamik geprägt und setzen sich aus der Kombination und wechselseitigen Durchdringung diverser sinngenetischer Deutungstypen zusammen.

Im Falle unseres Forschungsprojektes wurde deshalb im Anschluss an die isolierte Beschreibung sinngenetischer Typen eine vergleichenden Matrix erstellt, anhand der die Profile von Einzelfällen in ihrer jeweils spezifischen Kombination sinngenetischer Typen zusammengefasst wurden.

In einem zweiten Schritt wurden dann die Profile der Einzelfälle verglichen, um typische Kombinationen von Deutungsorientierungen zu identifizieren (vgl. Kap. 5, S. 129 ff). Dazu wurden die Einzelfallprofile in eine Übersichtsmatrix überführt. Diese Analyse wird forschungspraktisch durch die Funktionen „Code-

Tabelle 4 Beispiel eines Fallprofils

Fallprofil: Befragte 1		
Kategorie	**Modus Operandi**	**Spezifikation**
Terminologie	**alltagssprachlich**	
Beobachtungsfokus	**kindorientiert**	*Äußerlich Wahrnehmbares:* Geschlecht, Handlungen, Alter, Gestik/Mimik *Psychische Prozesse:* Ziel des Kindes, Zufriedenheit
Übergang Beobachtung – Deutung	**unsicher**	
Deutungsbasis	**Erfahrungen**	
Deutungsprämisse	**Ergebnisorientiert** **Lernprämisse** **Spielprämisse**	
Übergang Deutung – Interventionsplanung	**Unsicher**	
Interventionsprämisse	**Unterstützung vs. Zurückhaltung**	
Interventionsstrategie	**Konkret-spontan**	Soziale Ausweitung Materielle Ausweitung

Matrix-Browser“ und „Code-Relations-Browser“ in MaxQDA unterstützt, bei denen Häufungen kategorialer Variablen als Cluster grafisch dargestellt werden. In diesem Schritt werden empirische Regelmäßigkeiten festgestellt und typische Muster erkannt.

Anschließend erfolgt eine ausführliche Beschreibung vollständiger Beobachtungs- und Deutungsprozesse, die durch ihr spezifisches Kombinationsmuster als typisch angesehen werden können (vgl. Kap. 5, S. 129 ff).

Nachdem die hier beschriebenen Analyseschritte zur Identifizierung sinngenetischer Typen anhand einer Reihe von Interviews durchgeführt wurden und in weiteren Interviews keine weiteren bzw. neuen Orientierungsrahmen entdeckt werden konnten, dienen die empirischen Einzelfälle zunehmend nicht mehr zur Identifizierung und Rekonstruktion sinngenetischer Typen, sondern werden bezüglich der bis dato identifizierten sinngenetischen Typiken betrachtet und codiert. Interviewsequenzen von Einzelfällen werden dann entweder anhand homologer Äußerungen den entsprechenden Orientierungsrahmen zugeordnet oder aber dienen dazu, anhand heterologer Äußerungen auf bislang nicht entdeckte andere/weitere sinngenetische Typen aufmerksam zu machen.

3.3.2.2 Soziogenetische Typenbildung

Im Anschluss an die Rekonstruktion typischer Fälle und deren Beschreibung hinsichtlich der kompletten Struktur und Dynamik ihrer Deutungspfade erfolgt die Herausarbeitung soziogenetischer Typiken.

Für die weiterführende Analyse werden dazu die durch die standardisierten Fragebögen erhobenen berufsbiographischen Daten (Alter, Geschlecht, Ausbildungsgang, etc.) verwendet und mit den zuvor beschriebenen Orientierungsrahmen bzw. Deutungsorientierungen in Beziehung gesetzt. Auf diesem Wege werden relevante Erfahrungsdimensionen identifiziert, die mit bestimmten „typischen" Deutungspraktiken in Verbindung stehen. Das Ziel ist es, zu ermitteln, welche Besonderheiten der Berufsbiographie (Ausbildung, Berufserfahrung, Weiterbildungen) bzw. welche einrichtungsspezifischen Faktoren (Gruppengrößen, Teamstrukturen, eingeführte Beobachtungsverfahren) ggf. mit den ermittelten Typen in Beziehung stehen.

3.3.3 Triangulation: dokumentarische Methode und Grounded Theory

Das empirische Material wird im Forschungsverlauf in erster Linie anhand der vorgestellten Methodologie der dokumentarischen Methode ausgewertet, jedoch in Teilen durch Analyseschritte im Sinne der Grounded Theory ergänzt.

Dies geschieht vor allem durch das Verfahren des „offenen Codierens". Hierzu werden Interviews nicht allein durch formulierende Interpretation hinsichtlich ihrer thematischen Verläufe rekonstruiert, sondern auch anhand eines aus dem empirischen Material entwickelten Codesystems analysiert.

Der Codebaum, der im Zuge der Analyse mit der Software „MaxQDA" entsteht und sukzessive ausdifferenziert wird, gliedert sich in die zwei Oberkategorien „Referenz" und „Form". Die Kategorie „Referenz" bezeichnet, worauf sich die Beobachtung und Deutung der ErzieherInnen bezieht („Aufmerksamkeitsfokus"), bspw. „Kind/äußerlich Wahrnehmbares/Kleidung". Die Kategorie „Form" bezeichnet, auf welche Art und Weise die Beobachtungen und Deutungen durchgeführt werden, bspw. anhand welcher Terminologie oder Deutungsgrundlage die gewählten Aufmerksamkeitsfokussierungen (Orientierungsrahmen) behandelt werden (vgl. Tabelle 5, S. 135).

Durch die Codierung mit Hilfe der Software „MaxQDA" wird u.a. auch die komparative Analyse von Interviews hinsichtlich einzelner Kategorien erleichtert. So kann die Verteilung homologer Äußerungen über die drei Sektionen des Interviews leichter identifiziert werden (vgl. dazu auch das Kapitel 4 mit der Übersichtsmatrix zu den sinngenetischen Typen).

Ferner dient das Vorgehen der Grounded Theory auch im Rahmen der Typenbildung zur vergleichenden Analyse. Hier wird nicht ausschließlich der in der dokumentarischen Methode präferierte Vergleich zwischen Einzelfällen gezogen, sondern dieser Vergleich wird ebenfalls im Sinne einer „theoretischen Sensibilität" durch bereits vorliegende theoretische Konzepte inspiriert.

Theoretische Sensibilität

Denn auch bei der wissenschaftlichen Auswertung erfolgt die Annäherung an das empirische Material nicht ohne einen strukturierenden Orientierungsrahmen.

Deutungskompetenzen von ErzieherInnen müssen zunächst aus sich selbst heraus rekonstruiert, verstanden und einem aus sich selbst heraus generierten Maßstab gegenüber gestellt werden. D.h. eine Einschätzung von Deutungskompetenz kann nur gemäß der Handlungsproblematiken der Praxis und der funktionalen Strategien im Umgang damit erfolgen.

Dennoch können (und müssen) wissenschaftliche Referenzen herangezogen werden, um die Analyse berufspraktischer Deutungsprozesse zu unterstützen.

Das im Zuge der Codierungsarbeit zur Erstellung einer Grounded Theory entwickelte Kategoriensystem kann durch den Rekurs auf wissenschaftliche Aufmerksamkeitspunkte ausdifferenziert werden und dazu beitragen, die ganze Spannbreite einzelner Kategorien auszuleuchten. Es entsteht eine „theoretische Sensibilität", wie sie anhand der Auswertung des empirischen Materials allein nicht möglich wäre (vgl. Strauss, Corbin 1996. S. 25ff.). Beispielsweise lässt sich am empirischen Material zeigen, dass die Beschreibungen kindlicher Lernprozesse anhand von Erfahrungswerten durchgeführt werden. Der Rückgriff auf die erziehungswissenschaftliche Diskussionen kann aber auch ergeben, dass eine Beschreibung kindlicher Lernprozesse vor dem Hintergrund einer oder mehrerer Theorien zumindest potentiell möglich wäre. Diese Information kann dann die Beschreibung der Kategorie „Deutungsbasis" erweitern, obwohl sich bestimmte Ebenen dieser Kategorie im empirischen Material nicht zeigen.

Bei dieser Form der Analyse fließt demnach die wissenschaftliche Perspektive ein, jedoch bleibt die Rekonstruktion primär auf die Deutungsmuster der ErzieherInnen bezogen. Gerade bei der Frage nach ausgeblendeten Aspekten in der Deutung, bei der Suche nach blinden Flecken und „Gegenbegriffen" (Mannheim 1969) kann die wissenschaftliche Perspektive Aufklärung bieten.

3.3.4 *Die Rekonstruktion von Kompetenz*

Da sich das Forschungsprojekt auf Deutungskompetenzen richtet, drängt sich die Frage auf, wie sich die frühpädagogische Professionalität der rekonstruierten Orientierungs- und Deutungsrahmen beurteilen lässt. Aus professionstheoretischer Perspektive wird ein äußerst anspruchsvoller Katalog an Kompetenzen skizziert, über die frühpädagogisches Fachpersonal idealerweise verfügen soll. Dazu gehören eine professionelle Situationswahrnehmung und -analyse; fachwissenschaftlich fundiertes Wissen, das von impliziten Wissensbeständen über reflektiertes Erfahrungswissen bis hin zu wissenschaftlich-theoretischem Wissen (bspw. entwicklungspsychologisches Wissen) reichen soll und eine damit einhergehende

Abbildung 3 Sinngenetischer Deutungstyp und Kompetenzdimensionen

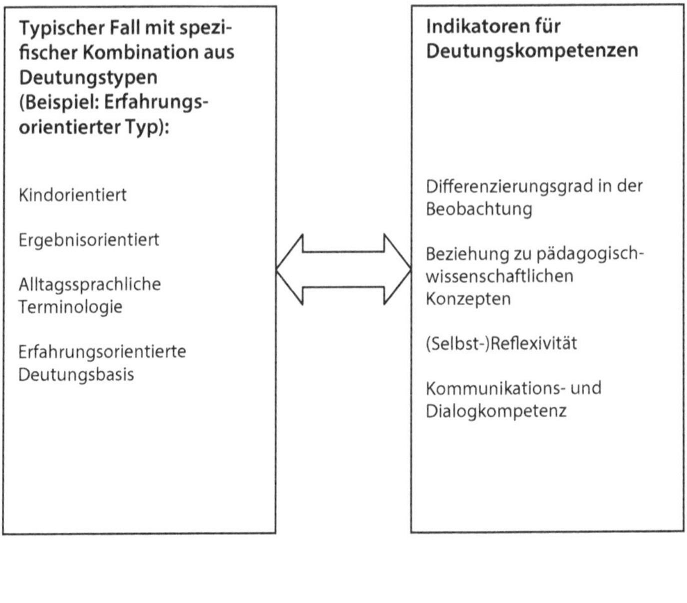

reflexive Haltung (vgl. Autorengruppe Fachschulwesen 2011; Nentwig-Gesemann, Fröhlich-Gildhoff, Harms, Richter 2011; Robert Bosch Stiftung 2008).

Vor diesem Hintergrund erfolgt im weiteren Forschungsverlauf eine kritische Diskussion der rekonstruierten Deutungspfade mit einer Einschätzung dazu, inwiefern sie den Ansprüchen der vorgelegten Kompetenzkataloge genügen (vgl. Kapitel 5). Abbildung 3 soll dieses Vorgehen verdeutlichen.

Anhand der durch das Erhebungsdesign gewonnenen Daten werden in den dargestellten Analyseschritten Rekonstruktionen der Beobachtungs- und Deutungsprozesse des pädagogischen Fachpersonals angefertigt. Diese Ergebnisse werden im folgenden Kapiteln 5 und 6 dargestellt.

3.3.5 Ergebnisdarstellung

Die Ergebnisdarstellung wird über drei Phasen entfaltet. Zunächst erfolgt eine isolierte Darstellung sinngenetischer Typen, d.h. der konstruierten Orientierungsrahmen in den Beobachtungs- und Deutungsprozessen. Hierdurch entsteht zunächst einen Überblick über die unterschiedlichen Elemente, aus denen sich diese Prozesse zusammensetzen. Anschließend werden Beobachtungs- und Deutungsprozesse anhand von vier typisierenden Fallbeschreibungen charakterisiert. Hierbei wird dann deutlich, auf welche Weise die zuvor unterschiedenen sinngenetischen Typen kombiniert werden. Abschließend erfolgt die zuvor bereits beschriebene Diskussion der Deutungskompetenzen der befragten ErzieherInnen.

4 Die Videosequenzen

In diesem Teilkapitel werden die einzelnen Filme eingehend beschrieben und auf ihre thematischen Gehalte hin analysiert. Diese Interpretationsarbeit dient dabei zweierlei Zwecken: Zum einen soll durch die Beschreibung der Filme deutlich werden, worauf sich die von uns analysierten Aussagen von ErzieherInnen, ihre Beobachtungs- und Deutungsprozesse, beziehen könnten. Die Beschreibung der Filme dient demnach als Beitrag zur transparenten Darstellung des Forschungsprozesses.

Andererseits wird durch die Analyse die komplexe thematische Verweisungsstruktur des Filmmaterials ausgelotet. In den folgenden drei Filmbeschreibungen wird deutlich, dass diese polyvalent zu bearbeiten sind und eine hinreichend erschöpfende Beschreibung aller darin enthaltenden Thematiken nahezu unmöglich ist. Die Beschreibung und Analyse der Videosequenzen erschließt dabei auch mögliche Deutungsoptionen, die in den Interviews geäußert werden könnten.

Die von uns angefertigten Analysen dienen diesen hier aufgeführten Zwecken, nicht aber als Referenzfolie, um Beobachtungen und Deutungen der Befragten damit zu vergleichen und vor diesem Hintergrund eine Einschätzung zu deren Deutungskompetenzen vorzunehmen. Denn unsere Analysen sind unter völlig anderen Bedingungen als die Interviews entstanden und auf Grundlage anders gelagerter Qualifikationsprofile der Analysanten.

4.1 Film 1: „Holzkisten"

Quelle: Leu, H. R. et.al. (2007): Bildungs- und Lerngeschichten. DVD. Weimar, Berlin: verlag das netz.

4.1.1 Situationsbeschreibung

Diese Videosequenz besteht aus einer 3 Min. und 22 Sek. langen, durchgehenden Aufnahme ohne Schnitte und zeigt ein Kind, dessen Name auf dem DVD Menü des DJI mit Laith, 1,6 Jahre angegeben ist. Laith ist ein Jungenname (arabisch, indisch, israelisch) und bedeutet „Löwe".[9] Laith spielt mit Holzbausteinen und Holzkisten und ist lediglich mit einer Windel und Hausschuhen bekleidet. Die Szene spielt sich auf einer mit grünem Teppichboden ausgelegten Spielfläche ab, auf der zahlreiche unterschiedliche Bauklötze herumliegen. Im Hintergrund ist eine etwa 80 cm hohe und halb geleerte Regalfront zu erkennen, in der das Konstruktionsmaterial offensichtlich aufbewahrt wird. Die genutzte Spielfläche des Kindes beträgt ca. 3 qm. Das gesamte zu erkennende Material besteht aus Holz, vermutlich Buche, wie es bei derartigen Konstruktionsmaterialien üblich ist. Vor dem Regal, auf halber Blickachse zu Laith hin, liegt ein blauer Sitzsack, der halb eingedrückt ist. In etwa 1,5 Meter Abstand rechts daneben befindet sich ein zweiter Sitzsack, auf dem eine mehrfach ins Blickfeld der Kamera fallende Erzieherin sitzt, die sich die ganze Zeit der Videosequenz über dort aufhält. Ihr Blickfeld ist zur rechts im Hintergrund erkennbaren offenen Tür gerichtet. Da ihre Sitzposition dem Kind gegenüber zur Hälfte abgewandt ist, dreht sie während der Szene den Kopf mehrfach stark nach links, um Laith beobachten zu können. Teilweise spielen auch andere Kinder auf der Spielfläche, ohne aber das Spiel des Hauptakteurs zu beeinträchtigen. Im Hintergrund rechts, im Türdurchgang, steht etwa 1 Minute lang eine weitere Erzieherin, die entweder die Szene beobachtet oder aber mit ihrer Kollegin kommuniziert.

Die Kamera befindet sich auf Augenhöhe des Kindes und folgt dessen Handlungen aus einer relativ gleich bleibenden Ausgangsposition. Es finden mehrfach kleine Schwenks in einem Winkel von ca. 30° nach rechts statt, um den Bewegungsabläufen Laiths zu folgen. Insgesamt hat die/der BetrachterIn eine Beobachtungsposition, aus der heraus sämtliche Bewegungsabläufe sowie Gestik und Mimik gut und sehr detailreich zu erkennen sind.

4.1.2 Rekonstruktion der Handlung

Die beobachtete Situation beginnt damit, das der zunächst hockende Laith einen fast leeren, ca. 15 cm hohen, auf Rollen gestellten Wagen mehrfache hin und her bewegt und ihn dabei an sich zieht und wieder mit den Armen weg stößt. Sein ganzer Köper und sein Blick folgen der ausgeführten Bewegung. Dann stößt Laith den Wagen in Richtung Wand. Er blickt ihm nach und sagt leise „Aua", schaut dabei kurz lächelnd in die Kamera. (0.10)

9 Laut Online „Baby-Vornamen für Jungen"; http://www.baby-vornamen.de/Jungen/L/La/

Rechts steht fast ganz verdeckt ein anderes Kind, das mit der ebenfalls rechts und verdeckt sitzenden Erzieherin kommuniziert. Man versteht „Auto" und „fahren" oder „haben". Unverständlich ist, was die Erzieherin darauf antwortet (Print 1).

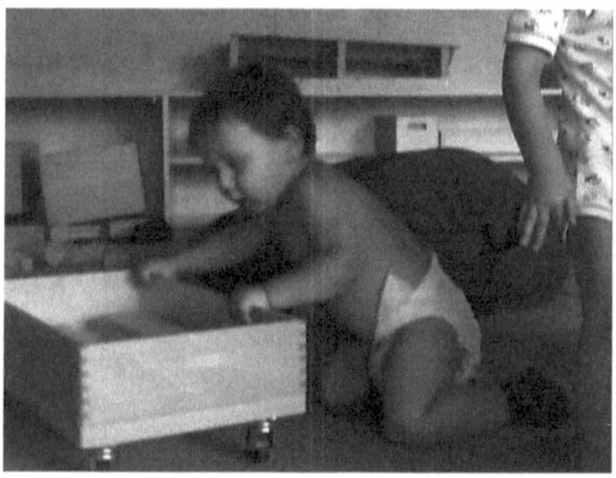

Print 1

Print 2

Laith nimmt nun wiederum den Wagen in beide Hände, steht langsam auf und beginnt dabei ihn in Richtung Kamera zu schieben. Der Wagen bewegt sich nun direkt vor die Kamera. Er schaut, wo der Wagen hin rollt und kontrolliert mit den Augen seine Fahrtstrecke und sein Ziel, indem die Augen mehrfach und synchron zu seinen Bewegungen die Perspektive wechseln. Der Wagen wird nun vor die Kamera „bugsiert", regelrecht „eingeruckelt", offenbar, bis er an ein nicht sichtbares Hindernis stößt. Der Oberkörper des Kindes füllt nun das ganze Bild aus, eine nahe Großaufnahme erlaubt hier einen sehr detaillierten Blick auf Mimik und Gestik des Kindes. So erkennt man die gespitzten Lippen, was hier auf eine Mischung von Anstrengung und Konzentration verweist. Die Körperhaltung ist eher gespannt, die Bewegungen wirken aber trotzdem locker (Print 2). Plötzlich hebt das Kind den Wagen hinten hoch und schiebt ihn links an der Kamera vorbei. Dabei rutschen einige Holzklötze im Wagen mit einem lauten Knall ans andere Ende. Dann lässt Laith den Wagen aus etwa 20 cm Höhe fallen, hockt sich hin und hantiert mit den im Wagen befindlichen Holzklötzen. Möglicherweise entnimmt er einen der Klötze und legt ihn rechts neben sich (ist aufgrund der Kameraperspektive nicht genau zu erkennen) (0.30).

Während dieses Hantierens lautiert er dann mehrfach mit „Öch". Aus der Hockstellung heraus steht er dann mit einem weiteren „Öch" auf und bewegt sich zielgerichtet zu einer ca. 50 cm entfernt stehenden weiteren, etwa 30 cm hohen, Kiste. Vor der Kiste angekommen, geht er wieder in die Hockstellung, stößt dazu ein weiteres, lang gezogenes „Öch" aus und ergreift die Kiste an den beiden seitlichen Eingriffen am oberen Rand, hebt sie hoch, dreht sich 180 ° nach rechts und setzt die Kiste zielgerichtet auf die vorher benutzte Kiste mit einem leisen „Öch" auf, wobei er den Mund leicht geöffnet hat. (0.45) (Print 3)

Im Hintergrund sind die Erzieherin und das andere Kind mit einem einteilig bekleideten Windelhemd zu sehen. Letzteres hebt einen langen, körpergroßen Bauklotz auf. Die Erzieherin spricht offenbar mit dem Kind (hier unverständlich).

Print 3

Print 4

Es folgt ein kurzes Verharren (2 Sek.), dann wird die Kiste kaum wahrnehmbar zurechtgerückt und die Lage durch eine kurze, wiegende seitliche Bewegung von Armen und Oberkörper kontrolliert (Print 4).

Dann nimmt Laith die Kiste seitlich fassend zügig auf, dreht sich mit der Kiste 45 % nach rechts und lässt die Kiste los – es knallt als die Kiste herunter fällt. Laith dreht sich übergangslos um 45° nach rechts, geht erneut in die Hockstellung, schwankt geringfügig und ergreift leicht nach rechts versetzt eine andere, umgekehrt (Öffnung nach unten) vor ihm stehenden Kiste (Print 5). Ohne die Eingriffe zu nutzen greift er direkt mit dem Händen über den Rand und lautiert mit einem „ach" „öch". Nun zieht er die Kiste an sich und hebt sie gleichzeitig hoch, in dem er den unteren Rand der Kiste in sein Becken stützt und die Kiste um 45° hochzieht. Dabei ist wiederum ein lang gezogenes „öch" zu hören (0.59). Die Kiste schräg an sich gezogen dreht er sich unmittelbar 45° nach rechts und lässt die Kiste nach am Bein unten rutschen, so dass sie hochkant zum stehen kommt (Print 6). Nun steht die Kiste wieder mit der Öffnung nach oben. Übergangslos geht Laith wiederum unmittelbar in die Hockstellung und ergreift die Kiste erneut seitlich, nun wieder an den Eingriffen (1.02). Er hebt die Kiste hoch, indem er sie beim Aufstehen in die Beckenbeuge drückt und diesmal fast parallel zum Oberkörper an sich zieht. Dann lässt er die Kiste über seinen rechten Oberschenkel rutschend mit der rechten Hand so los, dass die Kiste vor ihm auf dem Rand den Boden berührt und weiter nach rechts kippend schließlich auf der schmalen Seite stabil und hochkant zum Stehen kommt.

Print 5

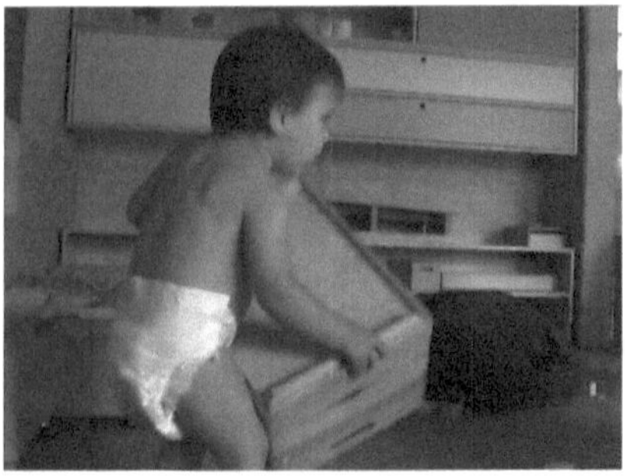

Print 6

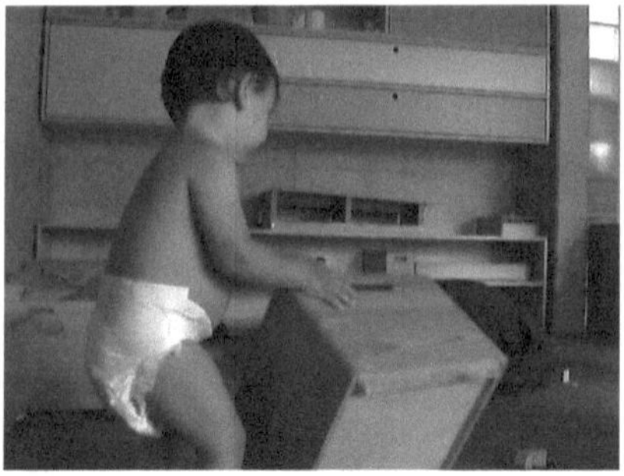

Print 7

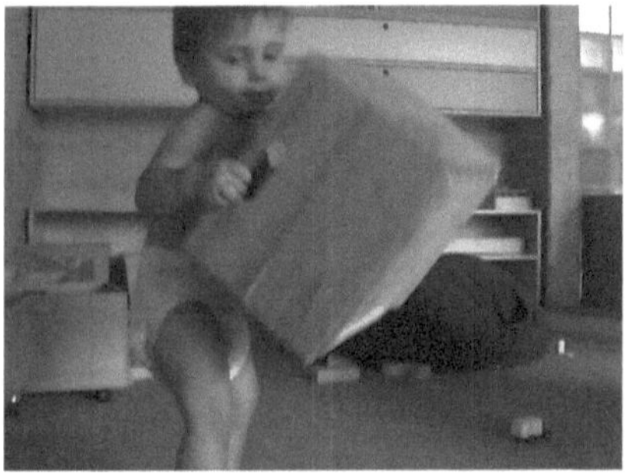

Print 8

In dem Moment wechselt er die fixierende Hand souverän von links nach rechts und führt die kippende Bewegung der Kiste nahtlos weiter, so dass sie schließlich vor ihm auf dem Boden fällt und sich dann wieder in der „normalen" Position befindet. Die Kamera zeigt Laith in der Hocke seitlich parallel, wie er die Kiste erneut an den seitlichen Eingriffen packt, an sich zieht und dabei mit einer 45° Drehung zur Kamera hin bewegt, dort, wo die untere Kiste offenbar noch steht. Dabei beobachtet er konzentriert das vor ihm liegende Terrain, während er sich noch dreht. Schließlich wird die Kiste auf eine flachere Kiste gestapelt, die sich (aus der Perspektive von Laith) rechts neben der zuerst hingestellten flacheren Kiste befindet. Laith schaut erneut kurz in die Kamera (1.04).

Laith hat damit in einer kompletten 360° Drehung mit seiner Kiste – im gegebenen Spielraum – einen mehrfachen und stufenweisen Stapel, Stell- und Lageveränderungsprozess abgeschlossen. Alle Bewegungsabläufe wie Aufheben, Drehen, Fallenlassen und Stapeln gehen nahezu nahtlos, fast fließend ineinander über.

Nun wendet er sich nach links, etwas zur Seite tretend, der anfangs aufgestellten Kiste zu, dreht sich um 45° weiter nach links, geht in die Hocke, packt die Kiste fest an den eingrifflosen Rändern und hebt zunächst die flachere Kiste von der Längsseite aus um 45° leicht an. Dabei drückt er die flache Seite gegen seinen unteren Bauch und zieht dann mit einer aufrichtenden Bewegung seines Oberkörpers noch in Hockstellung die Kiste ganz vom Boden hoch, so dass nun auch die andere Längsseite der Kiste sich vom Boden etwa 20 cm abhebt. Parallel blickter kurz zu den vor ihm liegenden beiden anderen Kisten, die er vorher dorthin gestapelt hatte (1.09). Dann senkt sich sein Blick aber wieder auf die noch in der Kiste befindlichen Bausteine.

Laith hält kurz inne und lässt die Kiste nun wieder herunterfallen, wonach sie mit der linken Seite auf dem Boden, mit der rechten Seite auf dem Rand der anderen Kisten aufliegt. Laith beobachtet die fünf in der Kiste befindlichen Bauklötze, die während der letzten Bewegungssequenz noch in der Kiste waren. Möglicherweise hat das Gewicht der Bauklötze das Herabsinken der Kiste ausgelöst. Laith lässt die Kiste an den Rändern los und packt die Bauklötze noch in der Hockstellung. Die Kiste ist dabei schrägt zwischen unterer Bauchdecke und Boden eingeklemmt. Es scheint so, das er sie in dieser Position mit dem Körper „hält" während er mit gezielten Griffbewegungen, die Bausteine fest im Blick, sie nacheinander eregreiftund legt sie jeweils den Arm abwechselnd nach links und rechts hinter sich legt bzw. wirft (1.25). Während des Ausleerens rutscht die Kiste schließlich vollständig auf den Boden (Print 9 und 10) (1:28).

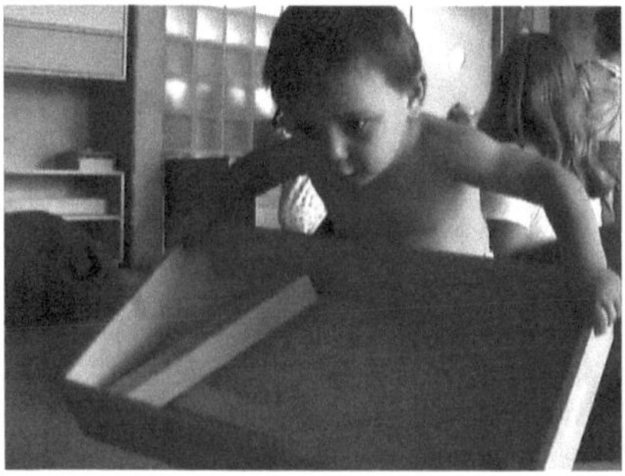

Print 9

Print 10

Im Hintergrund steht inzwischen eine Erzieherin in der Tür, die offenbar mit ihrer Kollegin kommuniziert. Ein weiteres Kind, ein offenbar etwas älteres Mädchen mit blauem Pullover und einer Jeans steht zunächst in Richtung der in der Tür stehenden Erzieherin, dreht sich dann nach links, geht durch den Raum und hinter die Fläche, auf der Laith spielt. Der mit dem hellen einteiligen Anzug bekleidete Junge geht zu der in der Tür stehenden Erzieherin, hält seinen Bauklotz hoch und fängt an, etwas zu erzählen, worin die Worte „Mama" und „kommt" zu verstehen sind. Währenddessen dreht die im Raum sitzende Erzieherin ihren Kopf kurz zu Laith hin und beobachtet die Situation (1:34).

Sowie die Kiste nun geleert ist, packt Laith sie von neuem an den Seiten und hebt sie mit einer schnellen Bewegung hoch. Dabei hat er sie wieder an seinen Körper gezogen und steht aus der Hocke langsam auf, dreht sich ein wenig nach rechts, geht mit leicht schaukelnden Bewegungen Stückchen für Stückchen weiter um die schon vor ihm liegenden zwei gestapelten Kisten herum. Schließlich kommt er mit der parallel an den Köper herangezogenen Kiste zur Längsseite der beiden stehenden Kisten. Hier senkt er seine flache Kiste langsam ab, stößt dabei ein mehrfaches „Öch" aus und setzt sie vorsichtig auf der anderem Kiste ab (1:40).

Hier rutscht sie aber nach einer Sekunde wieder nach links herunter. Laith folgt dieser Bewegung, hält mit der linke wieder mitführend fest, geht dabei in die Hocke und fasst die Kiste zunächst mit der rechten Hand, dann langsam auch mit der linken Hand. Das gelingt und er wandelt das Herunterrutschen schließlich in ein mit beiden Händen kontrolliertes Absetzen der Kiste mit beiden Händen. Auch hier ist wiederholt das „Öch" und schließlich ein kommentierendes „dö – da" zu hören (1:44).

Print 11

Print 12

Nach dem Abstellen der Kiste geht er unverzagt wieder zum Ausgangspunkt zurück, dreht sich um 90° nach rechts, geht in die Hocke, breitet seine Arme aus und ergreift ein auf dem Boden auf Rollen liegendes Kistenunterteil auf dem ersten Drittel der Längsseite. Dabei kommentiert er das anschließende Hochziehen des Unterteils mit einem langgezogenen „Haaach" (1:48).

Aus der Hocke heraus zieht er das Teil dabei an sich und steht auf, das rahmenartige Unterteil mit den relativ großen Rollen im 90°-Winkel an seinen Oberkörper gedrückt. So steht er einen Moment, dann senkt sich der Rahmen klappenartig vorne herunter (möglicherweise weil er ihn aufgrund seines Gewischtes nicht halten kann), was Laith wieder mit einem „öch" kommentiert. Die Erzieherin im Sitzkissen hat den Kopf immer noch zu Laith gedreht und beobachtet ihn (Print 13 und 14) (1:59).

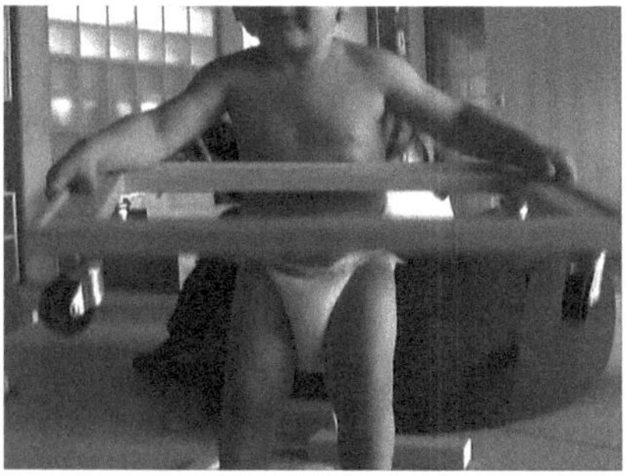

Print 13

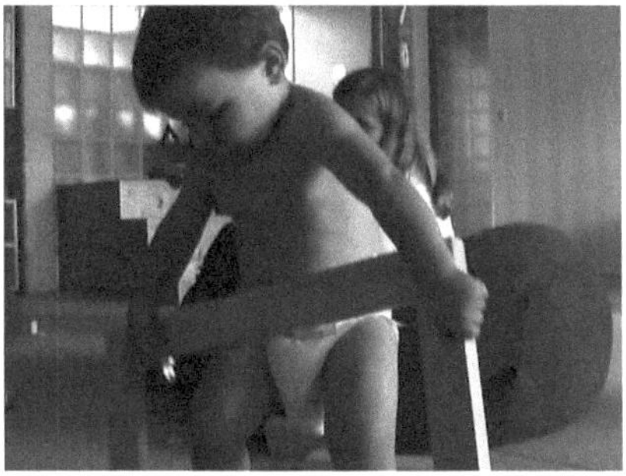

Print 14

Als er den Rahmen querkantig abgesetzt hat beobachtet er die Lage seines Spielobjektes kurz und scheint einen Moment zu überlegen, wie es nun weitergeht. Dabei geht er wieder in die Hocke, wobei der Rahmen dann nach vorne kippt und nun von ihm umgedreht und schräg etwas ruckartig abgelegt wird. Dann tritt er einen Schritt zurück, beobachtet den vor ihm liegenden Rahmen und zieht ihn dabei ein wenig vor, so dass der Rahmen nun endgültig umgedreht vor ihm zu Boden fällt (1.58).

Dann steht er kurz da, schaut auf den vor ihm liegenden Rahmen, geht erneut in die Hocke, fasst um das Rahmenholz beidhändig von oben herum, zieht der Rahmen erst an sich heran, dann hoch und steht dabei wiederum mit einem „Öch" auf. Den Oberkörper als Gewichtsausgleich zum Rahmen leicht nach hinten gebeugt geht er langsam auf die beiden vor ihm liegenden Kästen zu, dreht sich um 45° nach rechts, geht mit dem an den Körper gezogenen Rahmen in die Hocke und setzt ihn leicht schräg versetzt vor den Kisten ab, was er wieder mit einem „Öch" kommentiert. Dabei wechselt er die Position der Hände vom vollen vorderen Umgreifen zum halben Umgreifen. Schließlich rutscht der Rahmen weiter zur Seite nach rechts weg, Laith lässt endgültig los und steht wieder auf (2.10). Die ErzieherIn beobachtet ihn immer noch.

Dann dreht er sich wieder nach links zu der vor ihm auf der kleinen Kiste gestapelt stehenden großen Kiste. Er ergreift sie, in dem er sie wiederum beidhändig am Rand anfasst, an den Bauch zieht und dann parallel hoch wuchtet. Er dreht sich mit der an den Körper gezogenen Kiste zum vor ihm auf Rollen stehenden Rahmen und setzt die Kiste vorsichtig ab, in dem er sich leicht bückt (Print 15 und 16) (2:16).

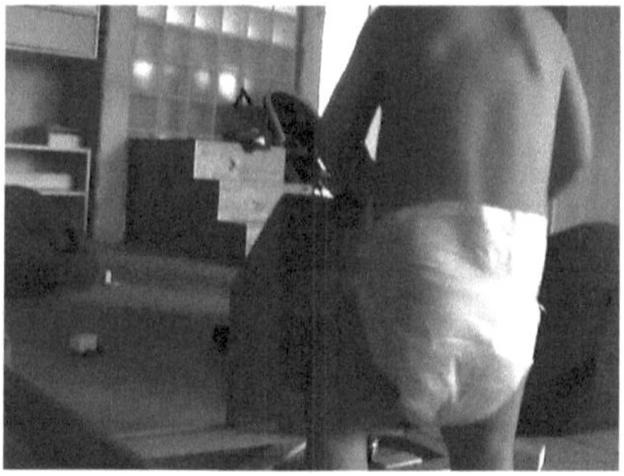

Print 15

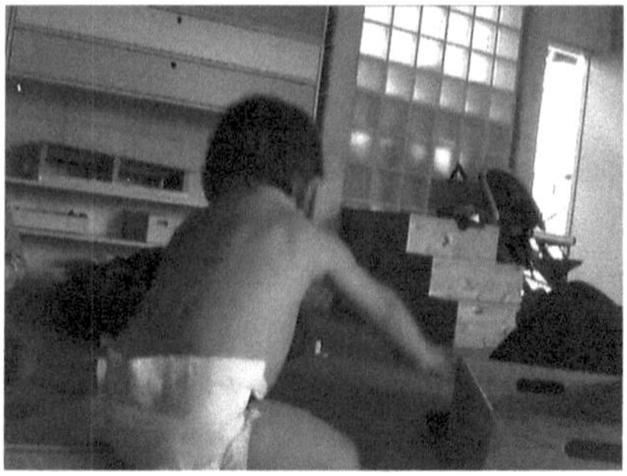

Print 16

Dann steht er wieder senkrecht vor der Kiste, dreht sich nach links und geht zwischen den Kisten zu der hinten noch liegenden flachen Kiste. Dabei stolpert er leicht, hält sich am Rand der mittleren Kiste kurz fest, um dann weiter durch die Kistenlücke zur hinteren Kiste vorzustoßen. Dabei stolpert er erneut leicht, fällt nach hinten und setzt sich dann kurz auf den Rand der mittleren Kiste. Um das Gleichgewicht zu halten und wider aufzustehen, rudert er etwas mit den Armen, steht erneut auf und schlängelt sich so, etwas unsicher, zur hinteren Kiste durch (2:23). Hier angekommen, geht er unmittelbar in die Hocke, fasst die nun vor ihm liegende flache Kiste mit ausgebreiteten Armen an den Seiten an und zieht, sie erst an den Bauch ziehend, dann aus der Hocke aufstehend hoch. Kaum zum Stehen gekommen, dreht er sich um 180° und geht zielstrebig zur großen Kiste, die er vorher auf den Rollenwagen gestellt hatte. Dabei ist sein Oberkörper leicht nach hinten und der Kopf an die Brust gezogen. Die Lippen sind aufeinander gepresst und er atmet ein wenig röchelnd zur dann aufsetzenden Bewegung. Laith ruckelt die Kiste schrittweise auf die große Kiste und kommentiert dies wieder mit einem deutlichen „Öch“ (Print 17 und 18) (2.33).

Print 17

Print 18

Nach dem Absetzen der Kiste geht er noch einmal in die Hocke und scheint die Lage seiner abgestützten Kiste dabei zu überprüfen. Er macht eine Handbewegung, welche die parallele Stellung der Kiste gestisch nachdeutet, schaut nach unten auf den Sockel und berührt kurz und ganz vorsichtig den Sockelrahmen, vielleicht, um sich der Stabilität seiner Konstruktion abschließend zu versichern (2.34) (Print 19).

Im Hintergrund ist hier zeitweise ein blau angezogenes Mädchen zu sehen, das hier offensichtlich auch mit den Baumaterialien spielt. Es hat eine kleine, brückenartige Konstruktion hergestellt. Es hat gerade einen länglichen Baustein vorsichtig aufgesetzt, streicht mit der Hand in Längsrichtung auf der Oberfläche des

Print 19

Print 20

Bauklotzes und scheint mit einem „Hui" ein darauf fahrendes Fahrzeug zu simulieren. Dann fällt die Brückenkonstruktion etwas zusammen, sie beginnt aber unmittelbar darauf, sie wieder aufzubauen.

Nun dreht sich Laith um 180 Grad und geht zu einer mit zahlreichen Bauklötzen gefüllten Holzkiste, die links an der Wand steht. Hier ergreift er leicht zwei längliche Bauklötze, klemmt sie sich kurz unter die Arme, dreht sich wieder und geht zur leeren Kiste zurück (2:41) (Print 20). Dort legt er die Bauklötze ab, schaut kurz in die Kamera, dreht sich wieder um und geht erneut zu seinem „Materiallager". Er stellt sich an der Seite auf, winkelt ein rechtes Bein ab und zieht die Fußspitze dabei hoch.Nun greift er wieder in die Kiste und holt erneut einen Bauklotz heraus. Diesen trägt er wieder zu seiner halbleeren Kiste und legt sie dort ab (Print 21 und 22) (3:03).

Print 21

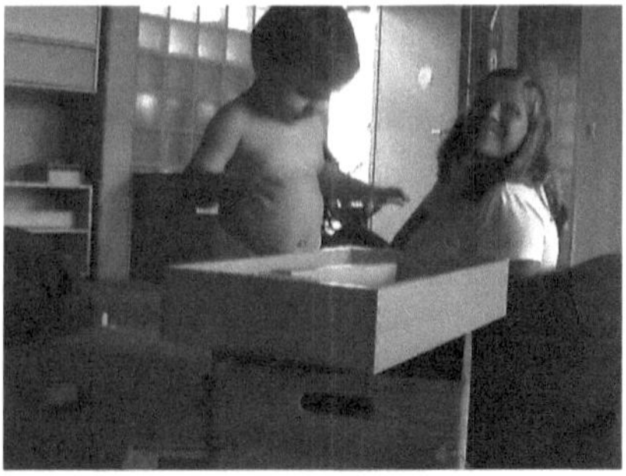

Print 22

Die Erzieherin beobachtet ihn dabei und grüßt dann eine Person, die nicht zu sehen ist und sich wohl hinter der Kamera befindet. Laith hat inzwischen den Baustein abgelegt, schaut noch einmal prüfend auf die Kiste und fasst sie wieder an den Seiten an. Dann verschiebt er sie seitlich nach rechts auf der unteren, großen Kiste, macht einige „Öchs" dazu und hebt sie erneut vorsichtig ruckelnd an, da sie offensichtlich aufgrund ihres Gewichtes etwas instabil aufliegt. Dann legt er sie wieder ab, lässt los und fasst sie dann erneut an den Seiten an. Mit einem lang gezogenen „Öch" zieht er die flache Kiste langsam zur Seite herunter, bis sie mit einem Ruckt nach vorne fällt und die Bausteine nach unten rutschen. Leicht gebückt kann Laith die Kiste gerade noch halten, deren durch Bausteine größer gewordenes Gewicht ihm offenbar zu schaffen macht. Er setzt die Kiste seitlich auf, sie kommt hochkant zum Stehen, offenbar ohne dass die Bausteine herausfallen.

Laith beobachtet abschließend kurz den stabilen Stand und greift dabei mit beiden Händen nachführend am oberen Rand der Kiste an und lässt dann langsam los – die Kiste fest im Blick (3.13) (Print 23 und 24).

Print 23

Print 24

Nun tritt er ein Stück zurück, schaut auf sein „Werk" und reibt mehrfach die Hände aneinander bzw. wischt sich die Hände an seiner Windel ab, als wenn er sagen wolle: so, endlich geschafft (3.20) (Print 24).

4.1.3 Interpretation

Zusammenfassend bestehen die Aktivitäten Laiths darin, verschiedene Holzkisten auf einer Fläche für Bau- und Konstruktionsspiele zu rollen, zu stapeln und Holzbausteine hinein zu legen bzw. wieder heraus zu nehmen. Typische Merkmale der Bewegungs- und Sprachentwicklung dieser Altersgruppe, wie etwa der etwas breitbeinige, staksige Gang und das Lautieren während des Spielens, sind beobachtbar. In der Rekonstruktion der Handlungssequenzen zeigen sich vor dem Hintergrund erziehungswissenschaftlicher und entwicklungspsychologischer Ansätze differenziert zusammenwirkende Erfahrungsdimensionen und Kompetenzen des Kindes. Sie verweisen etwa auf

- motorische und sensumotorische Erfahrungen und Herausforderungen wie Fein- und Grobmotorik, Auge-Hand-Koordination und raumbezogene Handlungen;
- ästhetische, kreative, explorative Erfahrung und das Konstruktionsspiel;

- den Umgang mit elementaren physikalische und mathematischen Phänomenen wie Gewicht, Balance, Größenverhältnissen, Volumen und Mengen;
- Affekthandlungen als leiblicher, performativer Ausdruck von Freude und Selbstwirksamkeit;
- Konzentration, Anstrengung und Flow als Ausdruck von Engagiertheit und Wohlbefinden;
- elementare kognitive Leistungen, wie Vorformen des abstrakten Denkens, Skriptbildung, Konstruktion von Ordnungssystemen, Problemlösestrategien und Lautieren.

Das Beispiel kann als eine typische, im Alltag von Kindertageseinrichtungen häufig zu beobachtende Aktivität 1,5- bis 2jähriger Kinder aufgefasst werden (vgl. Beller 2006; Michaelis 2003). Die Sequenz macht die Komplexität kindlicher Selbstbildungs- und Lernformen und das hohe Anforderungsniveau an die Deutungskompetenzen der Fachkräfte deutlich, die erforderlich sind, um Selbstbildungsweisen von Kindern differenziert zu erfassen und auf der Grundlage fachwissenschaftlich abgesicherter Erkenntnisse zu interpretieren.

Entwicklungspsychologisch sind für die Interpretation der Videosequenz zunächst mindestens zwei thematische Zugänge bedeutsam: Die motorische Entwicklung, insbesondere das Lernen körperlicher Bewegungs- und Handlungsformen als Voraussetzung höherer kognitiver Funktionen, sowie das Bau- und Konstruktionsspiel als elementare kindliche Handlung- und Erfahrungsform.

Motorik und Bewegung

Vom Greifen zum Begreifen: Nach Piaget ist das Lernen einfacher und separater Handlungsschemata die Voraussetzung komplexer kognitiver Operationen. Aus solchen einfachen motorischen Handlungsschemata bilden sich durch Differenzierung und Kombination Schemasysteme, die es dem Kind ermöglichen, eine konsistente Sinn- und Bedeutungswelt zu konstruieren (vgl. Rauh 2002, S. 164). Für die frühe Kindheit charakteristisch ist dabei eine Verzahnung unterschiedlicher Wahrnehmungs-, Erfahrungs- und Handlungsformen, hier das Zusammenspiel von Bewegung und Denken in einer leibgebundenen Erfahrung (vgl. Schäfer 2005). Bei 15 Monate alten Kindern spricht Largo vom Einüben von Fähigkeiten, Selbstbestimmung und Eigenkontrolle, von objektorientiertem Lernen, dem Kennenlernen der gegenständlichen und räumlichen Umwelt, vom Verständnis kausaler Beziehungen und vom Kategorisieren (vgl. Largo 2009,

Michaelis 2003). Zimmer benennt acht verschiedene Funktionen von Bewegung, wobei für unser Beispiel vor allem die personale, produktive, expressive, impressive, explorative und die adaptive Funktion bedeutsam sind (vgl. Zimmer 2010). Vor diesem Hintergrund könnte man die Tätigkeiten von Laith beispielsweise interpretieren als

- Entwicklung und Verbesserung seiner grobmotorischen Fähigkeiten durch wiederholtes Üben des Schiebens und Stapelns sowie durch Anpassen neu erworbener Fähigkeiten an unterschiedliche äußere Verhältnisse, wie hier das Leeren der Kisten, um sie besser stapeln und transportieren zu können. Laith manipuliert seine Objekte und prüft sie auf ihre Verwendbarkeit, wobei er während des Bewegens und Veränderns seines Materials hohe Anforderungen an die Auge-Hand-Koordination zu bewältigen hat. So muss er, um die Raumlage der Objekte zu verändern und Stabilität erreichen zu können, wiederholt genau beobachten und seine Bewegungen auf das sich verändernde Material abstimmen. Laith passt seine Bewegungen an die Materialien an. Er akkommodiert sein Greifschema, wenn er beispielsweise die Kistenwand nicht an seinem Durchgriff zu fassen bekommt sondern mit einem Zangengriff flach zupackt. Andererseits assimiliert er damit sein Material, er passt es an sein Schema an und verändert es in seinem Sinne (vgl. Montada 2002). Insgesamt kann eine körpersymmetrische und größtenteils systematische Koordination der Bewegungsabläufe von Händen, Armen, Kopf, Oberkörper, Beinen und Füßen während der Handhabung des Materials beobachtet werden.
- selbstbestimmtes Erproben körperlicher Anstrengung und die selbst kontrollierte Gestaltung einer Spielsituation. Selbstbestimmung und Eigenkontrolle gelten als wesentlich für die Entwicklung von Lernstrategien und Selbstwertgefühl (vgl. Largo 2009). Laith ist erfolgsmotiviert, weil er die Erfahrung von Selbstwirksamkeit macht. Er kann die Überzeugung und das Wissen entwickeln, in einer schwierigen Situation, wie dem Wegrutschen oder dem gewichtsbedingten Fallen der Kiste, sein Bewegungshandeln kontrollieren und erfolgreich anpassen zu können (vgl. Koglin/Petermann 2010).
- Verbindung unterschiedlicher sensorischer Prozesse. In seinem Explorationsverhalten betrachtet er seine Objekte (visuelle Exploration), berührt (taktile Exploration) und manipuliert sie (manipulative Exploration) (vgl. Baacke 1999).
- Ausdruck seiner Gefühle, indem er sein Handeln mit Lauten und Gesten lustvoll kommentiert. Laith äußert hier als primäre Emotion Interesse und als sekundäre Emotion Stolz, wenn er etwa am Ende der Sequenz ausdrucksvoll

die Hände reibt. Er hat mehrfach die Gelegenheit, zu spüren, wie Freude, Erschöpfung, Scheitern und Gelingen die Ausübung seiner Tätigkeit begleiten. Laith baut emotionale Kompetenz auf, indem er Emotionen mimetisch und sprachlich ausdrückt und sie im Rahmen seiner Tätigkeit reguliert (Koglin/ Petermann 2010).

- Auseinandersetzung mit verschiedenen Baumaterialien und Kennen lernen elementarer physikalischer und mathematischer Phänomene, wie der Schwerkraft, der stabilen Lage oder unterschiedlicher Größen, Gewichte und Mengen. Laith erfährt beispielsweise etwas über die Wirkung der Schwerkraft, wenn er Kisten anheben will und sie durch das Entfernen mehrerer Bausteine leichter wird. Durch kreuzweises Schichten und Justieren unterschiedlich großer Kisten bringt er sie in eine stabile Lage. Durch derartige Erfahrungen wird ein physikalisches Kernwissen inkorporiert, auf das intuitiv das ganze Leben lang zurückgegriffen wird und damit wird u. a. die Voraussetzung für das spätere Verstehen abstrakter physikalischer Konzepte geschaffen (Sodian 2002).

Spiel

In einer phänomenologischen Analyse lassen sich mindestens drei typische Merkmale des Spiels nach Oerter zeigen (vgl. Oerter 2002, S. 22 ff). Laith

- geht in seiner Tätigkeit vollständig auf, ist mit seinen Kisten, dem Entleeren, Befüllen und dem Stapeln verbunden. Bei Laith wird der Flow-Effekt sichtbar. Es kann beobachtet werden, wie etwa Material herausgenommen und hineingelegt wird, wie Stapelhandlung auf Stapelhandlung folgt, wie er der inneren Logik des Volumens und Stapelns souverän folgt. Seine Motivation veranschaulicht sich in der Handlung, aus dem flüssigen Umgang mit seinem Material. Laith scheint Meister seiner Handlung zu sein, in der er „kaum eine Trennung zwischen sich und seiner Umwelt, zwischen Stimulus und Reaktion, oder zwischen Vergangenheit, Gegenwart und Zukunft verspürt." (Csiksezentmihalyi 2005, S. 59).
- konstruiert eine eigene Realität, indem er beispielsweise nicht die Bauklötze stapelt, sondern die Kisten zu ihrer Aufbewahrung als sein Baumaterial wählt. Hier folgt er möglicherweise auch einem Schema, das er bei anderen Kindern vorher beobachtet hat.
- stapelt exzessiv. Laith's wiederholt das Befüllen, Entleeren und Stapeln performativ, das Volumen- und Stapelphänomen wird in verschiedenen Varianten durchgespielt und damit gegenüber der Alltagswirklichkeit überhöht. Hier

geht es ihm um das Prozessieren eines Vorganges um seiner selbst Willen (vgl. Wulf, Zirfas 2007).

In Laith's Aktivität können typische Merkmale des sensumotorischen, des explorativen Spiels und des Konstruktionsspiels beschrieben werden. So hat Laith Freude an der Bewegung des Hebens und Transportierens. Er untersucht intensiv sein Material und seine Eigenschaften. Als er beispielsweise beim Anheben der Kiste scheitert, stellt er fest, dass sich noch Bauklötze darin befinden. Er entfernt die Bauklötze aus der Kiste, um sie wieder anheben zu können. Aus der Perspektive eines Konstruktionsspiels stapelt er die Kisten zielgerichtet und mehrfach zu einem vertikalen Gebilde. Er untersucht systematisch den Zusammenhang zwischen Volumen, Gewicht und Stabilität.

Das explorative Verhalten Laith's verweist darauf, dass Kinder einen angeborenen Drang haben, ihre Umwelt neugierig zu erforschen. Kindliche Neugier wird geweckt und bleibt erhalten, wenn sich Kinder aktiv in ihrer Umwelt betätigen können (vgl. Largo 2009, S. 206 ff.). Laith findet eine Situation vor, die er aktiv gestalten kann, die Erzieherin ist anwesend, greift aber nicht in die Spielhandlung ein. Das Spielmaterial ist reichlich vorhanden und altersangemessen. Er kann selbst auswählen, mit welchem Material er spielt und wie er es nutzt. Er kann bis an die Belastungsgrenze seiner aktuellen Kraft gehen und sein Handlungsrepertoire schrittweise erweitern, in dem er beispielsweise lernt, große Kisten durch den geschickten Einsatz aller Körperkräfte schrittweise anzuheben. Diese Sequenzen erinnern zuweilen an die ausgefeilte Hebe- und Stemmtechnik eines Gewichthebers.

Schemata

Das Spiel Laith's zeigt typische Merkmale eines altersspezifischen Lernens. Largo beschreibt für die Altersgruppe der 15–18 Monate alten Kinder das Inhalt/Behälter- und das Stapelspiel (ebd.):

Laith schiebt die Kisten hin und her, er räumt Bauklötze aus den Kisten heraus und wieder hinein. Er setzt sich damit auseinander, dass ein Gegenstand in einem anderen sein kann und stapelt Gegenstände und erfährt dabei die vertikalen Dimensionen seiner Kisten auf unterschiedliche Art und Weise. Diese Interpretation deckt sich mit dem in Anlehnung an Piaget entwickelten Schemaansatz (vgl. Wilke 2004). Schemata haben einen dynamischen und einen konfigurativen Aspekt. Laith stapelt Kisten, konstruiert vertikale Gebilde und beschäftigt sich mit dem Befüllen und Leeren seiner Kisten. Durch derartige Verhaltensmuster entdecken und kategorisieren Kinder ihre Umwelt. Hier lernt Laith etwa durch sensomotorisches Handeln – er provoziert sinnliche Resonanzen und sequenziert seine Handlungsabläufe in verschiedene Phasen des Sichtens, Entscheidens und Bewegens unterschiedlicher Materialien. Als symbolische Repräsentation fungieren die Kisten als kategoriale Bestandteile elementarer Erfahrung von Vertikalität, Stabilität und Symmetrie, von Schwerkraft und Schwerpunkt. Im performativen Akt des Stapelns erfährt Laith funktionale und kausale Auswirkungen seiner Handlungen auf die Umwelt (vgl. Whalley 2008).

Ästhetische Erfahrung und Kreativität

Kinder bewegen sich in einem anhaltenden Prozess des Erzeugens, Verstehens und Teilens von Bedeutung, und zwar von Anfang an. Was bedeutsam ist, wird ausgehandelt: zwischen dem Individuum, den Dingen und anderen Menschen (vgl. Tomasello 2009). Bedeutung erzeugen, verstehen und aushandeln – auf diese Weise beschäftigen sich schon Säuglinge tagtäglich mit ihrer Umwelt. Neugierig lernen Kinder, mit sich und den Phänomenen ihrer Umgebung umzugehen. Sie sind Experten für ein Wissen aus erster Hand, wie Gerd Schäfer treffend bemerkt (vgl. Schäfer 2008). Laith's spielerische Konstruktionstätigkeit stellt eine ästhetische Erfahrung aus erster Hand dar. Gemeint sind Erfahrungsprozesse, in denen auf der Grundlage sinnlicher Erfahrung innere Modelle von Szenen, Konstruktionen und Bilder entstehen (vgl. Schäfer 2005). Laith entdeckt bzw. nutzt die Kisten als Konstruktionsmaterial und erprobt neugierig die Möglichkeiten des Aufeinanderstapelns. Dabei greift er vermutlich auf schon vorhandene Erfahrungen zurück, die er mit den Bauklötzen oder anderen Materialien gesammelt hat. In dieser ästhetischen Erfahrung geht es aber weniger um ein imaginäres Phantasiespiel, sondern um eine experimentelle, systematische Form der Gestaltung mit seinem Material. Schäfer spricht von einer ästhetischen Erfahrungsbildung, die in einer Differenzierung und Anreichung von Wahrnehmungs- und Vorstellungsbildern sowie der Bildung einer sinnlichen Ordnung der Wirklichkeit besteht. Das ästhetische Denken bezeichnet er als ebenso bedeutsam für die frühe Kindheit wie das urteilende Denken, wobei er ästhetisches Denken als Voraussetzung für die urteilende Deutung der Welt ansieht. Peez beschreibt die Strukturmomente ästhetischer Erfahrung allgemein u.a als Aufmerksamkeit, Interesse, Offenheit, Neugier, Versunkensein, Staunen, Überraschung, Anregung und Wahrnehmungsgenuss (vgl. Peez 2005).

In dieser Perspektive besteht die ästhetische Erfahrung Laith's bsplw. darin, ausgehend von der sinnlichen Wahrnehmung des Rollens, Schiebens und Stapelns der Kisten schrittweise eine Vorstellung davon zu entwickeln, wie durch wiederholtes Übereinanderschichten gleicher oder ähnlicher Materialien ein vertikaler und ein für ihn veränderliches Gebilde entsteht. Dabei geht er offensichtlich mehrfach und engagiert an seine physische Belastungsgrenze.

Laith zeigt hier Freude am zweckfreien Manipulieren seines Materials: die an sich für die Aufbewahrung der Holzbausteine gedachten Kisten sind sein Baumaterial. Hier sind kreative Züge erkennbar wie etwa das Umdeuten eines Materials. Aus Kisten werden große Bauklötze. Laith erzeugt einen neuen Bedeutungsraum, in dem er neues Baumaterial entdeckt und die Situation manipuliert. Auch wenn er diese Bedeutungsverschiebung möglicherweise lediglich nachahmt bleibt sie genuin kreativ. Wir sind Zeugen eines produktiven Denkens, in dem er sich selbst eine Herausforderung stellt und lernt Probleme auf originelle Art und Weise zu lösen (vgl. Schäfer 2005; Funke 2008; Fink 2008, Brügel 2002).

Laith bewegt sich flexibel in einem von ihm selbst hergestellten Anforderungsraum. Auf 3 qm Spielfläche lotet er aus, wo Kisten stehen, vergleicht sie und erprobt, wie er das Stapeln unterschiedlicher Kisten bewältigen kann. Dabei nutzt er zufällige Effekte ebenso, wie die von ihm kontrollierten Abläufe. Sein Handeln lässt auf Anteile divergenten und konvergenten Denkens schließen. Sein exploratives Verhalten wirkt offen für das, was ihm aus der Situation heraus widerfährt und er verhält sich entsprechend spielerisch-locker im Umgang mit den Dingen und den Umständen. Was nicht passend ist, wird passend gemacht. Das erinnert an das von Levi-Strauss beschriebene Phänomen des Bastelns. Der Bastler Laith findet Bedeutung, Ordnung und Sinn seiner selbst erzeugten Kisten-Raumkonstruktion in einem Prozess des Wechsels zwischen intuitivem Kombinieren und systematischem Vorgehen. Die Welt seiner Mittel ist begrenzt, und die Regel seines Spiels besteht darin, jederzeit mit dem auszukommen, was er gerade zur Hand hat. Die Situation pendelt dynamisch zwischen zufälligen, unstrukturierten Phasen und immer wieder von ihm hergestellten systematischen Ordnungen. Insgesamt ist er dabei ausdauernd und leidenschaftlich. Er hält durch und kommentiert durch selbstbewusstes gestisch unterstütztes Lautieren. Zusammenfassend trifft hier auch zu, was Gregory Bateson als zirkuläres, primärprozessartiges Denken bezeichnet hat, in dem sinnliche, bewusste, intuitive, individuelle und kulturelle Denkformen und Ordnungsmuster miteinander in Beziehung gesetzt werden (vgl. Bateson 1999).

Entdeckendes Lernen und Kognition

Aus der Perspektive der kognitiven Entwicklung und des entdeckenden Lernens können in Laith's Lernprozess nach Bruner zunächst mindestens zwei Aspekte der Wissensbildung vermutet werden: Das enaktive und das ikonische Wissen. Laith erprobt und konstruiert durch raumgreifendes Schieben und Stapeln vertikale Schichtungen. Hier erfährt er die Phänomene zunächst vorrational, durch sinnlich-handelnde Erfahrung. In der Wiederholung und Systematisierung bilden sich schrittweise kognitive Schemata, wie die regelmäßige Struktur gestapelter Bauteile und das Vertikale als ein nach oben wachsendes Phänomen. Als Form des entdeckenden Lernens lassen sich nach Dewey die typischen Merkmale und Prozessschritte erkennen (vgl. Bohnsack 2003). Laith erwirbt seine Erkenntnisse über Kisten und das Stapeln in einem Erfahrungsprozess, indem er das Material aufbaut und sein Wissen „ interaktiv durch ein untersuchendes, neugieriges, experimentierendes Verhalten konstruiert wird." (vgl. Reich 2008, S. 71 ff.) Laith's Lernen kann als ein aktiver Vorgang begriffen werden, der äußere Wirklichkeit nicht abbildet sondern in der Handlung selbst herstellt. Dabei stößt er mehrfach auf unerwartete Hindernisse, erprobt mögliche Varianten, etwa des Schiebens und Hebens, und löst schließlich auf pragmatische Art und Weise seine Schiebe-, Stapel-, Balance- und Schwerkraftprobleme, als „learning by doing". Laith wechselt zudem etwa seine Strategie des Hebens, in dem er bspw. nach dem Scheitern des Anhebens die Bauklötze aus der Kiste entfernt und dadurch das Gewicht verringert. Ein Strategiewechsel wird als klares Anzeichen eines gezielten Problemlösens angenommen (vgl. Oerter/Dreher 2002).

Das in diesem Lernprozess beschriebene elementare Sortieren, Selektieren und Klassifizieren erzeugt geordnete kognitive Strukturen. Indem er mit seinen Kisten konstruiert, bearbeitet Laith seine kognitiven Anlagen (vgl. Bruner 2008). Zweck-Mittel Bereitschaft, Transaktionalität, Systematik, Fähigkeit zu Abstraktion und Fähigkeit zum Vorhersehen von Abläufen in der Umgebung (z. B. als Objektpermanenz) werden in der Interaktion mit dem Material vertieft. Hier trainiert Laith seine Fähigkeit zum systematischen und symbolisch-abstrakten Denken, was etwa als Vorläuferkompetenz für die sprachliche Entwicklung bedeutsam ist. Mit dem Bewältigen komplexer, nicht-sprachlicher Aufgaben wächst auch die Sensibilität für strukturierte symbolische Systeme, für grammatikalische Modulationen und Bedeutungsverweise (vgl. Bruner 1971, 2008). Sein Handeln klassifiziert sein Material also nach Menge, Form und Raum: Zwei, drei Kisten übereinander geht nach oben, ist halb so groß wie ich. Auf diese Weise strukturiert er den Raum und die Zeit als leibliche Kategorien und wird dadurch in die

Lage versetzt, sich diese Situation vorzustellen und ggf. seine Erfahrungen auf andere Situationen zu übertragen.

Nach diesen grundlagentheoretischen Überlegungen zur motorischen Entwicklung, zum Spiel, zur ästhetischen Erfahrung und zur kognitiven Entwicklung soll nun kurz skizziert werden, wie sich die beobachteten Handlungsschritte Laith's in gängige Kompetenzmodelle bzw. in die im Niedersächsischen Orientierungsplan beschriebenen Lernbereiche und Erfahrungsfelder einordnen lassen.

Kompetenzmodelle und Orientierungsplan

Der Niedersächsische Orientierungsplan für Bildung und Erziehung unterscheidet Bildungsziele in neun Lernbereichen und Erfahrungsfeldern. Die Autoren betonen aber auch, dass es in der Reflexion und Umsetzung der Bildungsziele darum geht, Bildungsziele stets in mehreren Bereichen zugleich zu verfolgen (vgl. Niedersächsisches Kultusministerium 2005). Die Rekonstruktion von Laith's Handlungen auf der Grundlage theoretischer Vorüberlegungen hat entsprechend deutlich gemacht, dass Laith's Lernerfahrungen nur im Zusammenspiel unterschiedlicher Lernfelder interpretiert werden können.

In dieser Perspektive können für die Interpretation von Laith's Kompetenzniveaus unterschiedliche Kompetenzdimensionen in ihrer Verschränkung berücksichtigt werden, wie beispielsweise

- emotionale Kompetenzen wie Freude, Ausdauer sowie emotionale Regulations- und Ausdruckfähigkeit;
- kognitive Kompetenzen wie das Wahrnehmen von Formen symbolischer Ordnungen, etwa als Sensibilität für strukturierte zeitliche und räumliche Sequenzen, als das vorbegriffliche Unterscheiden von elementaren Zuständen, Formen, Mengen, Reihenfolgen und Relationen;
- differenzierte Kompetenzen beim Erleben und Gestalten komplexer grob- und feinmotorischer Bewegungsmuster;
- mathematische und physikalische Vorläuferkompetenzen, die sich im experimentellen und ausdauernden Erproben unterschiedlicher Gewichte und Mengen herausbilden.

Diese Unterscheidung verschiedener Kompetenzniveaus und die Berücksichtigung ihres Zusammenspiels sollen eine genauere Einschätzung des Entwicklungsstandes von Kindern ermöglichen, um das pädagogische Handeln von Fachkräften bei der Herausforderung, Begleitung und Unterstützung von Kindern fachlich begründen und steuern zu können. Allgemeine Orientierungsmodelle wie etwa die Engagiertheit und das Wohlbefinden im Leuvener Modell (vgl. Laevers, 1997) oder die Lerndispositionen „Interessiert sein", „Engagiert sein", „Standhalten bei Schwierigkeiten", „Sich ausdrücken und Mitteilen" sowie „An der Lerngemeinschaft teilnehmen" des Neuseeländischen Verfahrens der Lerngeschichten (vgl. Leu 2007, Neuß 2009) werden damit sinnvoll ergänzt. Mit Blick auf die theoretischen Grundlagen, das Bildungsverständnis von Orientierungsplänen und die einschlägigen Modelle zur Beobachtung und Dokumentation von Bildungsprozessen stellen Kompetenzmodelle ein fachwissenschaftlich begründetes und komplexes Desiderat dar, mit dem sich Fachkräfte in der Praxis derzeit auseinandersetzen müssen.

4.2 Film 2: „Außengelände"

Quelle: Leu, H. R. et al. (2007): Bildungs- und Lerngeschichten. DVD. Weimar, Berlin: verlag das netz.

4.2.1 Situationsbeschreibung

Die Videosequenz besteht aus einem Ausschnitt des DJI Originalfilms von 2 Min. und 43 Sek. ab dem Anfang der Originalsequenz, als durchgehende Aufnahme ohne Schnitte. Der Fokus der Videosequenz richtet sich auf Lena, 3,0 Jahre. Außer Lena sind im Ausschnitt noch weitere Kinder zu sehen, die mit einem normalen Dreirad und einem Dreirad mit Ladefläche unterwegs sind. Lena läuft im Außengelände einer Kita umher. Sie hat Winterkleidung an: eine Thermo- oder Skihose, einen Anorak und eine an den Seiten halbgeschlossene Wollmütze mit herunterhängenden Bommeln. Für diese Sequenz wurde eine mitlaufende Kameraperspektive gewählt. Sie zeigt Lena schräg von oben, etwa aus der Blickrichtung eines Erwachsenen. Sie wird abwechselnd aus allen Richtungen gezeigt (Seite, vorne, hinten), meistens jedoch von der Seite und von hinten. Die Folge ist, dass man ihr Gesicht oftmals nicht sieht, was durch die Mütze noch verstärkt wird. Ebenso sind Details der Körperhaltung nur grob zu erkennen. Lena hat in der rechten Hand ein Plastikförmchen, das halb mit Sand gefüllt ist und das sie die ganze Zeit über mit sich führt.

Die Sequenz wurde ausgewählt, weil sie zum einen eine typische und zum anderen auch eine im Hinblick auf konkrete Lernoperationen eher schwer einschätzbare Situation im Kindergarten zeigt. Kinder beobachten oftmals und aus unterschiedlichen Gründen andere Kinder und Spielsituationen und es erschließt sich nicht gleich, welche Effekte damit verknüpft sind. Im Unterschied etwa zu sprachlichen Interaktionen mit anderen Kindern in einem Spielverlauf oder in Gestaltungsprozessen mit Materialien, kann sich die Interpretation des Verhaltens nur auf wenige, eindeutig beschreibbare Merkmale wie Aufmerksamkeit oder Beteiligung stützen. Es stellt daher eine besondere Herausforderung für Fachkräfte dar, die Tätigkeit des Herumlaufens und Beobachtens in einen Zusammenhang mit Bildungs- und Lernprozessen zu stellen und auf der Grundlage fachwissenschaftlicher Konzepte einzuschätzen.

4.2.2 Rekonstruktion der Handlung

Die Situation beginnt damit, dass Lena auf einem parallel zum Haus verlaufenden Steinplattenweg im Laufen stehen bleibt, während ihr ein anderes Kind auf einem Dreirad auf einem 1 m schmalen Weg entgegen kommt (00:01). Dabei schaut sie zu dem entgegenkommenden Kind hin und hält das Förmchen leicht nach vorne in einem Winkel von 45°. Während das andere Kind rechts an ihr vorbeifährt, wendet sie ihren Blick auf ihr Förmchen, dreht es in eine fast waagerechte Lage und geht, ihr Förmchen fest im Blick, zunächst weiter. (00:03) (Print 25 und 26).

Print 25

Print 26

Nach 2 Sekunden wendet sie ihren Blick vom Förmchen weg nach rechts und schaut vermutlich zu anderen Kindern, die allerdings nicht zu sehen, aber zu hören sind (00:13).

Auf diese Weise geht sie beobachtend einige Meter weiter und erreicht nun zwei andere Kinder (Anja und Michele), die auf einem Dreirad mit Ladefläche auf der Steinterrasse spielen. Lena wendet ihren Kopf im Weitergehen kurz zu diesen Kindern, bleibt dann plötzlich vor einer quer über die Steinplattenterasse verlaufende Ablaufrinne stehen. Der in die Steinplatten eingearbeitete Ablauf weist eine leichte Vertiefung auf, in der sich vermutlich schuppenartige Steinreste und andere Ablaufrückstände gesammelt haben. Lena schaut wieder nach vorne bzw. auf ihren Weg (00:21). Nach einer Sekunde geht sie weiter und weicht der Ablaufrinne nach rechts aus. Sie bleibt dann auf Höhe des Ablaufes seitlich davon stehen und beobachtet ein Geschehen, das sich offenbar vor ihr abspielt (und sich kurz darauf als ein entgegenkommendes Dreirad herausstellt). Die links von ihr spielenden Kinder sind zunächst nicht in ihrem Blick. Nach 4 Sekunden wendet sie den Blick nach links zum Spielgeschehen auf dem Dreirad. Inzwischen ist das Förmchen wieder auf 45° abgewinkelt und ein weiteres Kind erreicht die Gruppe auf dem Dreirad (00:33) (Bild 27 und 28).

Print 27

Print 28

Nun wendet sich Lena auch, mit dem Körper etwa 45° nach links gedreht, dem Geschehen zu, geht etwas weiter auf die Terrasse und bleibt schließlich unmittelbar vor dem Geschehen stehen. Kopf und Körper sind der Szene zugewandt. Das Kind, das sich auf der Ladefläche des Dreirads befindet, schaut kurz zu Lena auf, um sich dann wieder mit dem Abstoßen zu beschäftigen. Das andere Kind wendet sich zu dem hinteren Kind und ruft „auf die Plätze" und fährt dann mit Unterstützung des anderen Kindes los an Lena vorbei. Schließlich folgt Lena, nun etwas schneller als vorher laufend, der Dreiradgruppe, die sich weiter auf den Steinplatten fortbewegt. Schließlich kommt sie wiederum vor einem Regenablauf zum stehen, weicht nach rechts auf den Rasen aus, um einem von vorne kommenden

Kind auf einem Dreirad Platz zu machen. Dabei beobachtet sie das entgegenkommende Kind kurz, indem sie den Kopf leicht nach links wendet, um dann aber sogleich wieder ihren Blick auf das andere Geschehen, das sich vor ihr abspielt, zu richten (1:04) (Bild 29, 30 und 31).

Print 29

Print 30

Print 31

Print 32

Hier verharrt sie 3 Sekunden, betritt wieder die Terrasse und wendet den Blick zu einer Kindergruppe (2 Kinder), die auf ihrer rechten Seite im Abstand von ca. 2 Metern an ihr vorbeiziehen. Dabei dreht sie nicht nur den Kopf, sondern auch den Oberkörper leicht in Richtung der Kinder und verharrt beobachtend einige Sekunden in dieser Stellung (Print 32) (01:10). Die Kamera zoomt hier das Gesicht von Lena für 3 Sekunden zur Großaufnahme. Dann wendet sie sich von dieser Szene ab, dreht sich wieder in die ursprüngliche Laufrichtung und geht weiter in Richtung der zum Stehen gekommenen Dreiradgruppe. Inzwischen hält

Lena auch ihr Förmchen in der 45° Stellung, ohne es offensichtlich aber weiter zu beachten. Hier wechseln die Kinder gerade die Rollen von Fahrer und Beifahrer. Lena kommt rechts neben dem Dreirad zum Stehen, wo die neue „Fahrerin" gerade damit beschäftigt ist, zwei Eimerstelzen (Plastikeimer mit einem daran befestigten Band) am Lenker zu fixieren. Dazu ruft das Mädchen lang gezogen „es häääl" aus. Das andere Mädchen auf der Trittfläche schaut kurz zu Lena herüber (01:28).

Print 33

Print 34

Dann wendet sich Lena nach hinten bzw. links, weil ein anderes Kinder auf einem Dreirad zu ihnen stößt und zum Stehen kommt. Das Kind auf dem Trittbrett steht auf und nimmt dem anderen Kind ein um den Hals hängendes Papierschild ab (1:33) (Print 34).

Hier geht es offenbar um die Auslegung von Eigentumsfragen bzw. die Leihzeiten der Fahrzeuge: „Schneller" und „Ich möchte auch mal rankommen" ist zu hören. Ein inzwischen auf einem Dreirad angekommenes Kind stellt sich neben das andere Dreirad und kommentiert: „Aber du hast das ja nur bis *drei Uhr* (? etwas unverständlich) geliehen". Antwort aus dem off: „Aber trotzdem ist es meins – Juhuh." Weitere, aber nicht zu verstehende Kommentare folgen. Lena beobachtet diese Szene, sie richtet ihren Blick auf die Kinder und auf eine nicht sichtbare andere Aktivität. Die Kamera geht nun auf Nahaufnahme von Lenas Gesicht. Sie schaut zunächst noch in Richtung der sich nähernden Aktivitätsquelle die sich als ein weiteres Dreirad herausstellt, das an der Gruppe links zwischen Lena und den anderen Dreirädern vorbeifährt. Dabei tritt Lena kurz zurück um Platz zu machen (01:50). Anschließend wendet sich Lena den verblieben Kindern zu, die immer noch dort stehen, wo sie vorher angekommen waren.

Print 35

Print 36

Das linke Kind steigt währenddessen ganz von seinem Dreirad ab und setzt sich seitlich in Lenas Richtung hin. Sie beobachtet offensichtlich Lena. Deren Kopf ist auch in ihre Richtung gewendet, wechselt aber auch zu einem anderen Kind, das gerade rechts auf dem Rasen an ihr vorbeirennt und laut ruft: „Tina, Tina" (01:56).

Print 37

Nun geht die Kamera um 45° rechts um Lena herum, vermutlich, um ihren Blick einzufangen. Die beiden kleineren Dreiradfahrerinnen setzen nun ihre Fahrt langsam fort, ziehen dicht an der Kameraposition vorbei, gefolgt von Lenas Blicken. Lena dreht sich in Richtung der wegfahrenden Kinder. Sie hält den Blickkontakt zu den Kindern. Die Kamera geht auf Großaufnahme, so dass man erkennen kann, dass Lena nach ein paar Sekunden ihren Mund für einen Moment zu einem leichten Lächeln bewegt (Print 37). Kurz darauf schaut sie kurz in die Kamera, um sich dann aber wieder den Kindern zuzuwenden und ihren Weg fortzusetzen (02:28). Das mit Sand gefüllte Förmchen in der rechten Hand ist nach wie vor dabei, wird leicht bis 45° abgewinkelt von Lenas rechter Hand festgehalten, aber, wie schon mehrfach zu beobachten, kaum weiter beachtet.

Lena geht nun parallel zu den Steinplatten auf dem Rasen in Richtung des inzwischen einige Meter weiter wartenden Dreiradkindes, mit dem sie gerade kurz zuvor Blickkontakt hatte. Sie geht auf das Kind zu, schaut kurz auch zu ihr, scheint sich aber für etwas zu interessieren, was links hinter dem Kind passiert. So geht sie von rechts an dem wartenden Kind vorbei, läuft um sie herum und schaut weiter nach links, zu dem nicht sichtbaren Beobachtungsgegenstand. Das Dreiradkind steht nun auf und schiebt ihr Dreirad demonstrativ um Lena herum, so dass sie Lena ins Gesicht schauen kann. Lena erwidert diesen Kontaktversuch aber nicht. Sie schaut offensichtlich weiter woanders hin. Danach geht Lena weiter auf dem Weg, der hier rechts abbiegt (02:53) (Bild 38 und 39).

Print 38

Print 39

4.2.3 Interpretation

Zusammenfassend verweisen die beobachtete Situation und Lenas Verhalten auf differenzierte Formen der Beobachtung, der Wahrnehmung, des Modellernens, auf kognitive Aktivität und performative Phänomene. Für die Interpretation der Videosequenz bedeutsam wären damit Bezüge zu entwicklungs- und wahrnehmungspsychologischen Konzepten sowie zu erziehungswissenschaftlichen Theoriemodellen wie

- der selektive Aufmerksamkeit als eine zielgesteuerte Auswahl von Umweltreizen,

- dem Modelllernen als Form des aktiven Anteilnehmens am Lernen in Gemeinschaften,
- der „Theory of Mind" als Begreifen von Überzeugungen, Wünschen und Absichten bei sich und anderen,
- der kognitive Perspektivenübernahme als Fähigkeit, sich in die Gedanken und die Perspektive anderer hinein zu versetzen,
- und dem Performativen als Ausdruck einer sinnlich-körperlichen Darstellung und ihrer Rezeption.

Beobachtung, Wahrnehmung und Aufmerksamkeit

Beobachten als neuronale Aktivität ist eine wesentliche Voraussetzung des Lernens. Im Wechsel von gerichteter und nicht gerichteter Aufmerksamkeit dient die Wahrnehmung über die Nah- und Fernsinne dazu, die Umwelt zu erkunden und uns über bedeutsamen Eigenschaften der Umwelt zu informieren (vgl. Zimbardo/Gierrig 2004; Goldstein 2002; Schäfer 2005). Die Fähigkeit des selektiven Wahrnehmens ist eine Voraussetzung für die Steuerung von Handlungen und in der Altersgruppe der Dreijährigen in der Regel gut entwickelt (Michalis 2003, Largo 2009, Beller 2006). Im Videosequenzbeobachtet Lena beispielsweise spielerisches und soziales Handeln anderer Kinder beim Dreirad Fahren. Was Erwachsenen selbstverständlich scheint, muss von Kindern gelernt und fortlaufend verfeinert werden. So lernt Lena mittels selektiver Wahrnehmung beim Beobachten Grundlegendes, etwa

- über die unterschiedlichen Dreirad-Arten und die damit zusammenhängenden funktionalen Nutzungsformen: Dreiräder für ein Kind das sich im Sitzen mit den Füßen abstößt sowie Dreiräder, die von zwei Kindern gemeinsam genutzt werden können (vorne Pedale treten – hinten auf einer Plattform stehen oder sitzen),
- über die sozialen Regelsysteme der Kinder beim Aushandeln der Nutzungsformen, wenn sie Kinder dabei beobachtet, wie sie die sozialen Rollen beim Fahren des großen Dreirades wechseln oder wie zwischen großen und kleinen Kindern ein Streit über die Nutzungsdauer der Dreiräder geführt wird;
- zeitliche und räumliche Abfolgen und die Zeitdauer während des Spiels mit den Dreirädern. So kann sie z. B. die unterschiedlichen Geschwindigkeiten und Nutzungsmöglichkeiten in Abhängigkeit von der Bauart der Dreiräder erleben;

- über die Wahrnehmung selbst. Sie unterliegt einem Veränderungsprozess, in dem ständig nachjustiert, differenziert und ausgewertet wird. Indem Lena zuschaut, erkundet sie nicht nur ihre Umgebung, sondern verknüpft die äußeren Reize systematisch zu Informationen unter Beteiligung unterschiedlicher emotionaler, motivationaler und kognitiver Schemata und Themen in einem komplexen top-down- und bottom-up-Prozess (vgl. Goldstein 2004). Themen könnten aktuell die Nutzung der Steinplattenwege, der Dreiräder, die Regeln und Aushandlungssysteme der Kinder, das eigene Befinden oder Formen der Kontaktaufnahme sein. In jedem Fall ist davon auszugehen, dass vorhandenes Wissen überprüft und ergänzt wird.

Modellernen (Bandura) und Imitation

Im Hinblick auf das Beobachtungslernen am Modell (Zimbardo/Gerrig 2004; Bandura1977) verschafft sich Lena zunächst einen Überblick über die komplexen Zusammenhänge im Spiel der verschiedenen Kinder beim Dreirad Fahren auf den als Fahrtrassen benutzten Steinplatten. Lefrancois nennt vier Stufen des Beobachtungslernens: Aufmerksamkeitsprozesse, Behaltensprozesse, Reproduktionsprozesse und Motivationsprozesse (vgl. Lefrancois 2006; S. 312 ff.). Ihr Aufmerksamkeitsprozess richtet sich darauf, wie die Kinder in diesem Kindergarten Dreirad fahren, wie sie im Konfliktfall handeln, welche Konsequenzen etwa dieses Handeln der Kinder hat und was sie dabei erleben. Die unterschiedlichen Aspekte ihrer Beobachtung könnten Lena später im Sinne eines Modells dabei helfen, eigene Spielstrategien in Reproduktions- und Motivationsprozessen zu entwickeln bzw. sich am Spiel der Kinder zu beteiligen (Lernen durch Imitation, Modelleffekt). Sie beobachtet Verhaltensmuster anderer Kinder im Umgang mit den Dreirädern, um für sich selbst Möglichkeiten des Handelns und der Kontaktaufnahme zu finden.

Auf der Grundlage der Theorie der Spiegelneurone würde man sagen, dass Lena schon allein durch Beobachtung des Dreirad Fahrens und der damit verbundenen Situationen, Interaktionen und Handlungen etwas über diese Themen lernt, obwohl sie nicht unmittelbar teilnimmt. Denn würde man ihre neuronalen Aktivitätsmuster hier messen können, so würden diese Messergebnisse genau dieselbe Aktivität zeigen, die auftreten würde, wenn sie direkt an der Spielhandlung teilnähme. Lena bezieht sich in ihrer Beobachtung sensorisch, emotional und motorisch auf die beobachtete Situation, sie imitiert neuronale Muster, ohne selbst motorisch und interaktiv unmittelbar aktiv zu werden. Dieses Lernen durch Zuschauen verbessert etwa die Vorstellung und das Wissen darüber, was die anderen Kinder gerade tun (vgl. Spitzer 2006). Schon Wygotski hat dazu bemerkt, dass innere Handlungen unlösbar mit äußeren Handlungen verbunden sind. „Indem das Kind wünscht, führt es aus, indem es denkt, handelt es." (Wygotski 1980). Das Zuschauen Lenas, als inneres Denken über das Geschehen auf den Steinplatten, kann als ein mitführendes Handeln verstanden werden.

Theory of Mind

Ein in diesem Zusammenhang wichtiger Aspekt der kognitiven Entwicklung ist die Fähigkeit der Perspektivenübernahme. Für Kinder ist es bedeutsam, sich Wünsche, Absichten und Gefühle anderer vorstellen zu können, um gemeinsam handeln und Bedeutung konstruieren zu können. Intuitive Annahmen über Absichten und Überzeugungen von handelnden Personen bilden das Grundgerüst für komplexe Interpretationen menschlichen Verhaltens in alltäglichen Situationen (vgl. Sodian 2002). Diese Fähigkeit wird auch als die „Theory of Mind" bezeichnet: das Begreifen und Erkennen mentaler Zustände wie Überzeugungen, Wünsche und Absichten bei sich und anderen (vgl. Petermann, Niebank, Scheithauer 2004; Tomasello 2009)

Lena beobachtet die anderen Kinder und lernt bei der Konfliktsituation etwas über das Denken, Handeln und Fühlen der anderen Kinder. Sie beobachtet etwa die unterschiedlichen Gefühle anderer Kinder beim Streit um die Reihenfolge und den Besitz der begehrten Dreiräder. Indem sie sich beim Beobachten in die Perspektiven der anderen Kinder hinein versetzt, kann sie möglicherweise unterschiedliche Rollen, Absichten und Gefühlszustände besser verstehen und damit auch für sich selbst Situationen und Handlungen besser einschätzen. Sie erlebt in der Beobachtung der Interaktionen der Kinder, dass die Reaktionen und Entscheidungen der Kinder von ihren Zielen und Absichten abhängig sind (vgl. Sodian 2002). Über dieses Wissen muss Lena verfügen, um sich in die Gruppe und weitere Spielhandlungen integrieren zu können.

Performanz

Der Ansatz des Performativen betont den interaktiven Aspekt von Handlungen, den körperlich-mimetischen Ausdruck sozialen Handelns, das In-Szene-Setzen und den Ereignischarakter sozialer Prozesse. Für die performative Perspektive auf Bildungsprozesse stellt die Frage, was Handlungen zeigen, wie sie sich dabei sinnlich vollziehen, wie sie in Wirklichkeiten eingreifen und diese verändern (vgl.

Wulf/Zirfas 2007). Soziales und kulturelles Handeln wird etwa mimetisch-performativ wahrgenommen, wenn das Handeln der Akteure unter dem Gesichtspunkt seiner körperlich-materiellen Durch-, Aus- und Aufführung betrachtet wird. Was ist also performativ am Verhalten Lenas und an den von ihr beobachteten Situationen?

Lena beobachtet, wie Kinder die terrassenartigen Wege als straßenartige Trasse für ihre Dreiräder benutzen. Sie selbst nutzt diese Trasse zum Laufen dieser Wege, indem sie das Geschehen im wahrsten Sinne des Wortes ver-folgt und be-gleitet. Das Verfolgen und Begleiten geschieht höchst konzentriert und ist Teil einerwechselseitigen Bezugnahme von Akteuren und Zuschauern. Lena bewegt sich gemeinsam mit den Akteuren in einem synchronen Rhythmus, wobei beide miteinander kommunizieren. Wenn gefahren wird, geht sie; wenn jemand entgegen kommt weicht sie zur Seite aus; wenn angehalten und diskutiert wird, bleibt sie stehen und schaut der „Aufführung" anderer zu. Die Akteure bemerken das Zuschauen und reagieren ebenfalls mit Zuschauen. In jedem Fall kommunizieren alle Akteure miteinander über nonverbale, sinnlich-körperliche Reaktionen wie das Drehen des Kopfes oder das Umsetzen auf dem Dreirad. Lena bewegt sich in der Rolle eines aktiven Zuschauersauf einer Bühne mit den anderen. Sie wird zum unmittelbar dabei stehenden Publikum, wenn vier Kinder über die Regeln des Dreirad Fahrens streiten, gewinnen und verlieren.

Die sozialen Interaktionen und Spielhandlungen werden für sie hier performativ, in ihrer körperlich-sinnlichen Durch-, Aus- und Aufführung mehrdimensional erfahrbar. Dabei scheint sie die ganze Zeit über hochkonzentriert und in das Geschehen rezeptiv vertieft zu sein. Das beständige, leicht schräge Halten des Förmchens in der rechten Hand ist ein Indiz für diese Vertiefung. Sie schaut nur am Anfang der Szene einmal kurz auf das Förmchen und korrigiert dessen Stellung, um es sogleich wieder für den Rest der Sequenz zu vergessen. Das erinnert zudem an das Flow-Erleben: Lena erlebt die Handlung vermutlich als einen Prozess einheitlichen Fließens, von einem Augenblick zum nächsten, und ist vollständig konzentriert.

Die vorher beschriebenen Aspekte des Modelllernens, der selektiven Aufmerksamkeit und der Perspektivenübernahme erhalten unter diesem Gesichtspunkt eine sinnlich-ästhetische Plausibilität. Soziale Interaktionen und Spielhandlungen erschließen sich für Lena nicht als abstrakte Gebilde sondern werden ereignisartig erzeugt und als sinnlich-körperliche Vollzüge wahrgenommen. Nicht abstrakte Begriffe wie „So fahren wir hier Dreirad" oder „Das sind die Regeln" sind entscheidend für Lena. Entscheidend ist die sinnlich-körperlich erlebte Inszenierung des Dreirad Fahrens und des kommunikativen Streitens anderer

Kinder. Sie erlebt eine ästhetische Qualität in der aktiven Teilnahme an einem unkalkulierbaren und spannenden Arrangement Dreirad fahrender und herumrennender Kinder. „Wie können wir ‚lernen', auf Verheißungsvolles zu achten? Das hat auch mit leiblichem Spüren zu tun, mit dem Genuss und der Spannung, wenn wir in die Nähe solcher Augenblicke kommen, wenn wir uns fragen: was führt weiter?" (Stenger 2007; S. 69)

Kritische Interpretation des DJI Materials

Beschreibung des Handlungsverlaufes/Interpretation anhand des Beobachtungsbogens (Lerndispositionen) (im Original)

> *„Lena steht auf dem Weg am Haus, hat ein rotes Förmchen in der Hand, in dem Sand ist. Sie geht am Haus entlang und begegnet Anja und Michelle mit einem Dreirad. L. bleibt stehen, schaut zu den beiden hin. Sie geht ein Stück vom Weg runter. Dann geht sie weiter.*
>
> *Als ein Roller von vorne kommt, geht L. ein Stück zur Seite vom Weg runter. Dann setzt sie ihren Weg fort und hält da an, wo Anja und Michelle auf dem Weg stehen geblieben sind. Mehrmals schaut sie längere Zeit in der Gegend herum. Sie schaut zu, was die beiden machen. Sie beobachtet, wie Michelle mit Kristin und Chiara auf Rollern etwas verhandelt. Kristin schaut länger zu L. zurück – beide halten einen Moment lang schweigend Blickkontakt. Dann fahren die Mädchen mit den Fahrzeugen weiter. L. schaut ihnen nach und kurz zur Kamera. Dann geht sie weiter über ein Stück Wiese auf den Weg zurück. Sie begegnet wieder Kristin. Kristin schaut sie an, aber L. blickt in eine andere Richtung."*

Diese Beschreibung zeigt praktisch ausschließlich die Perspektive von Lena. Wichtige Aspekte des Verhaltens von Lena und der von ihr beobachteten Handlungen und Interaktionen der anderen Kinder fehlen, wie zum Beispiel die Tatsache, dass sie nur einmal ihr Förmchen kontrolliert, dass sie lächelt, dass sie unterschiedliche Geschwindigkeiten beim Begleiten entwickelt. Auch der Streit über die Regeln oder das Wechseln der Rollen auf dem großen Dreirad bleiben unerwähnt. Damit wird das Beobachten von Lena auf eine Art und Weise objektiviert, die für die Einschätzung von Bildungs- und Lernprozessen problematisch sein kann. Eine fachtheoretisch geleitete Interpretation zeigt, dass die Beobachtungen von Lena Teil eines interaktiven und ästhetischen sozialen Systems ist und man Lenas Selbstbildungsprozess möglicherweise nicht gerecht wird, wenn ihre Aktivität auf diese Art und Weise reduziert und individualisiert wird.

Interpretation anhand des Beobachtungsbogens (Lerndispositionen)

Der Autor/die Autorin des Beobachtungsbogens schreibt unter der Rubrik „Interessiert sein“:

> *„Mir scheint, Lena hat einerseits Interesse an ihrer Umgebung, dem Kita- Garten. Sie läuft um das ganze Haus herum und schaut dabei viel. Obwohl sie mit dem Förmchen nichts Spezielles macht, ist es ihr anscheinend wichtig, es dabeizuhaben, bzw. festzuhalten. Andererseits ist sie auch daran interessiert, was die anderen Kinder draußen spielen. Immer wieder bleibt sie stehen und schaut, insbesondere bei den Kindern, die mit Fahrzeugen unterwegs sind und diese gemeinsam nutzen. Dabei hält sie den für sich nötigen Abstand.“*

In dieser Interpretation wirken sich die ungenaue Rekonstruktion und die Theorielosigkeit ungünstig aus. Das Förmchen wird lediglich unter dem Gesichtspunkt eines begleitenden Besitzes, als „Dabeihaben“ betrachtet. Es fehlt die Differenz zwischen dem einmaligen Korrigieren seiner Lage in der Hand zum folgenden Nichtbeachten des Förmchens. Wenn Lena das „Dabeihaben“ etwa im Sinne eines tröstenden, die Unsicherheit reduzierenden (Übergangs-)Objektes wichtig gewesen wäre, zeigt aber gerade das „Vergessen“ ihres „Begleiters“, wie stark sie sich auf die Situation konzentriert und an ihr Anteil nimmt.

Das Förmchen und das Abstand Nehmen werden gewissermaßen zu Indikatoren einer egozentrischen Haltung, die mit einem nicht weiter ausgeführten allgemeinen Interesse an den draußen spielenden Kindern konkurriert. Genau das Gegenteil scheint aber der Fall zu sein. Auch die gekürzte Sequenz zeigt, dass sich Lena voll und ganz einlässt und eben nicht immer den „nötigen“ Abstand hält. Beim Streit etwa um die Fahrzeuge steht sie unmittelbar daneben und zeigt zumindest kurz eine emotionale Reaktion (Lächeln). Wenn mit hoher Geschwindigkeit Dreiräder auf sie zukommen, weicht sie natürlich aus. Insgesamt kann man also nicht von einer egozentrischen Perspektive ausgehen, im Gegenteil. Das „Interessiert sein“ wird hier reduziert auf Merkmale wie „herumlaufen“, „draußen spielen“ und „viel schauen“. Diese Interpretation widerspricht selbst der im Handbuch verwendeten fachtheoretischen Vorlage der DJI Auslegung des neuseeländischen Modells.

Hier wird „Interessiert sein“ wie folgt beschrieben (Leu u. a. 2007; S. 51):

> *„Unter der ersten Lerndisposition ist zu verstehen, dass Kinder an etwas Interesse zeigen, sich Dingen oder Personen aufmerksam zuwenden und sich damit auseinanderset-*

zen. Auf diese Weise erwerben sie Kenntnisse und Fähigkeiten. Solche Interessen müssen keineswegs nur im Bereich von kognitivem Verstehen liegen. Genauso gut kann es beispielsweise um körperliche, künstlerische und soziale Aktivitäten gehen. Kinder zeigen die Lerndisposition ‚Interessiert sein', wenn die Situation ein interessantes anregendes Lernumfeld bietet."

In den Orientierungshilfen werden Merkmale genannt, um Interesse ablesen zu können:

Hier einige Beispiele: Das Kind

- *nähert sich Dingen oder Personen an*
- *richtet seinen Blick auf etwas*
- *wendet sich Dingen oder Personen aufmerksam zu*
- *hört aufmerksam zu*
- *beobachtet etwas*
- *bleibt mit dem Blick an einer Sache hängen (ebd., S. 60)*

Vergleicht man die Merkmale und Beschreibungen mit der Beobachtung und Interpretation aus dem DJI Beispiel, zeigt sich zunächst einmal, dass zentrale Begriffe wie „Aufmerksamkeit", „den Blick auf etwas richten", „aufmerksame Zuwendung" oder „an einer Sache hängen bleiben" fehlen.

Was folgt aus diesen Sachverhalten? Die theoretisch geleitete Interpretation der anfangs durchgeführten Beschreibung ermöglicht eine vielschichtige Deutung des Verhaltens von Lena und zeigt mögliche bzw. tatsächliche Dimensionen von Lenas Beobachtungen im Außengelände und ihre für die Selbstbildung relevanten Aspekte. Eine derartige theoriegeleitete Rekonstruktion und Analyse ist sicher zeitaufwendig, aber sehr ergiebig. Die Kurzversion der Prozessbeschreibung aus dem DJI-Material ist problematisch, weil sie selbst vor dem Hintergrund der DJI-Definition der Lerndisposition „Interessiert sein" und der dafür anzuwendenden Indikatoren kaum eine aussagekräftige und fachlich abgesicherte Einschätzung von Lenas Verhalten auf dem Außengelände möglich macht. Das vorliegende Beispiel einer Beschreibung im DJI-Material kommt über vereinfachende Kommentierungen kaum hinaus und entspricht u. E. daher zu wenig wissenschaftlich überprüfbaren Standards. Unter den oftmals sehr schwierigen Bedingungen des pädagogischen Alltags kann man sich vorstellen, das derartige Vereinfachungen schnell zu größeren Missverständnissen führen können und pädagogisches Handeln nicht differenziert genug angepasst werden kann.

4.3 Film 3: „Muscheln"

Quelle: eigene Dokumentation

4.3.1 Situationsbeschreibung

Die Videosequenz besteht aus einer Aufnahme ohne Ton und mit einem Schnitt. Sie dauert insgesamt 1 Minute und 22 Sekunden. Die Situation spielt in einem Innenraum. Die Kameraperspektive lenkt den Blick auf den Umgang eines Jungen mit den vor ihm auf einem Tisch liegenden Gegenständen. Die Aufnahme wird in einer mehr oder weniger unveränderten Kameraposition durchgeführt. Die Kameraperspektive dieser Szene imitiert den „Blick über die Schulter" des Jungen, daher ist dieser nur von schräg oben zu sehen. Vor allem fokussiert die Kameraperspektive die Handlungen des Kindes auf dem Tisch. An einigen Stellen geht die Kamera dichter an die Materialien auf dem Tisch heran. Damit wird das Ergebnis des Handelns deutlich erkennbar.

Auf einem naturfarbenen Holztisch liegen ein bereits erstelltes Puzzle sowie ein blaues und ein gelbes Plastikförmchen. In dem blauen Förmchen, das sich im vorderen Teil des Tisches befindet, sind verschiedene Kleinteile zu erkennen. Außerdem liegen auf dem Tisch bereits mehrere Muscheln und Häufchen aus weißen Steinen. An dem Tisch steht ein Junge im Alter von ca. vier Jahren, der sich mit der rechten Hand am Tisch abstützt. Der Junge legt aus kleinen weißen Steinchen oder Perlen mehrere Häufchen. Dies wiederholt sich. Zum Schluss werden alle entstandenen Steinhäufchen mit den umliegenden, größeren Muscheln abgedeckt. Die gesamte Videoszene dauert 90 Sekunden und ist ohne Ton.

Diese Szene wurde ausgewählt, weil hier nach sehr kurzer Zeit durch die Gestaltung des Kindes ein Handlungsprodukt auf dem Tisch entsteht, das aus pädagogischer Sicht unterschiedliche Deutungen zulässt so einen weiten Deutungsrahmen ermöglicht.

4.3.2 Rekonstruktion der Handlung

Die Situation beginnt damit, dass der Junge mit dem Zeigefinger der linken Hand in dem blauen Förmchen nach etwas sucht (Print 40). Nachdem er es gefunden hat, nimmt er das gefundene weiße Steinchen heraus und legt es zu einem der bestehenden Steinhäufchen (Print 41). Insgesamt sind acht Steinhäufchen und acht Muscheln zu erkennen.

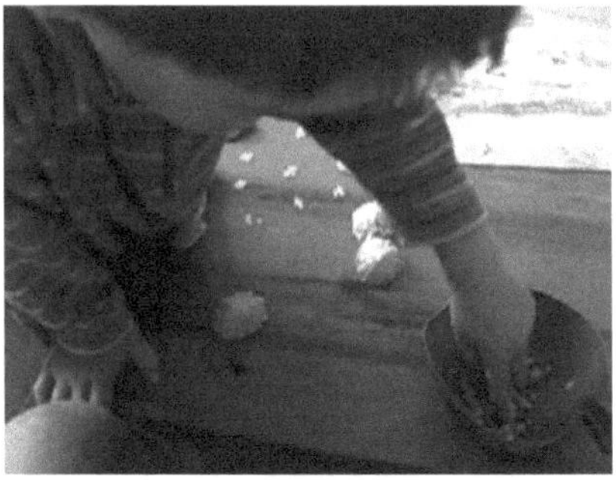

Print 40

Print 41

Der Vorgang des Heraussuchens von weißen Steinchen und dem Zuordnen dieser Steinchen zu einem entsprechenden bestehenden Häufchen wiederholt sich zweimal (Print 42+43).

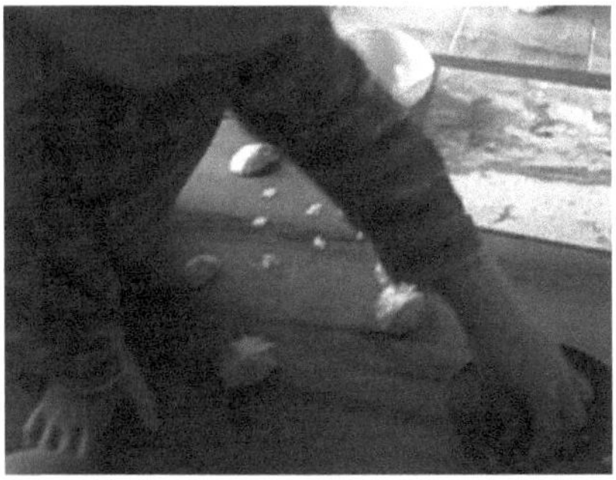

Print 42

Print 43

Danach erkennt man, wie das Kind mit dem Kopf näher an die Steinhäufchen herangeht, um diese genauer zu betrachten (Print 44). Anschließend wechselt er seine Position am Tisch. Nun hält er sich mit der linken Hand am Tisch fest und nimmt mit der rechten Hand einzelne weiße Steinchen aus dem Förmchen und legt dies erneut auf einen Steinhaufen.

Anschließend nimmt er mit der linken Hand die zwischen den Steinhäufchen liegende Muschel auf, um sie in die Richtung eines der Steinhäufchen zu bewegen.

Print 44

Print 45

Durch mehrfaches Überdecken und wieder Aufdecken des Steinhäufchens (ohne die Muschel abzulegen) entsteht der Eindruck des Zögerns (Print 46). Nun erfolgt der einzige Schnitt in dieser Szene (Print 47) und es wird noch einmal erkennbar, wie der Junge ein weißes Steinchen zu einem der Häufchen legt. Dabei hält er das Steinchen mit Daumen und Mittelfinger fest und platziert es genau.

Print 46

Print 47

Anschließend betrachtet das Kind für einen kurzen Augenblick (ca. 3 Sekunden) die gesamten Steinhäufchen, welche aus je genau fünf weißen Steinchen besteht. Nun beginnt das Kind zügig, die Steinhäufchen mit den Muscheln abzudecken. Dabei benutzt es die linke Hand. Die Anzahl der Muscheln passt zu der Anzahl der Steinhäufchen, so dass jede Muschel ein Steinhäufchen verdeckt. Die acht Muscheln ergeben eine blütenähnliche Form – in der Mitte ist eine große Muschel, die von eher etwas kleiner wirkenden Muscheln kreisförmig umgeben ist (Print 48). Nachdem die letzte Muschel abgelegt ist, geht das Kind aus dem Bild.

Print 48

4.3.3 Deutung und Interpretation

Der Betrachter sieht hier eine kurze Selbstbildungsszene, der bereits eine Handlungsstrukturierung des Kindes vorausgegangen ist. Dies erkennt man an den bereits vorhandenen Steinhäufchen und der sich daran anschließenden, zuvor beschriebenen Handlung. Im Hinblick auf die unterschiedlichen Fähigkeiten des Kindes zeigen sich in der Szene mindestens sechs Deutungsrichtungen und damit zusammenhängende Kompetenzen:

- Mathematisches Wissen: Das Kind ist fähig, die Anzahl der Muscheln und die Steinhäufchen aufeinander anzupassen und die kleinen Steinchen in gleichmäßige Mengen einzuteilen (merkmalsbezogene Auswahl).
- Wahrnehmung und Raugliederung: Das Kind ist fähig, die Steinchen abzuzählen, ohne die Finger zu benutzen. Es entnimmt aus einer größeren Menge von Kleinteilen gezielt gleiche Materialien. Die Kugelhäufchen werden auf dem Tisch in einem gewissen Abstand und in einer bestimmten Form abgelegt, so dass die Muscheln hinterher eng beieinander aber nicht übereinander liegen.
- Motorik: Der Pinzettengriff wird als feinmotorische Kompetenz erkennbar.
- Kognition und Konzentration: Das Kind arbeitet ruhig und konzentriert an einer selbst gewählten Tätigkeit. Dabei folgt es einer eigenen kognitiven Handlungsplanung.
- Kreativität und Spiel: das Umsetzen eines erfundenen Spiels oder einer eigenständigen Gestaltung mit Naturmaterialien.
- Ästhetische Erfahrungen: Die Anordnung der Muscheln ist in Form eines Kreises mit einer Mittelmuschel gestaltet (Muster).

Diese sechs Deutungsansätze werden im Folgenden weiter vertieft. Zentral ist aber vorweg schon die Erkenntnis, dass diese sechs Kompetenzbereiche des Kindes in einer solch kurzen Szene erkennbar werden und miteinander verschmelzen. Eine einseitige Auflösung dieser Selbstbildungsszene in eine Deutungsrichtung ist nicht möglich und sinnvoll.

Mathematisches Wissen

Lange Zeit wurde das mathematisch-naturwissenschaftliche Interesse von Vorschulkindern unterschätzt und daher auch zu wenig erkannt. Sehr offensichtlich geht es in der beschriebenen Szene um das Ordnen, Sortieren, Vergleichen und Abzählen. So wird in dieser kurzen Sequenz erkennbar, dass das Kind fähig ist, Steinchen in kleine Mengen einzuteilen (je 5 Steinchen) sowie genau so viele Steinhäufchen anzulegen, wie Muscheln zum Abdecken vorhanden sind (insgesamt 8). Heute weiß man, dass sich diese mathematischen Kompetenzen bereits in der frühen Kindheit entwickeln und als Vorläuferfähigkeiten auch die schulischen Lernprozesse prägen (vgl. Krajewski 2003). „Bereits in ihren ersten Lebensjahren erfahren Kinder, was Zahlen bedeuten und wie man sie verwendet. Kinder machen diese Erfahrung selbstverständlich und in spielerischer Form, sie sind Teil ihrer kognitiven Entwicklung" (Hasemann 2008, S. 188). Für das Verständnis der beobachteten Aktivitäten des Kindes können entwicklungspsychologisches Wissen über das mathematische Verständnis von Vorschulkindern, das Wissen über die Bedeutung und Förderung von mathematischen Vorläuferfähigkeiten, das Wissen über alltägliche mathematische Phänomene und das Wissen über mathematische Spiel- und Übungsmaterialien einen Deutungszugang liefern.

Für die Entwicklung des Zahlbegriffs stellt Hasemann z. B. fest, dass die Fähigkeit zur Klassifikation (Sortieren von Objekten nach einem oder mehreren Merkmalen) grundlegend ist und beide Fertigkeiten (Zählfertigkeit und Zahlbegriff) „parallel verlaufen und sich gegenseitig beeinflussen" (Hasemann 2008, S. 191). Die beobachteten Handlungen des Kindes und das Handlungsprodukt verweisen also auf kognitive Kompetenzen des Kindes. Das Kind ist fähig, durch Hinsehen zu zählen („simultane Zahlerfassung"), ohne dabei die die Finger zum Abzählen zu benutzen. Man spricht hier auch von einem intuitiven Zahlenverständnis, d. h. abzählbare Mengen werden mit einem Blick erfasst indem z. B. eine Musterbildung erkannt wird. Eine solche intuitive Zahlenerfassung findet man im Alltag beim Erkennen der „Augenzahl" auf einem Würfel. Diese zählt man nicht einzeln nach, sondern erkennt an dem Muster die Zahl „fünf". Eine Deutung, die sich ausschließlich an den beobachtbaren Handlungen orientiert („dann hat das Kind dies oder jenes getan"), greift deutlich zu kurz.

Eine weitere Kompetenz, die mit der kindlichen Handlung verbunden ist, ist die des Erfassens von Mengen und des Mengenvergleichs. Das Kind hat in dieser Szene in zweifacher Weise Mengen erfasst (Zuordnung von weißen Steinchen, Anzahl der Steinhäufchen im Verhältnis zu der Anzahl der Muscheln). So ist durch das Abdecken der Steinhäufchen mit Muscheln eine neue Menge entstanden. Die Deutung der Aktivität des Kindes als mathematische Kompetenzen steht im Zusammenhang mit dem Wissen über die Vorläuferfähigkeiten. Wie die Studie von Krajewski (2003) belegt, sind mengen- und zahlbezogene Vorkenntnisse bedeutsamste spezifische Vorläuferfertigkeiten für mathematische Kompetenzen. Die Thematik der Vorläuferfertigkeiten wird aber nicht nur in der Wissenschaft thematisiert, sondern ist als wichtiges Thema der Vorschulpädagogik insbesondere im Hinblick auf die Übergangsgestaltung in elementarpädagogischen Praxiszeitschriften thematisiert worden.

Wahrnehmung und Raumgliederung

Ein weiterer Deutungszugang kann die Wahrnehmung und Fähigkeit zur Raumgliederung des Kindes liefern. Zimmer (2005, S. 32) versteht unter Wahrnehmung „den Prozess der Informationsaufnahme aus Umwelt- und Körperreizen [...] und der Weiterleitung, Koordination und Verarbeitung dieser Reize im Gehirn." Mit Blick auf den Videoimpuls lässt sich diese Fähigkeit in der „Auge-Hand-Koordination" erkennen. Sie ist Teil der Sensomotorik, bei der es um die Kontrolle und Steuerung der motorischen Bewegungen aufgrund von Sinnesrückmeldungen geht. Sie ist eine wichtige Kompetenz für das Erlernen des Schreibens und gleichzeitig eine wichtige Vorstufe für das Zählen, Ordnen und Zuordnen von Elementen. In der beobachteten Szene koordiniert und steuert der Junge seine motorischen Handlungen sehr gezielt und konzentriert. Dabei hat er bereits durch die bestehenden Steinhäufchen eine Raumeinteilung (Entfernung der Steinhäufchen voneinander) vorgenommen, die es ihm zu einem späteren Zeitpunkt erlaubt, die Muscheln „passend" über die Steinhäufchen zu legen. Zu den Bereichen der visuellen Wahrnehmung gehören laut Frostig (vgl. 2008) fünf Bereiche:

- die visomotorische Koordination,
- die Figur-Grund-Wahrnehmung,
- die Wahrnehmungskonstanz,

- die Raum-Lage-Wahrnehmung und
- die Wahrnehmung räumlicher Beziehungen.

Motorik

Die Beobachtungsszene lässt auch Deutungsmöglichkeiten der Handmotorik und der Händigkeit zu. Bewegung und Begreifen ist eine Grundvoraussetzung für die körperliche, sowie für die geistige, emotionale und soziale Entwicklung. In der frühen Kindheit sammelt ein Kind Umwelterfahrungen überwiegend durch sein Handeln, also durch seine körperlichen und sinnlichen Erfahrungen. Durch seine Motorik, also seine Bewegungen, lernt das Kind seinen Körper immer differenzierter kennen und kann ihn immer mehr willentlich steuern und kontrollieren. In der kurzen Szene erkennt man, wie das Kind den Pinzettengriff mit der linken und der rechten Hand anwendet, indem es die Steinchen zwischen Daumen und Zeigefinger bzw. zwischen Daumen und Mittelfinger aufnimmt. Der Pinzettengriff ist eine feinmotorische Fähigkeit, die in einem Entwicklungskontinuum der Handmotorik steht. Kinder können mit ca. zwölf Monaten den Pinzettengriff anwenden – zuvor verwenden Sie eher den Faust- und den Scherengriff.

Auffällig an der Sequenz ist auch, dass das Kind beide Hände zum Ablegen der Steinchen benutzt. Hier kann ein Deutungszugang die Händigkeit des Kindes sein. Bis zum vierten Lebensjahr schwankt die Seitigkeit noch, erst danach bildet sich die Links- bzw. Rechtshändigkeit aus.

Kognition und Konzentration

Das Kind erzeugt hier durch seine Handlung ein Ergebnis, welches nicht durch Zufall entstanden ist, sondern einer kognitiven Handlungsplanung folgt, bei der eine Abfolge von Handlungen so koordiniert stattfindet, dass das gewünschte Ziel eintritt. Für diese Handlungsplanung sind vorausschauendes Denken und mentale Vorstellungstätigkeit notwendig. Mentale Vorstellungstätigkeit, also die Fähigkeit innere Bilder zu erzeugen, ist mit dem präoperationalen Entwicklungsstadium und der Symbolisierungsfähigkeit unmittelbar verbunden. In der präoperationalen Phase (ca. 2 bis 6 Jahre) entwickelt sich die Symbolisierungsfähigkeit. Während das Kleinstkind in der sensumotorischen Phase noch nicht klar zwischen sich und der Welt unterscheiden kann, kann sich das Kind nun zunehmend gedankliche Zusammenhänge vorstellen und symbolisch repräsentieren.

Diese Fähigkeit wird einerseits als Phantasie ausgelegt und dann als Entwerfen von kreativen und spontanen innerer Bilder aufgefasst. Andererseits wird sie aber auch im Sinne zunehmender abstrakter, kognitiver Leistungen verstanden. Voraussehen von Handlungsergebnissen und Einfühlen in fremde Perspektiven sind Kompetenzen, die mit der mentalen Vorstellungstätigkeit einhergehen. Weiterhin fällt auf, dass das Kind sehr konzentriert bei seiner Tätigkeit ist

Spiel und Kreativität

Möglich ist es auch, die Handlung des Kindes als eine in sich geschlossene Spielszene zu betrachten. Erwachsene könnten dabei an Hütchenspiele oder Zauberkunststücke erinnert werden. Auf jeden Fall gestaltet das Kind hier mit alltäglichen Materialien ein Ergebnis, das auch dem Charakter des Spieles entspricht. Spielen erfolgt freiwillig, selbst bestimmt, zweckfrei, um seiner selbst willen und frei von äußeren Zwängen. Es findet losgelöst vom Ernst des Alltags statt und aktiviert Phantasievorstellungen. In der handelnden Auseinandersetzung mit Mitspielern und Gegenständen ermöglicht es vielfältige Erfahrungen und die Möglichkeit zur Verarbeitung von Alltagsproblemen. Dabei finden Lernvorgänge statt, die für die soziale, kognitive und psychomotorische Entwicklung von großer Bedeutung sind. Das Spiel geht von einer Idee aus, ist zielgerichtet und dennoch offen für Veränderungen und sein Ergebnis und sein Ende sind nicht vorhersehbar. Es erfüllt sich im Hier und Jetzt und wird von der Aktivität und Emotionalität der Spieler getragen. Im Hinblick auf die kreative Spielgestaltung könnte man nun einerseits darüber Vermutungen anstellen, wie es mit dem Gestaltungsergebnis (verdeckte Steinhäufchen) weitergeht, andererseits könnte man auch danach fragen, ob diese Gestaltung Hinweise auf ein aktuelles Thema des Kindes liefert. Auch wenn diese Szene dafür sehr kurz ist, so gibt es doch durch die erkennbaren Spielutensilien auf dem Tisch kleine Hinweise. Zum einen sind in den Förmchen unterschiedliche Kleinmaterialien zu erkennen, die – so lässt sich vermuten – das Kind gesammelt hat und nun in eine Struktur bringt. Eine solche aus Einzelteilen zusammengesetzte Gestaltung liegt auch mit dem auf dem Tisch befindlichen Puzzle vor. Man könnte also die Deutungsidee entwickeln, dass das Kind sich mit der Ordnung und Strukturierung von Einzelteilen zu einem Ganzen beschäftigt und dass dabei das Interesse für Muster eine besondere Rolle spielt. Das Entdecken oder Erzeugen von Mustern (gestaltet oder gezeichnet) ist wiederum ganz unmittelbar mit mathematischem Wissen verbunden (vgl. Beutelspacher 2010, S. 12 ff).

Ein weiterer Deutungszugang zu der Szene kann in dem Anregungscharakter des Materials gesehen werden. Hier spiel das Kind mit Naturmaterialien (Muscheln, Steinchen), die es evtl. sogar selbst gesammelt hat. Die Bedeutung von Naturmaterialien als Gestaltungs- und Sinnesanregung ist in der Elementarpädagogik vielfach diskutiert und beschrieben worden. Gerade größere Mengen des gleichen Materials regen zu vielfachen Experimenten und Erkenntnisprozessen an (vgl. Lee 2010).

Ästhetische Erfahrungen

Das auf dem Tisch entstandene Produkt gibt Rätsel auf und lässt Vermutungen zu. Eindeutig scheint aber zu sein, dass es sich um ein zusammenhängendes Gebilde mit einer ästhetischen Strukturierung handelt. Was will das Kind damit zeigen, wofür ist es gut? Ohne Zweifel sind in dieser kurzen Szene mathematische und ästhetische Ausdrucksweisen miteinander verwoben. Uhlig unterstreicht, dass gerade die Komplexität ästhetische Prozesse in der frühen Kindheit ausmache. „Das, was später in der Schule in Unterrichtszeiten und -fächern kanalisiert wird und dann für Kinder auch strukturbildend ist, lebt in der frühen Kindheit noch in seiner autonomen Struktur" (Uhlig 2010, S. 133). Zu den ästhetischen Denk- und Handlungsformen zähle auch das Erzeugen und Herstellen, Formen und Gestalten. „Wesentlich sind dabei Momente des bildnerischen und Gestalt gebenden Tuns, des konkreten Herstellens von etwas und des Erzeugens von etwas Eigenem, das es zuvor nicht gab" (Uhlig 2010, S. 133). Dem Zusammenhang von ästhetischem Ausdruck und mathematischer Erkenntnis widmen sich Kerensa Lee und Roswitha Staege in einem Beitrag zur mathematisch-ästhetischen Bildung. „Die Mathematik als Lehre der Muster zu begreifen, legt auch – oder gerade – im Vor- und Grundschulalter eine Verknüpfung von Geometrie und Arithmetik nahe" (Lee/Staege 2010, S. 235). Gerade das ästhetische Gestalten mit Materialien fordere das Entdecken mathematischer Konzepte heraus, weil die Fähigkeit zur Zählkompetenz im Vorschulalter mit dem Gestalten von sinnlich-konkreten Mengen verbunden sei. Dementsprechend werden „für die Frage nach der Entwicklung mathematischen Verständnisses Forschungsergebnisse relevant, die sich auf die Entwicklung der Fähigkeit junger Kinder beziehen, etwas anschaulich Wahrnehmbares als gestalthafte Repräsentation von etwas zu erfassen" (ebd., S. 236). Dabei betonen Lee und Staege das Zusammenspiel von Phantasie und Strukturieren als zentrale Momente für das Entdecken mathematischer Konzepte: „Häufig werden Prozesse gestaltenden Tätigseins von Kindern in Bezug auf den mathematischen Kontext nicht hinreichend von Erwachsenen wahrgenommen und entsprechend wenig versprachlicht. Gleichzeitig bekommen Kinder bei mathematischen Lernangeboten nur wenig Zeit und Raum, eigene Vorstellungen und Ideen abzubilden und (weiter-) zu entwickeln." (ebd., S. 240).

4.3.4 Kompetenzmodelle und Orientierungsplan

Einen Deutungsrahmen für die Szene könnte auch der Bezug zum Orientierungsplan für Bildung und Erziehung im Elementarbereich niedersächsischer Tageseinrichtungen sein, der bereits drei Jahre vor dem Erhebungszeitraum veröffentlicht wurde und somit durchaus bekannt sein könnte. Darin wird in den Lernbereichen und Erfahrungsfeldern auch das „mathematische Grundverständnis" dargestellt. Da heißt es bspw.: „Entsprechend dem Alter der Kinder gestaltet sich die Begegnung mit mathematischen Phänomenen konkret und sinnlich erfahrbar, während eigentliches mathematisches Verständnis das Abstrahieren von konkreten Gegenständen und Situationen erfordert und an das Erlernen und Verwenden von Symbolen gebunden ist." (Niedersächsisches Kultusministerium 2005, S. 24). Als Anregung für die pädagogische Praxis in Kindertagesstätten werden z. B. folgende Fragen gestellt:

- „Haben die (jüngeren) Kinder von sich aus Freude daran, Gegenstände und Spielzeug zu gruppieren oder zu sortieren?
- Welche Möglichkeiten bestehen, dass Kinder mathematische Aktivitäten wie Ordnen, Vergleichen, Messen ausführen können? Verwenden sie dabei bereits Zahlen?" (ebd., S. 25).

Bisher werden die in den Bildungsplänen beschriebenen Bildungsbereiche fast ausschließlich als „Angebotsvorgaben" gedeutet. Dementsprechend lautet die Frage: Was muss ich als ErzieherIn den Kindern anbieten, um dem Bildungsplan gerecht zu werden? Man kann den Bildungsplan aber auch als „Deutungsschema" für die Tätigkeiten der Kinder benutzen. Dementsprechend lautet die Frage: Was zeigt das einzelnen Kind für Aktivitäten und wie finden sich diese in den Bildungsbereichen des Bildungsplans wieder? Der Vorteil dieses Vorgehens liegt in der Beachtung der Selbstbildungsprozesse der Kinder und der Verschränkung mit dem Bildungsplan. In Bezug auf das vorgestellte Beispiel könnte man die Tätigkeit des Kindes als mathematisches Interesse (Arbeiten mit verschiedenen Mengen) deuten, bei dem weitere Kompetenzbereiche aufscheinen.

4.4 Anmerkung zur Filmauswahl

Mit den hier vorgelegten Filmbeschreibungen und exemplarischen Interpretationen zu den Handlungsweisen der gezeigten Kinder ist die Grundlage für Beobachtungen und Deutungen der im Interview Befragten eingehend beschrieben.

An dieser Stelle ist darüber hinaus festzustellen, dass nicht nur jede einzelne Filmsequenz eine komplexe thematische Verweisungsstruktur offenbart, sondern dass sich die Filme auch grundlegend voneinander unterscheiden. Worin liegen die Unterschiede?

1. Alter der Kinder: Während in der ersten Filmsequenz ein Krippenkind zu sehen ist, zeigen die anderen Szenen Kindergartenkinder.
2. Handlungskontext: Alle drei Handlungskontexte unterscheiden sich voneinander. Während das Krippenkind aus Filmsequenz 1 in einem Innenraum agiert, geht das Mädchen aus Filmsequenz 2 im Außengelände einer Kindertagesstätte umher und agiert im sozialen Gefüge anderer Kindergartenkinder. In Filmsequenz 1 sind zwar auch andere Kinder und ErzieherInnen anwesend, stehen aber mit den Handlungsweisen des hauptsächlich agierenden Kindes weniger stark in Verbindung. Das Kind der Filmsequenz 3 hat in der gezeigten Situation keinen erkennbaren sozialen Kontakt zu anderen.
3. Handlungsziele: Bei den drei Kindern werden unterschiedliche Aspekte von Selbstbildungsprozessen erkennbar: Während die Filmsequenz 1 durch raumgreifende körperliche Tätigkeiten des Kindes charakterisiert ist, weisen die Filmsequenzen 2 und 3 vergleichsweise weniger intensive körperliche Aktivitäten der Kinder auf. In Filmsequenz 2 ist es vor allem die scheinbar „passive“ Beobachtung und Kontaktanbahnung, die die Sequenz leitet.
4. Kamerablick: Während Film 1 und 2 eher Perspektiven verfolgen, in denen das Kind in einer Totalen bzw. Halbtotalen zu sehen ist, fokussiert Film 3 auf die Handlungsweisen des Kindes in Form einer Detailwahrnehmung.

Die hier skizzierten Unterschiedlichkeiten der Filmsequenzen stellen in der Erhebung unterschiedliche Anforderungen an die Deutungskompetenzen der Befragten.

5 Ergebnisse

Anhand der durch das Erhebungsdesign gewonnenen Daten wurden in den dargestellten Analyseschritten Rekonstruktionen der Beobachtungs- und Deutungsprozesse des pädagogischen Fachpersonals angefertigt.

In diesem Ergebniskapitel wird zunächst der von uns entwickelte konzeptionelle Rahmen der „Deutungspfade" vorgestellt (vgl. Abs. 5.1, S. 129 ff). Hierbei erfolgt durch eine prozessorientierte Perspektive auf die Beobachtungs- und Deutungstätigkeit der befragten ErzieherInnen eine erste Annäherung an den Forschungsgegenstand.

Im Anschluss daran werden einzelne Elemente der Deutungspfade beschrieben. Im Sinne der dokumentarischen Methode werden hier sinngenetische Typen definiert und vorgestellt (vgl. Abs. 5.3, S. 170 ff).

Anhand der matrixgestützten Auswertung werden signifikante Merkmalskombinationen bezüglich der sinngenetischen Typen im Rahmen des Samplings identifiziert. Vor diesem Hintergrund werden sodann typische Fälle von Beobachtungs- und Deutungsprozessen anhand dichter Beschreibungen vorgestellt (vgl. Abs. 5.3 bis 5.6).

Eine kritische Würdigung und Diskussion der typisierten Fälle vor dem Hintergrund einschlägiger Kompetenzkonzepte schließt die Auswertung der Daten und die Ergebnisdarstellung des Forschungsprozesses ab (vgl. Kap. 6, S. 239 ff).

5.1 Deutungspfade

Der Analysegegenstand der Deutungskompetenz verweist gemäß den theoretischen und methodischen Prämissen auf einen komplexen Prozess. Dieser Prozess beinhaltet die zeitlich und handlungslogisch voneinander getrennten Elemente der Beobachtung, Deutung und Interventionsplanung. Pädagogische Fachkräfte verknüpfen hierbei Wissen, Erfahrungen, Erwartungen, Motive und kulturelle Faktoren in vielschichtiger Weise.

Im Forschungsprojekt haben wir für diesen Prozess den Begriff des „Deutungspfades" gewählt, um die strukturelle und zeitliche Abfolge der einzelnen Phasen zu bezeichnen. In der Auswertung des empirischen Materials richten wir

Abbildung 4 Deutungspfade mit Konsistenzschwellen

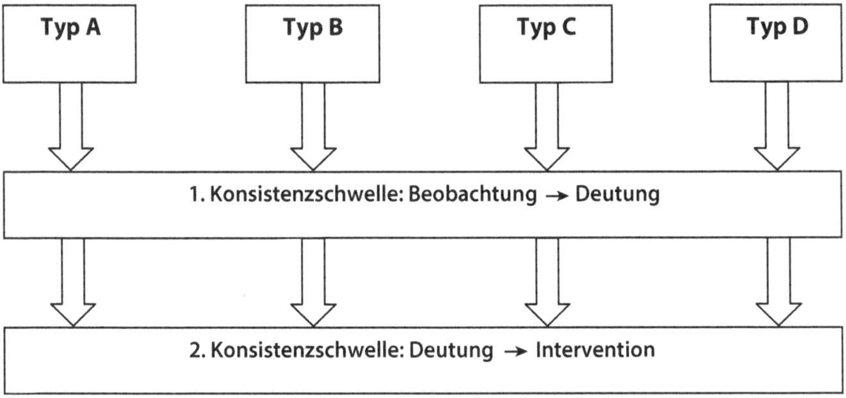

unsere Aufmerksamkeit sowohl auf die einzelnen Aspekte der Beobachtung, Deutung und Interventionsplanung, als auch auf die jeweiligen Übergänge zwischen diesen Elementen. Diese Übergänge haben wir als „Konsistenzschwellen" bezeichnet. Die erste Konsistenzschwelle bezeichnet den Übergang von der Beobachtung zur Deutung, die zweite den Übergang von der Deutung zu einer möglichen Intervention. Der Begriff „Konsistenzschwelle" wurde gewählt, weil an diesen Übergängen ein Wechsel der Denk- und Formulierungslogiken vollzogen werden muss und durch eine Art Transferleistung Beobachtung, Deutung und Interventionsplanung in einen sinnvollen Zusammenhang gestellt werden müssen. An diesen Schwellen können dann entsprechend logische Brüche, Widersprüche und Inkonsistenzen auftreten.

Die Deutungspfade werden von den Fachkräften unter Nutzung unterschiedlicher Aufmerksamkeitsfokussierungen, Wissensformen und fachlicher Referenzrahmen beschritten. Darüber hinaus sind sie durch unterschiedliche Formen der Selbstthematisierung bezüglich des eigenen Beobachterstandpunktes geprägt.

5.2 Elemente der Deutungspfade: Themen und sinngenetische Typen

Das Ziel der Analysearbeiten im Forschungsprojekt besteht darin, typische Verläufe in den Beobachtungs- und Deutungsprozessen von ErzieherInnen zu rekonstruieren. Nach den einführenden theoretischen und methodischen Darlegungen werden in diesem Kapitel nun zunächst sinngenetische Typen, bzw. Orientierungsrahmen, als Elemente von Deutungspfaden vorgestellt und erläutert. Dies erfolgt zunächst noch anhand isolierter Beschreibungen einzelner Elemente. Gemäß der Chronologie des Deutungspfades beginnen wir hierbei mit der Kategorisierung bezüglich der Beobachtungen der Befragten. Hierbei werden die identifizierten Themen der Befragten, die verwendete Terminologie und Prämissen der Beobachtungen beschrieben.

5.2.1 *Beobachtung*

In der Beobachtung konstruieren ErzieherInnen einen spezifischen Zugang zum beobachteten Gegenstand. Beobachtung soll hier in konstruktivistischer Weise als ein „unterscheidendes Bezeichnen" (Luhmann 2009, S. 21) verstanden werden, bei der sich die Beobachtung durch die Einführung von jeweils spezifischen Unterscheidungen zur Reduktion von Komplexität durch den Beobachter[10] realisiert (vgl. Abs. 2.1, S. 17 ff).

Die jeweils spezifischen Relevanzsetzungen und Bezeichnungen der Befragten benennen wir als den „Aufmerksamkeitsfokus", bzw. die „Aufmerksamkeitsfokussierungen" der Befragten. Die ErzieherInnen beginnen ihre Beobachtung diesbezüglich in unterschiedlicher Weise und führen sie dann auch unterschiedlich fort. Die Rekonstruktion der Beobachtungsprozesse erfolgt daher in dieser Studie analytisch zunächst anhand einer Beschreibung der jeweiligen Aufmerksamkeitsfokussierungen.

Aufmerksamkeitsfokus

Der spezifische Aufmerksamkeitsfokus, auf den sich die Beobachtung der befragten ErzieherInnen richtet, wurde anhand einer Analyse des empirischen Materials im Sinne eines offenen Codierens (vgl. Strauss, Corbin 1996, S. 43 ff.) herausgearbeitet. Dadurch konnten sechs Referenzkategorien unterschieden werden, denen die Beobachtungen bzw. Aufmerksamkeitsfokussierungen der Befragten zugeordnet werden können. Diese sind:

10 Der „Beobachter" ist hier als theoretischer Terminus zu verstehen, weshalb auf eine weibliche Schreibform verzichtet wird.

- psychische Prozesse des/der Kindes/Kinder;
- äußerlich Wahrnehmbares bezogen auf das/die Kind/Kinder;
- der materielle Kontext/der immaterielle Kontext;
- der soziale Kontext;
- der pädagogische Kontext;
- der eigene Beobachterstandpunkt (Selbstthematisierung).

Jede Referenzkategorie der Aufmerksamkeitsfokussierungen beinhaltet weitere Differenzierungen, beispielsweise umfasst die Kategorie „äußerlich Wahrnehmbares bezogen auf das Kind" die Unterkategorien „Gestik/Mimik", „akustische Äußerungen", „Handlungen des Kindes", „Körpermerkmale", etc. Insgesamt wird durch diesen ersten Analyseschritt eine Übersicht zu den thematischen Inhalten der Interviews gewonnen. Es wird deutlich, welche Aspekte benannt werden und welche inhaltlichen Schwerpunkte sich im Interview zeigen. Im Folgenden werden die sechs Referenzkategorien skizziert.

Mit **psychischen Prozessen des/der Kindes/Kinder** sind Aspekte bezeichnet, die sich auf kognitive und motivationale Prozesse beziehen. Diese Aspekte können von den Befragten nur indirekt, vermittelt über äußerlich Wahrnehmbares, erschlossen und dem Kind zugeschrieben werden. In einschlägigen Beobachtungsverfahren wird eine solche Einschätzung beispielsweise anhand von Lerndispositionen (Leu, et al. 2007, S. 49 ff.) oder der Beobachtung von Engagiertheit (Laevers 1997) vorgenommen. Aussagen der Befragten beziehen sich beispielsweise auf die „Bedürfnisse des Kindes", die „Konzentration", den „Lernprozess", die „Zufriedenheit" oder das „Thema des Kindes".

Um entsprechende Codierungen in einheitlicher Weise vornehmen zu können, wurden für die Analyse Code-Memos angefertigt. Bei Codierungen ist dann darauf zu achten, dass sie exakt gemäß der formulierten Definition verwendet werden. Beispielsweise werden Interviewpassagen dann mit der Codierung „Thema des Kindes" versehen, wenn in Aussagen von Befragten mehrere Handlungssequenzen eines Kindes bzw. mehrerer Kinder zusammengefasst werden und in einer übergeordneten kategorialen Aussage der thematische Bezug kindlichen Handelns interpretiert wird. Dieses „Thema des Kindes" muss dem Kind hierbei nicht selbst bewusst sein, sondern kann durch die Erzieherin bzw. den Erzieher, z. B. in Anlehnung an den Niedersächsischen Orientierungsplan (Niedersächsisches Kultusministerium 2005), benannt werden wie beispielsweise: „Das Kind beschäftigt sich mit Mathematik". Dies unterscheidet diesen Code von der Codierung „Ziel/Motiv des Kindes". Hierbei werden von den Befragten ebenfalls Handlungssequenzen des Kindes durch die deutende Zuschreibung eines Ziels/

Motivs subsumiert, aber in diesem Fall handelt es sich um die sinnhafte Ausrichtung einer Handlung, die dem Kind bewusst ist und in diesem Sinne orientierend wirkt. Eine beispielhafte Aussage ist: „Er versucht Kisten zu STAPELN".

Äußerlich Wahrnehmbares bezüglich der/des Kindes/Kinder bezeichnet Aspekte, die von der/dem beobachtenden Erzieher/in zu sehen oder zu hören sind. Dies sind etwa die Gestik und Mimik von Kindern, die von ihnen ausgeführten Handlungsweisen oder akustische Äußerungen.

Eine typische Aussage zur Gestik und Mimik von Kindern ist beispielsweise: „Die eine Kiste fällt runter und er guckt so ein bisschen erschrocken" oder „Er hat viel den Mund offen" oder „Er lächelt in die Kamera".

Als Aussage über Handlungsweisen von Kindern werden Interviewpassagen dann codiert, wenn hier äußerlich sichtbare Handlungsvollzüge beschrieben werden. Die befragen Interviewpartner sagen beispielsweise: „Er legt zwei Kisten aufeinander".

Akustische Äußerungen beziehen sich auf gesprochene Worte und Laute. Solche Aussagen zu den akustischen Äußerungen der Kinder sind beispielsweise: „Er sagt Aua" oder „Er stöhnt auch bei seiner Arbeit".

Unter die Kategorie **materieller Kontext** fallen alle Äußerungen der Befragten, die sich auf Gegenstände und Räumlichkeiten beziehen. Die „Bekleidung" von Kindern wurde als eigenständige Subkategorie codiert, da sich in der Auswertung die Bekleidung von Kindern als Aufmerksamkeitsfokus herauskristallisierte, der im Vergleich zu anderen Gegenständen, wie beispielsweise Tische und Stühle, einen besonderen Stellenwert einnahm.

In der verwandten Kategorie des **immateriellen Kontextes** werden des weiteren Geräusche, die nicht vom beobachteten Kind verursacht werden, und zeitliche Aspekte subsumiert.

In der Kategorie **sozialer Kontext** werden entsprechend codierte Aussagen zusammengefasst, in denen sich die Befragten zu Kindern, ErzieherInnen oder anderen Personen äußern, die im Zusammenhang mit der beobachteten Situation benannt werden.

Der Kategorie des **pädagogischen Kontextes** werden alle Äußerungen zugeordnet, die sich thematisch auf die Benennung und Beschreibung pädagogischer Aspekte richten, wie beispielsweise pädagogische Handlungsweisen, Eltern- und Teamarbeit, Dokumentation oder Bildungsbereiche.

Die inhaltliche Kategorie der **Selbstthematisierung** umfasst schließlich alle Aussagen, in denen sich die Befragten zum Prozess der Beobachtung, zu den dabei verwendeten Schemata oder der eigenen Person, d. h. dem eigenen Beobachtungsstandpunkt und der Rolle als Beobachterin oder Beobachter, äußern.

Der Beobachtungsprozess, d. h. die Beobachtungstätigkeit wird von den Befragten in ihrem schrittweisen Vollzug und hinsichtlich möglicher Einflussfaktoren thematisiert. Bei den Schemata wird das eigene Interpretationsraster explizit thematisiert, welches die Beobachtung strukturiert und subjektiv einfärbt. Mit der Codierung „eigene Person" werden alle Aussagen gekennzeichnet, in denen die Befragten sich selbst als Faktor in den Beobachtungsprozessen thematisieren. Hierbei werden dann die Biographie, Ausbildung oder andere spezifische Dispositionen angesprochen.

Die beschriebene Strukturierung der Referenzen in der Beobachtung der Befragten wird anhand des mit MaxQDA erstellten Codebaums überschaubar (vgl. Tabelle 5).

Aus den dargestellten Aufmerksamkeitsfokussierungen in der Beobachtung geht hervor, was von den Befragten bezeichnet und damit für die weitere Deutung thematisiert wird. Damit ist jedoch noch nicht hinreichend geklärt, wie der Deutungspfad der Befragten grundlegend strukturiert ist.

Über die Benennung der Aufmerksamkeitsfokussierungen, dem „Was" der Beobachtung, hinaus, werden in dieser Studie sinngenetische Typen rekonstruiert, d. h. Orientierungsrahmen, in denen sich die Beobachtungen bewegen. Hier wird zunächst ermittelt, welche Terminologie in den Bezeichnungen der Befragten genutzt wurden.

Terminologie

ErzieherInnen nutzen zur Bezeichnung des von ihnen gewählten Aufmerksamkeitsfokus und zur Artikulation ihrer Beobachtungen unterschiedliche Begrifflichkeiten. Diese Terminologie wurde bei der komparativen Analyse der Interviews identifiziert und den Kategorien „alltagssprachlich", „fachlich" und „theoretisch" zugeordnet. An dieser Stelle werden sie eingehender beschrieben.

a) Alltagssprachliche Terminologie

Die Befragten beschreiben, beispielsweise im Anschluss an die Eingangsfrage des Interviews, die im Film vorgeführte Situation bzw. die Handlungen oder das Verhalten der dort agierenden Kinder. Eine solche Aussage lautet beispielsweise:

> *„Ein Junge rollt einen Kasten durch den Raum und sagt dazu ‚Auto'" (Interview 2).*

Tabelle 5 Codesystem zu Aufmerksamkeitsfokussierungen

Aufmerksamkeitsfokussierungen

Kind: psychische Prozesse
- Bedürfnis des Kindes
- Experimentieren/Ausprobieren
- Konzentration
- Lernen/Lernprozess
- Selbstsicherheit
- Sinneseindrücke
- Spielen
- Thema des Kindes
- Wunsch des Kindes
- Ziel/Motiv des Kindes
- Zufriedenheit

Kind: äußerlich Wahrnehmbares
- Akustische Äußerungen
- Alter
- Geschlecht
- Gestik/Mimik
- Handlungen des Kindes
- Körper
  - Haltung
  - Körpereinsatz
  - Merkmale
- Motorik

Materieller Kontext
- Bekleidung
- Gegenstände
- Räumlichkeiten

Immaterieller Kontext
- Geräusche
- Zeit

Sozialer Kontext
- Erzieher/innen
- Kinder
- Personen (nicht spezifiziert)

Pädagogischer Kontext
- Bildungsbereiche
- Dokumentation
- Elternarbeit
- Pädagogische Konzepte
- Pädagogisches Handeln
- Situationsansatz
- Teamarbeit

Selbstthematisierung
- Eigene Person
- Prozess der Beobachtung
- Schema der Beobachtung

Die gewählten Begriffe in dieser Aussage umfassen im Wesentlichen die Nomen „Junge", „Kasten", „Raum" und „Auto" und die Verben „rollen" und „sagen". Die gewählte Terminologie umfasst demnach Begriffe, die im herkömmlichen Sprachgebrauch von Erwachsenen im deutschsprachigen Raum verwendet werden und die nicht als gesonderte Fachterminologie einem spezifisch beruflichen Kontext zugeordnet werden können. Die Begriffe finden vielmehr alltägliche Verwendung in sehr unterschiedlichen lebensweltlichen Zusammenhängen. In diesem Sinne werden zur Bezeichnung der Beobachtung/en Begriffe verwendet, die der von uns als „alltagssprachlich" benannten Kategorie zuzuordnen sind.

Eine solche Verwendung alltagssprachlicher Begrifflichkeiten zeigt sich nicht allein in der Beschreibung der beobachteten Kinder und/oder Situationen, sondern auch in anderen Interviewabschnitten, beispielsweise in Aussagen zur Beschreibung pädagogischer Kontexte:

> *„Ich sehe Kinder, die mit Schlümpfen spielen – dann denke ich: aha, ich mache ein Projekt zu Schlümpfen" (Interview 1).*

b) Fachliche Terminologie

Die Beschreibung einer Beobachtung kann sich unterschiedlicher Terminologien bedienen, die sich dann auch kategorial von der eingangs als „alltagssprachlich" bezeichneten Form unterscheidet. Eine Aussage von Befragten zur identischen Filmsequenz und auf dieselbe Eingangsfrage hin, kann beispielsweise lauten:

> *„Das Kind ist aktiv im freien Spiel" (Interview 20)*

oder:

> *„Es geht erstmal um das Ausprobieren und es ist ganz klar auch in der Phase von der Altersentwicklung, dass es erstmal etwas stapelt und wiederaufbaut, abbaut, Konstruktionsspiel ist in dem Sinne noch nicht möglich" (Interview 20).*

Im Unterschied zu den eingangs beschriebenen alltagssprachlichen Begrifflichkeiten, werden in dieser Aussage Begriffe zur Beschreibung von Beobachtungen verwendet, die im allgemeinen Sprachgebrauch in dieser Form („Konstruktionsspiel") oder in dieser Begriffskombination („freies Spiel") nicht geläufig sind. Der Unterschied zwischen einer alltagssprachlichen und einer fachlichen Terminologie besteht demnach vor allem darin, dass sich Letztere „vor allem durch Fachausdrücke von der Gemeinsprache unterscheidet" (Duden, Deutsches Universalwörterbuch zum Begriff „Fachsprache"). Für ein hinreichendes Verständnis der sinngemäßen Verwendung ist die besondere Kenntnis der Wortbedeutungen notwendig, was wiederum nur in einem besonderen beruflichen Zusammenhang, z. B. bei der Arbeit in einer Kindertagesstätte, vorausgesetzt werden kann. Die Aussage ist in diesem Sinne durch die die Verwendung einer Terminologie geprägt, die auf fachspezifische bzw. frühpädagogischen Kontexte, Konzepte und Wissensbestände verweist. Die Kategorie zur Bezeichnung solcher Äußerungen haben wir „fachlich" genannt.

Die Verwendung einer solchen fachlichen Terminologie ist dabei in alltagssprachliche Formulierungen eingebettet und erfolgt somit nicht in einer absoluten, alltagssprachliche Anteile ausschließenden Art und Weise. Fachliche Begriffe sind in die entsprechenden Äußerungen eingebunden und weisen punktuell auf einen entsprechenden fachlichen Referenzrahmen hin. Im aufgeführten Transkript kann lediglich der Begriff „Konstruktionsspiel" als Element einer fachlichen Terminologie angesehen werden, während die gesamte restliche Aussage aus alltagssprachlichen Formulierungen besteht. Dieser Sachverhalt musste bei der Analyse des Datenmaterials in besonderer Weise berücksichtigt werden.

c) Theoretisch-wissenschaftliche Terminologie

Zur Beschreibung von Beobachtungen können neben alltagssprachlicher und fachlicher Terminologie auch Begriffe verwendet werden, die dem wissenschaftlichen Kontext zugeordnet werden können.

Dies ist beispielsweise beim Begriff der „Objektpermanenz" der Fall. Sicherlich kann dieser Begriff auch zum Kenntnisrepertoire einer fachlich versierten Erzieherin gehören, dennoch ist er durch seinen Entstehungszusammenhang im Rahmen der Entwicklungspsychologie Jean Piagets eher im Wissenschaftssystem angesiedelt.

Auch von den Befragten selbst können bestimmte verwendete Begriffe mit Akteuren aus dem wissenschaftlichen Kontext in Verbindung gebracht werden.

> Interviewerin: *„Du hast grad gesagt aufgrund des eigenen Interesses, kannst du das auf irgendeine Lerntheorie zurückführen? Fällt dir dazu was ein"?*
> Interviewte 30: *„Dazu glaub ich fällt mir Schäfer ein würd ich sagen, dass man versuchen sollte, äh dem Kind, wenn das Kind noch keine eigene Lernhaltung entwickelt hat, ja aufgrund der Interessenlage ja so Angebote zu schaffen, damit das Kind lernt, eine Lernhaltung zu entwickeln im Prinzip" (Interviewte 30).*

oder:

> Interviewter 13: „*Sei es Hüther, sei es Fthenakis, der unheimlich viel geschrieben hat dazu, so gibt so verschiedene Sachen … Reggio-Pädagogik, das sind alles diese verschiedene Sachen, die alles da diese Bildung schon vor hunderten Jahren aufgegriffen hatten*“ *(Interview 13).*

Generell ist es jedoch nicht immer möglich, theoretische von fachlicher Terminologie abzugrenzen, da die Übergänge fließend sind.

Bis hierher wurde dargestellt, welche Aspekte von den Befragten beobachtet wurden, d. h. welche Aufmerksamkeitsfokussierungen sich in den Äußerungen zeigen und anhand welcher Terminologie diese Beobachtungen artikuliert werden. Diese verschiedenen thematischen Aspekte werden im Weiteren gemäß der reflektierenden Interpretation als Dokument einer zugrunde liegenden Orientierung gewertet und somit als Rahmen, in dem Themen behandelt werden, rekonstruiert. Der Fokus der Forschung richtet sich nunmehr also auf die inhärente Strukturlogik und die Dynamik des Beobachtungs- und Deutungsprozesses. Wir kommen damit an dieser Stelle auf die von uns ermittelten sinngenetischen Typen zu sprechen. Zunächst werden hierbei Orientierungsrahmen beschrieben, die wir als Prämissen der Beobachtung benannt haben.

Beobachtungsprämissen

Durch die interpretierende Reflexion gemäß der dokumentarischen Methode wurden Orientierungen in den Beobachtungen der Fachkräfte rekonstruiert, die von uns als „kindorientierte“ bzw. „kontextorientierte“ Beobachtungen bezeichnet werden. Die Darstellung der sinngenetischen Typen beginnt im Folgenden zunächst anhand der Beschreibung dieser beiden Orientierungsrahmen.

Zur besseren Verständlichkeit werden die Typen aus exemplarischen Transkripten abgeleitet und daran illustriert. Redundante Aussagen und wenig inhaltstragende Floskeln wie z. B. „mh“ werden dabei in den Zitaten durch Auslassungszeichen ersetzt.

a) Kindorientiert

Zum Einstieg in die Beschreibung dieses Orientierungsrahmens, wird zunächst der Ausschnitt eines Transkriptes vorangestellt, in dem sich dieser Typ dokumentiert:

> Erzieherin 1: „*Ich habe ein Kind beobachtet. In meinen Augen ein Krippenkind. Also, keine drei Jahre alt. Schwer zu schätzen, ... noch keine zwei. (...) Ich habe beobachtet, dass dieses Kind einen Rollwagen hatte, es ihm aber nicht gereicht hat. Also dieser Rollwagen wurde beladen. Und auch wieder entladen. Und hin und her geschoben, aber das reichte dem Kind nicht. Es sollte irgendwie anders sein und dann hat es also überlegt, wie es das machen könnte. Hat sich dann andere Hilfsmittel dazu genommen. (...) Dann hat es aber gemerkt, dass das irgendwie, also irgendwie gefiel ihm das nicht und hat immer weiter konstruiert. (...) Hat dann irgendwann, obwohl es ja eigentlich was Rollendes haben wollte, was sich hin und her bewegt, hat dann den Rollwagen umgedreht, so dass die Räder in der Luft waren und ähm ... hat ... tja, ich weiß es selber nicht so genau. Also irgendwie ... ja hatte zwischendrin dann auch wieder beladen mit anderen Bausteinen, aber ähm irgendwie hatte ich das Gefühl, es ist nicht so zufrieden*" *(Interview 1).*

Diese Beobachtungen konzentrieren sich auf das einzelne Kind und es werden unterschiedliche Aspekte thematisiert, die sich entweder auf psychische Prozesse beziehen oder aber auf äußerlich Wahrnehmbares. Bezüglich der psychischen Prozesse werden Aspekte wie beispielsweise die Bedürfnisse, die Zufriedenheit und das Wohlbefinden des Kindes oder auch seine (vorhandene/fehlende) Konzentration angesprochen. Bei der Beobachtung des äußerlich Wahrnehmbaren beziehen sich die Äußerungen vor allem auf das Alter und das Geschlecht des Kindes oder auf dessen Handlungen, die Gestik/Mimik oder sprachförmige Äußerungen. Andere Aspekte werden in weitaus geringerem Maße bezeichnet, in diesem Beispiel lediglich der materielle Kontext, indem der Rollwagen erwähnt wird, mit dem das Kind hantiert.

Einen Deutungstyp, dessen Beobachtungen sich primär auf das einzelne Kind bzw. auf eine Gruppe von Kindern konzentrieren, benennen wir als „kindorientiert".

Die Bedingungen der kindorientierten Perspektive

Unsere Beobachtung ist, dass diese kindorientierte Beobachtungsweise bei den gezeigten Filmsequenzen unterschiedlich stark ins Gewicht fällt. Je weniger ein Kind handelt (wie etwa in Film 2) und je weniger vom Kind zu sehen ist (wie im

Film 3), desto häufiger wird der Kontext angesprochen. Film 1 ist in beiden Hinsichten weniger reduziert: das Kind handelt energisch und raumgreifend und es ist ein großer Ausschnitt seiner Umgebung zu sehen. Dies scheint die Beobachter im klassischen Sinne einer Bindung von Aufmerksamkeit zu „faszinieren", wodurch der Kontext weniger intensiv thematisiert wird.

b) Kontextorientiert

Ein Orientierungsrahmen, der sich in der komparativen Analyse als kontrastierender Typ herauskristallisierte, wird wiederum eingangs mit einer typischen Aussage illustriert:

> *„Es ist also immer wieder bei seiner Sache, orientiert sich sehr auf sich und ähm, ... hat auch freie Möglichkeiten, das heißt die Erzieherin, die dort oder die betreuenden Erwachsenen sind mit im Raum, aber lassen dem Kind die freie Gestaltung. Und auch andere Kinder halten sich im Hintergrund auf. (...) Was ich auffällig finde ist, dass es sonst nackt ist, mit Pampers, aber Schuhe und Socken trägt. Das ist also das, was mir sofort ins Auge fiel. Was ich ungewöhnlich finde für einen Teppichraum. Dass also dieses Kind die Schuhe noch trägt. (...) Also, da es sonst ja sehr frei bewegen kann vom Körperlichen und sich sehr stark auch spüren kann in der Aktivität, aber ähm dann wiederum Socken und Schuhe trägt, wobei die Fussflächen ja nicht direkt in, den Bodenkontakt dann haben" (Interview 20).*

In diesen Aussagen zeigt sich, dass die befragte Erzieherin eine Vielzahl unterschiedlicher thematischer Aspekte in ihrer Beobachtung berücksichtigt, die auf die Handlungsweisen des Kindes einwirken. Die Beobachtungen des kontextorientierten Typs beziehen neben dem handelnden Kind auch andere Personen, Materialien, Räumlichkeiten und zeitliche Faktoren ein. Als sozialer und pädagogischer Kontext werden hierbei das Verhalten der anwesenden Erzieherin und der anderen Kinder angesprochen, als materieller Kontext die Bekleidung des Kindes und die räumlichen Begebenheiten des Teppichraums sowie zeitliche Faktoren. Eine solche Beobachtung bezeichnen wir als „kontextorientiert".

Diese kontextorientierte Beobachtung der befragten ErzieherInnen beschränkt sich dabei nicht auf Situationen, in denen sich das Kind im Kindergarten befindet. Sie kommt nach der Erläuterung ihrer Perspektive auf kindliches Handeln auch auf die Beobachtungspraxis im Team ihrer Kindertagesstätte zu sprechen:

Interviewte 20: *„So das, worauf ich achte: erstmal das Gesamtbild – was macht das Kind? Und wofür interessiert es sich? Das sind also so Dinge, die wir stark beobachten. Und dann immer wieder auch der Aspekt auch mit den Eltern gemeinsam noch mal zu gucken. Wie reagieren auch die Eltern, was für Möglichkeiten hat er? Bei uns läuft also viel auch in Beobachtung schon vorweg, dass heißt wir führen schon ein Elterngespräch, bevor das Kind in den Kindergarten kommt und ähm aufgrund dieser Anamnese hat man natürlich schon auch einen ersten Eindruck und erlebt auch schon die Eltern und dadurch hat man natürlich schon so ein konkretes Zusammenspiel"* (Interview 20).

So berichtet die Interviewte 20 hier, dass Eltern intensiv in die Erarbeitung und Thematisierung der Beobachtungen einbezogen werden und ihrerseits selbst erkundet und als wichtiges Umfeld in die Betrachtung einbezogen werden, um kindliches Handeln und Verhalten zu deuten. Diese Einbindung der Eltern beginnt zum Teil schon vor dem Eintritt in den Kindergarten.

Eine kontextorientierte Beobachtung liegt nur dann vor, wenn aus den Formulierungen und dem Argumentationsverlauf der Befragten hervorgeht, dass der Kontext primärer Bezugspunkt der Beobachtung ist. Wird beispielsweise in einer Äußerung ein Gegenstand angesprochen, um die Handlungsweisen eines Kindes zu beschreiben, so ist dieser (materielle) Kontext nicht primärer Bezugspunkt und es kann nicht von einer kontextorientierten Beobachtung gesprochen werden. Das folgende Transkript verdeutlicht dies:

Interviewte 5: *„Ich habe beobachtet, dass das Kind, ja, mit einer Bausteinkiste auf Rollen, ja, sich fortbewegt hat. Dass dieses Kind mit dieser Kiste ganz viel gemacht hat, es hat Steine reingelegt, es hat Steine raus genommen, es hat diese Kiste von einem Ort zu einem anderen Ort gebracht"* (Interview 5).

In diesem Beispiel erwähnt die befragte Erzieherin zwar eine „Bausteinkiste", „Steine" und „Orte", dies jedoch nur zur Beschreibung der kindlichen Handlungsweisen, die den primären Aufmerksamkeitsfokus darstellen.

Die bis hier dargestellten Deutungsrahmen der kind- und kontextorientierten Perspektiven weisen noch eine große Nähe zur thematischen Gliederung in den Aussagen der Befragten auf. Die gewählten thematischen Zugänge und Aufmerksamkeitsfokussierungen sedimentieren und verdichten sich gewissermaßen zu den beschriebenen Prämissen als grundlegende Orientierungsrahmen der Beobachtung.

In der weiteren Darstellung werden nun die Orientierungsrahmen skizziert, die sich im weiteren Verlauf der Deutungspfade, d.h. in den an die Beobachtungen anschließenden Deutungen, dokumentieren. Zunächst wird hierbei der Übergang von der Beobachtung zur Deutung als erste Konsistenzschwelle für die Analyse bedeutsam.

Übergang zur Deutung: Formen der Reflexion

Nachdem in der Analyse des empirischen Materials festgestellt wurde, dass es sich bei dem Übergang von der Beobachtung zur Deutung um einen anspruchsvollen Schritt handelt, fiel auf, dass die Befragten auch selbst Aussagen zur Bewältigung dieser Schwelle machten. In ihren Äußerungen dokumentierten sich Sicherheit und Unsicherheit bezüglich der Konsistenz und logischen Plausibilität der eigenen Deutungen. Diese beiden Formen der Reflexion am Übergang von der Beobachtung zur Deutung werden hier beschrieben.

Sicher
In den Aussagen der Befragten finden sich Formulierungen, die die getroffene Aussage unterstreichen und auf Eindeutigkeit verweisen.

> *„Es geht erstmal um das Ausprobieren und es ist ganz klar [Hervorhebung: MK] auch in der Phase von der Altersentwicklung, dass es erstmal etwas stapelt und wiederaufbaut, abbaut, Konstruktionsspiel ist in dem Sinne noch nicht möglich" (Interview 20).*

Im vorangestellten Interviewausschnitt bringt die befragte Erzieherin mit der Satzfloskel „ganz klar" zum Ausdruck, dass sie ihre Deutung mit einer vergleichsweise großen Sicherheit trifft, in diesem konkreten Beispiel im Zusammenhang mit der Altersentwicklung des Kindes.

Sicherheit im Übergang von der Beobachtung zur Deutung dokumentiert sich zudem dadurch, dass hierbei explizit Zusammenhänge zwischen Beobachtung und Deutung hergestellt werden. Einen solchen Übergang bezeichnen wir als „konsistent". Die Deutungen werden mit den zuvor artikulierten Beobachtungen in Verbindung gebracht und vor diesem Hintergrund plausibel erläutert:

> *„Also ich würde diese Situation so interpretieren, dass dieses Kind ja einmal, äh, sehr aufmerksam verfolgt hat, was dort um sie herum passiert. Dass ich aber auch glaube, dass dieses Kind gerne mitgemacht hätte bei der ein oder anderen Situation. Das würde ich jetzt darauf zurückzuführen, dass sie da doch immer zu dem Kind oder zu den Kinder immer hingegangen ist und sich auch ja sehr nah da auch mit hingestellt hat, aber sich noch nicht traute, etwas zu sagen" (Interview 5).*

Die in der Beobachtung benannten Aufmerksamkeitsfokussierungen dienen in der anschließenden Deutung als Basis und werden rekursiv miteinander in eine argumentative Verbindung gebracht. In diesem Beispiel wird das vermutete Motiv des Kindes, „mitmachen" zu wollen, direkt aus den beobachteten Handlungen abgeleitet. In diesem Beispiel, „dass sie da immer zu (…) den Kindern hingegangen ist".

Unsicher

In den Aussagen der Befragten finden sich auch andere Formulierungen, die vorher getroffene Aussagen relativieren oder auf Unsicherheiten in der Deutung hinweisen.

> *„Das kann man jetzt, wie gesagt, interpretieren. Ich bin mir auch nicht ganz sicher, ob es nun ein … letztendlich doch ein rollender Turm sein sollte oder ein Auto oder ob … oder was es genau damit wollte. Vielleicht wollte es auch einfach nur ausprobieren und gucken, was passiert denn eigentlich" (Interview 1)?*

Im vorangestellten Transkript weist die Erzieherin darauf hin, dass ihre Deutungen auf ihre subjektive Auslegung zurückzuführen ist: „Das kann man jetzt, wie gesagt, interpretieren". In diesem Hinweis auf den Vorgang des Interpretierens dokumentiert sich eine latente Skepsis und vorweggenommene Einschränkung bezüglich der Stichhaltigkeit dieses Interpretierens, da die befragte Erzieherin in den folgenden Aussagen darauf verweist, dass sie sich in ihrer Interpretation (Deutung) „auch nicht ganz sicher" ist und mit der relativierenden Floskel „vielleicht" eine alternative Deutungsvariante anbietet.

Solcherart Unsicherheiten und Relativierungen bezüglich der eigenen Deutung dokumentieren sich auch in homologen Formulierungen innerhalb des Deutungspfades dieser Erzieherin, wie beispielsweise: „Schwer zu sagen, das weiß ich jetzt auch nicht" (Interview 1) und in homologen Äußerungen anderer Befragter:

> *„Man weiß ja nicht so genau, traut sie sich nicht zu fragen, oder kann sie es vielleicht einfach noch nicht. Das ist son (mhm), äh Situation am Ende, äh die für mich mit so einem Fragezeichen versehen ist" (Interview 22)*

Unsicherheiten am Übergang der Konsistenzschwelle dokumentieren sich jedoch nicht ausschließlich anhand solcher Aussagen der Befragten. Analog zu den sicheren Übergängen an der Konsistenzschwelle dokumentieren sich Unsicherheiten auch dadurch, dass eine explizite Bezugnahme der Deutung auf die Beobachtung ausbleibt. Diese Deutungen, die keinen erkennbaren Zusammenhang mit der vorher benannten Beobachtung aufweisen, bezeichnen wir als „inkonsistent". Die von den Befragten artikulierten Deutungen stehen isoliert, d. h. werden nicht inhaltlich oder argumentativ mit Beobachtungsfokussierungen in Beziehung gesetzt:

> *„Ich habe beobachtet, dass dieses Kind … ein Rollwagen hatte, es ihm aber nicht gereicht hat. Also dieser Rollwagen wurde beladen. Und auch wieder entladen. Und hin und her geschoben, aber das reichte dem Kind nicht" (Interview 1).*

Im exemplarisch aufgeführten Ausschnitt des Transkriptes wird von der befragten Erzieherin die Handlungen des Kindes beschrieben und dann eine Vermutung über das Ziel und den Wunsch des Kindes angeschlossen („das reichte dem Kind nicht"), die als Deutung nicht explizit hergeleitet wird und deren Bezug zur Beobachtung nicht rekonstruiert werden kann.

Sicher und unsicher
In den Interviews finden sich auch Aussagen, in denen sich einerseits Sicherheit, andererseits aber auch Unsicherheit bezüglich der Beobachtung und Deutung dokumentieren:

> *„Und ähm … da hat, also ich fand jedenfalls, das konnt' man eindeutig sehen, dass da doch mathematisches Denken, Zusammenziehen, Abziehen, ähm … Größere, Kleinere, wie groß müssen die Großen sein, um die Kleineren alle abzudecken, fand ich völlig …, für mich jedenfalls klar" (Interviewter 13).*

In diesem Transkript dokumentiert sich zum einen die Sicherheit des Befragten im Übergang von der Beobachtung zur Deutung an Formulierungen wie „das konnt' man eindeutig sehen" oder „fand ich völlig (…) klar". Zum anderen sind in dieser kurzen Sequenz aber auch Äußerungen enthalten, die die zunächst getroffenen Aussagen in ihrer Gültigkeit relativieren. Durch Floskeln wie „fand ich jedenfalls" und „für mich jedenfalls" kennzeichnet der Befragte selbst seine subjektive Beobachterposition und signalisiert, dass es sich bei den Deutungen um seine gewählte, spezifische Interpretation handelt, die nicht zwangsläufig mit einem grundlegenden Wahrheitsanspruch einhergeht.

Deutung als „als-ob-Aussage":
Eine weitere Variante Unsicherheit in der Deutung auszudrücken bzw. mit dieser Unsicherheit umzugehen, besteht in der Formulierung von „als-ob-Aussagen":

> *„Er legt mehrere Bausteine hinein und reibt sich zum Schluss so die Hände, als wäre [Hervorhebung: MK] er mit seiner …mit seinem, hätte er sein Ziel erreicht, als wäre [Hervorhebung: MK] er mit seiner Arbeit fertig" (Interview 2).*

In dieser und ähnlichen Aussagen dokumentiert sich, dass die Erzieherin hier zwar eine Deutung vornimmt, aber gleichzeitig kommuniziert, dass diese Aussagen beschreiben, dass es den Anschein hat, dass bestimmte Handlungsweisen oder Motivlagen beim Kind vorliegen und der tatsächliche Sachverhalt auch anders gelagert sein kann.

5.2.2 Deutung

Ebenso wie im Prozess des Beobachtens benötigen Deutungen einen Referenzrahmen, der die Deutung strukturiert und in einen sinnhaften Kontext stellt, um die gezogenen Schlüsse plausibel und logisch legitimieren zu können. Das konkrete Deuten vollzieht sich unter Rückgriff auf Wissenselemente und symbolischen Ordnungen (vgl. Keller 2008, S. 43). Wissen, das der Beobachtung und auch einer Deutung zugrunde liegt, kann unterschiedliche Formen annehmen. Als Deutung soll hier die, an die Beobachtung anschließende und auf diese aufbauende, Interpretation des zuvor Bezeichneten verstanden werden.

Deutungsbasis

Mit dem Begriff der „Deutungsbasis" ist der Horizont bezeichnet, vor dem die an die Beobachtung anschließende Deutung durchgeführt wird. Es lassen sich hier die „erfahrungsorientierte", die „methodische" und die „theoretisch-wissenschaftliche" Deutungsbasis unterscheiden.

a) Erfahrungsorientierte Deutungsbasis

Die Deutungen dieses Typs sind auf die konkrete Situation bezogen und werden anhand von Erfahrungswissen vollzogen. Im Rahmen von erfahrungsorientierten Deutungen können zwei Erfahrungsrahmen unterschieden werden.

Zunächst die Deutung aufgrund der sinnlich-wahrnehmenden Erfahrung einer Situation, im Falle unserer Erhebung die der vorgeführten Filmsequenz. Die erfahrungsbezogene Deutungsbasis bezeichnet hierbei dann ein Deuten, bei dem die Situation anhand der konkret sichtbaren Aspekte gedeutet wird, d. h. die Deutung der Situation vollzieht sich im Wesentlichen durch eine mehr oder weniger detaillierte Beschreibung der Situation.

„Dieses Kind mit dieser Kiste hat ganz viel gemacht. Es hat Steine reingelegt, es hat Steine rausgenommen. Es hat diese Kiste von einem Ort zu einem anderen Ort gebracht" (Interview 5).

Die zweite Variante dieser Deutungsbasis bezieht sich auf jene Bedeutung des Wortes „*Erfahrung*", die die Zusammenfassung einer Vielzahl von in der Vergangenheit selbst erlebter Situationen bezeichnet. Die Deutung wird unter der Erinnerung an diese Situationen durchgeführt. Hier erfolgt dann ein Vergleich der Filmsequenz mit erinnerten Sequenzen oder daraus kondensierten und generalisierten Klassifikationen und Bewertungen. Verglichen wird dabei entweder das konkrete Kind mit anderen Kindern oder die konkrete Situation mit anderen Situationen.

Vergleich mit anderen Kindern oder Verweis auf „Kinder im Allgemeinen"
Bei der Deutung anhand der Erfahrung mit anderen Kindern, erfolgt ein Vergleich zwischen dem (konkreten) Kind, welches in der Filmsequenz zu sehen ist, und anderen persönlich bekannten Kindern bzw. den daraus sedimentierten Erfahrungen als Wissensbeständen über „Kinder im Allgemeinen". Diese Bezugswerte können sich einerseits aus allgemeinen Erfahrungen mit den Handlungs- und Verhaltensweisen von Kindern speisen, mit denen die Befragten im Kindergarten arbeiten. Ein Beispiel für eine typische Aussage dieser Art lautet:

„Es [das Kind, Einfügung: MK] ging ganz alleine (…) einfach guckend und ganz alleine, bisschen bedrömmelt, aber so gehen die eben herum. Fand ich jetzt nicht tragisch. Beobachte ich zehn Mal am Tag" (Interview 13).

Ein solcher Vergleich kann sich aber andererseits auch auf Kinder aus anderen Kontexten beziehen:

„Mein Bruder konnte auch ‚Auto' sagen und nichts anderes" (Interview 1).

In diesem Fall zieht die befragte Erzieherin einen Vergleich zwischen dem beobachteten Kind und ihren Erfahrungen hinsichtlich der Sprachentwicklung ihres Bruders.

Die inhaltlichen Prämissen der erfahrungsorientierten Deutungen werden teils in Form von postulierenden Aussagen explizit dargestellt und verallgemeinert formuliert. Typische Aussagen sind:

> *„Kinder probieren gerne aus, wie hoch etwas gestapelt werden kann"; „Kinder haben auch Spaß an Sachen, die man ihnen vorschlägt" (Interview 2).*

Vergleich mit anderen Situationen
Eine weitere Variante einer erfahrungsorientierten Deutungsbasis besteht im Vergleich der Handlungsweise des Kindes mit seinem Verhalten zu anderen Zeitpunkten. Im Folgenden haben wir drei Bespiele für homologe Äußerungen zu dieser erfahrungsorientierten Deutung aufgeführt:

> *„Man müsste wissen, ob das Kind schon mal Steine angeordnet hat" (Interview 2).*

oder:

> *„Man kennt ja das Kind aus dieser Situation nicht so gut. Wenn ich das Kind besser kennen würde, könnte ich die Situation natürlich noch eindeutiger äh beurteilen" (Interview 22).*

oder:

> *„Bei Film B, wenn es um die Deutung geht, fehlt mir das Wissen darum, wie das Kind sich sonst im Spiel verhält. Ob das ein Ausnahmefall ist, ob das Kind nur heute irgendwie besonders müde ist oder irgendwas anderes ist, oder ob das Kind an sich einfach charakterlich sehr zurückhaltend ist. Ob das Kind in der Situation üblicherweise zufrieden ist, wenn es einfach als Zuschauer am Rand steht oder ob es sehnsüchtig auf die anderen blickt und da mitmachen möchte. Ich finde, das sind Sachen, die man mehrfach beobachten muss, um das einordnen zu können" (Interview 4).*

Hierbei findet gewissermaßen ein erfahrungsorientierter Vergleich des Kindes mit sich selbst statt. Die Befragten geben explizite Hinweise darauf, dass ein solcher Vergleich für eine Deutung herangezogen werden müsste.

Die erfahrungsorientierte Deutungsbasis kann sich auch darin dokumentieren, dass die frühpädagogische Fachkraft oftmals erlebte Situationen oder bekannte Szenarien als Kontext anspricht, vor dessen Hintergrund ihr die Handlungsweisen eines Kindes plausibel erscheinen:

> *„Also einmal denk ich, war die Motivation des Kindes diese Faszination dieser kleinen Steine, dass es die irgendwo gesammelt hat oder vielleicht irgendwo aus dem Urlaub mitgebracht hat. (...) Und ich denke, dass dem Kind wahrscheinlich auch (...) so in der Art Memory, dass ihm das auch so bekannt ist dieses Spiel und dass es sich in dieser Art und Weise irgendwie daran erinnert hat, dass man da auch irgendetwas mit verdecken und zu decken halt eben spielen könnte (...)" (Interview 5).*

In diesem Beispiel spekuliert die Erzieherin, auf welche Weise die Auseinandersetzung des Kindes mit den Steinchen und Muscheln (Film 3) seinen Ausgangspunkt genommen hat und benennt hier unterschiedliche Zusammenhänge (aus dem Urlaub mitgebrachte Muscheln, Memory-Spiel), die ihr das Vorhandensein der Muscheln und die Art der Beschäftigung des Kindes damit plausibel erscheinen lassen.

b) Fachliche Deutungsbasis

Die Deutungen dieses Typs sind auf fachliche Konzepte oder andere abstrakte Referenzrahmen bezogen und werden anhand dort formulierter Kriterien vollzogen. In den Beobachtungen und Deutungen dokumentiert sich die Bezugnahme auf Schemata, Modelle, Methoden oder Verfahren.

Eine solche Bezugnahme auf fachliche Konzepte, mittels derer die Beobachtung und Deutung strukturiert wird, zeigt sich in der folgenden Formulierung:

> *„Es geht erstmal um das Ausprobieren und es ist ganz klar auch in der Phase von der Altersentwicklung, dass es erstmal etwas stapelt und wiederaufbaut, abbaut, Konstruktionsspiel ist in dem Sinne noch nicht möglich, es fängt erstmal an, es werden Dinge sortiert, wieder gestapelt, auseinander genommen, um einfach auch Materialien kennen zu lernen. Wieder neu zu erforschen, auch umzufunktionieren, was also in der Phase, in dem Alter auch ... wichtig ist" (Interview 20).*

Die befragte Erzieherin deutet das Handeln des Kindes vor dem Hintergrund ihres Wissens zu Klassifikationen von Altersentwicklungen.

Dieser Orientierungsrahmen kann von den Befragten auch explizit benannt werden, wenn diese nach ihrer Deutungsgrundlage befragt werden. Beispielsweise antwortet eine Erzieherin auf die Frage „Welches Fachwissen hilft Ihnen, eine solche Situation zu deuten?":

> *Also, da hilft mir das Wissen, ähm … über die Entwicklung der Kinder. Was man mal in der Ausbildung gelernt hat oder auch bei Fortbildungen. Also, dass sich Kinder in einem bestimmten Alter ja auch mit so mathematischen Sachen beschäftigen, mit Zählen und auch ähm mit Materialerfahrung auch … ähm, [Pause] Ja, und dann kann man eben je nach dem, wenn man jetzt wüsste wie alt das Kind ist, könnte man sagen: ja, das ist aber sehr weit für sein Alter, oder ähm … das … ähm wird auch langsam Zeit, dass er damit anfängt (lacht) oder so halt, ne. Ja, da ist entscheidend, dass man ein bisschen was über die Entwicklung der Kinder weiß. Wie die vorangeht (Interview 2).*

c) Theoretische Deutungsbasis

Im Rahmen einer theoretisch-wissenschaftlichen Deutungsbasis wird die Deutung anhand wissenschaftlicher Kriterien und mit Verweis auf wissenschaftliche Referenzrahmen vollzogen. Eine solche Deutungsbasis kann in einigen Fällen rekonstruiert werden, beispielsweise anhand der folgenden Aussage:

> *„Das ist Modelllernen. Das Lernen nach Modell, spezial Nachahmung oder Imitationslernen" (Interview 29).*

Wie bereits zur theoretischen Terminologie ausgeführt wurde, lässt sich eine theoretisch-wissenschaftliche Deutungsbasis nicht strikt von einer methodischen Deutungsbasis abgrenzen, weil dazu dezidiert geklärt werden müsste, welche Wissensformen dem methodischen Wissen einer frühpädagogischen Fachkraft zuzurechnen sind.

Deutungsprämissen

Mit dem Begriff der „Deutungsprämisse" ist die grundsätzliche Ausrichtung der vollzogenen Deutung gemeint. Solche Deutungsprämissen wirken als gesetzte Postulate, die gewissermaßen a priori den Deutungsprozess rahmen, unabhängig davon, welche Aufmerksamkeitsfokussierung, welche Terminologie und welche Deutungsbasis gewählt wurden. Es lassen sich hier die „ergebnisorientierte" und die „prozessorientierte" Deutungsprämisse unterscheiden:

a) Ergebnisorientiert

Die Deutung der beobachteten Situation vollzieht sich gemäß der Prämisse, dass das Handeln des Kindes dem Bestreben folgt, ein Ziel zu erreichen.

> Interviewte 2: *„Dann baut er die flache größere Kiste auf die kleinere, also auf die von der Oberfläche her kleinere Kiste und das hält dann auch und er legt mehrere Bausteine hinein und reibt sich zum Schluss so die Hände, als wäre er mit seiner … mit seinem, hätte er sein Ziel erreicht, als wäre er mit seiner Arbeit fertig"* (Interview 2).

Die gleiche ergebnisorientierte Deutung dokumentiert sich auch in homologen Äußerungen der Erzieherin 1:

> Interviewte 1: *„Also war ja auch … ähm eine gewisse Kraftanstrengung zu sehen. Dass er also, dieses Kind hat ja versucht, … dass was es im Kopf hat an Phantasie irgendwie umzusetzen"* (Interview 1).

Im Rahmen dieser Aussagen deuten beide Fachkräfte die Szene derart, dass das Kind in seiner zielgerichteten Tätigkeit bemüht ist, einen Plan in die Tat umzusetzen.

Im Rahmen der ergebnisorientierten Deutungsprämisse äußern die befragten ErzieherInnen dann Vermutungen dazu, was das Ziel des Kindes sein könnte, bzw. benennen ein solches Ziel. So konzentriert sich Erzieherin 2 auf die Tätigkeiten des Kindes, wobei für sie relativ schnell klar zu sein scheint, dass das Kind das Ziel verfolgt, Kisten aufeinander zu stapeln:

> Interviewte 2: *„Also es macht den Eindruck, ähm … als hätte er das Ziel gehabt, erstmal die Kisten aufeinander zu stapeln und dann auch etwas da rein zu tun und ich weiß nicht, ob er sich das während des Spiels überlegt hat oder ob er den Plan gehabt hat. Das k…, also ich denk mal das hat sich so entwickelt. Ich würde nicht sagen, dass er morgens aufgestanden ist und gesagt hat: ich geh heute und baue mit den Kisten nen Turm oder so [schmunzelnd]. Ähm … [Pause] Und, ja also ich hatte den Eindruck er war zufrieden mit seinem, was er geschafft hat"* (Interview 2).

b) Prozessorientiert

Im Gegensatz zur ergebnisorientierten Perspektive wird bei diesem Typ die Deutung im Modus einer Prozessbeschreibung formuliert.

> *„Hmh, es ist aktiv im freien Spiel, das heißt, es probiert sich aus, ist also ganz frei in seinen Bewegungen, also viel im Stand. Also, kann ich beobachten, also es ist erst … erst saß es und dann ist es immer wieder aktiv, nimmt die Bauklötze und die Holzkisten, baut sie auf und ab. Bewegt sich frei, gestaltet viel mit … mit dem Mund. Also lallt mit, spricht Wortsch … also spricht seine Laute, ähm orientiert sich sehr stark auf seine Sache, experimentiert mit den … mit dem Gebauten, wirft es wieder runter, baut es wieder auf, stapelt neu. Mit viel Kraftaufwand und viel Ausdauer, hab ich mir noch notiert“ (Interview 20).*

In den Aussagen der Befragten 20 dokumentiert sich eine solche prozessorientierte Beobachtungsprämisse. Die Erzieherin beschreibt hier, wie das Kind handelt und welche Veränderungen sich in seiner Auseinandersetzung mit den Bauklötzen und Holzkisten ergeben. Ihre Aussagen beziehen sich dabei auf die Art und Weise, in der sich das Kind mit einer Sache beschäftigt: in Form eines freien Spiels, durch Ausprobieren und Experimentieren, anhand unterschiedlicher körperlicher Bewegungen, der Artikulation akustischer Äußerungen und durch das Aufbringen von Ausdauer.

Die Deutung innerhalb dieses Orientierungsrahmens ist im Gegensatz zum ergebnisorientierten Deutungsmodus nicht auf vermutete Zielstellungen und Resultate bezüglich kindlichen Handelns und Verhaltens gerichtet.

Neben diesen bis hier beschriebenen grundlegenden Ausrichtungen der Deutungen als ergebnis- bzw. prozessorientierte Deutungen, stehen weitere Orientierungsrahmen, die die Deutungen der Befragten strukturieren. Solche Deutungsprämissen dokumentieren sich in vorab getroffenen Klassifizierungen kindlichen Handelns als Spielen und Lernen. Diese Orientierungsrahmen haben wir als „Spielprämisse“ und „Lernprämisse“ benannt.

c) Spiel-Prämisse: Kindliches Handeln ist Spiel

Gemäß dieser Prämisse wird kindliches Handeln als Spiel gedeutet:

> *„Ich würd' sagen das ist eine Spielsituation“ (Interview 1) oder: „Ähm, … man hat das Gefühl es möchte spielen, denn also in seiner rechten Hand hält es einen kleinen roten Sandtrichter“ (Interview 1).*

Die Interpretationen, nach denen es sich um eine Spielsituation handelt oder das Kind spielen möchte, resultieren nicht aus der Beobachtung und Deutung der vorgeführten Filmsequenz, sondern werden bereits vor diesen Prozessen als Deutungsprämisse in den Deutungspfad eingeführt. Die Interpretation der Situation und des kindlichen Handelns erfährt durch die Klassifizierung als Spiel eine erste Zuschreibung.

d) Lern-Prämisse: Kinder lernen ständig

Ähnlich wie die Spielprämisse, finden sich in den Aussagen der Befragten Hinweise darauf, dass der Deutungsprozess dadurch strukturiert ist, dass Kindern ein Lernprozess zugeschrieben wird und ihr Handeln vor diesem Hintergrund gedeutet wird. Diese Lernprämisse wird explizit benannt und generalisiert:

> *„Mit Sicherheit lernt dieses Kind etwas". (Interview 5)*

> *„Ja, Kinder lernen ja immer!" (Interview 1)*

> *„Es ist permanent am Lernen. Ja, es probiert und es ist die ganze Zeit intensiv am Lernen" (Interview 29)*

In diesen Aussagen wird mit Nachdruck betont, dass Kinder lernen. Zwar wird im Interview, gemäß des Leitfades, die Frage gestellt, ob das im Film gezeigte Kind lernt, aber in einigen Äußerungen auf diese Frage wird die Antwort mit Nachdruck anhand der Satzfloskeln „mit Sicherheit" oder „auf jeden Fall" stark betont. Darüber hinaus wird die getroffene Aussage zum Lernen des Kindes über die im Film gezeigte Zeitspanne hinaus ausgeweitet bzw. als Aussage über Kinder im Allgemeinen generalisiert. In diesen Fällen sprechen wird von einer Lernprämisse.

Die Lernprämisse und die zuvor beschriebene Spielprämisse zeigen sich in einigen Interviews auch in kombinierter Form:

> *„Das heißt, ähm das was ich am Anfang schon mal sagte: jedes Spielen ist auch ein Lernen. Ob das jetzt Rollenspiel ist oder wie hier jetzt" (Interview 1).*

Die hier befragte Erzieherin bringt beide Deutungsprämissen in eine Beziehung und verallgemeinert das Spielen von Kindern generell zu einem Lernprozess.

e) Hilfsbedürftiges Kind

An dieser Stelle wird, als weiterer Bestandteil des Deutungspfades, das sich dokumentierende Kindbild nach „hilfsbedürftigem" und „selbstständigem" Kind unterschieden. In einigen Aussagen der befragten Fachkräfte finden sich Aussagen, die die Hilfsbedürftigkeit von Kindern thematisieren:

> *„Also das Kind wird ja erstmal als unbelastetes Kind geboren. Es ist, äh … so ist es. Und dann entwickelt sich in verschiedenen Altersstufen eben die verschiedenen äh Gehirnstränge anders aus und es gibt Gehirnstränge, die äh … die man unheimlich viel fördern kann, die aber sehr viel verkümmern im Kindergarten, gerade in der Vorschulphase ähm, ähm kann man sehr große Fehler machen in der Sache" (Interview 13).*

In diesem Zitat kommt zum Ausdruck, dass der Befragte davon ausgeht, dass Kinder in bestimmten Altersstufen bestimmte Entwicklungen vollziehen können. Er bemisst einer Förderung durch pädagogische Interventionen dabei einen hohen Stellenwert zu, bei dessen Ausbleiben dem Kind eine potentiell mögliche Entwicklung verschlossen bleibt, die es, auf sich allein gestellt, nicht erreichen kann.

f) Selbstständiges Kind

Kontrastierend zur Auffassung über die Hilfsbedürftigkeit von Kindern, zeigen sich in anderen Aussagen der Befragten Deutungsrahmen, bei der die Selbstständigkeit von Kindern betont wird:

> *„Weil das Kind selber lernt oder gerade ausprobiert, wie so was funktioniert. Dass der Wagen nur rollt, wenn die Rollen auf der Erde sind (…). So diese physikalischen Geschichten lernt das Kind, ohne dass ich da eingreife. Und in der Regel sind die Kinder mit dem Ergebnis, das sie alleine erarbeitet haben, noch besser zufrieden, als wenn sie so (…) sehr dahin leitet. (…) Also, die Selbstständigkeit, finde ich, spielt eine große Rolle" (Interview 4).*

Die Auffassung zur Selbständigkeit des Kindes wird hier bezüglich der Lernprozesse im physikalischen Bereich explizit benannt und formulierend beschrieben. Die kindliche lernende Auseinandersetzung mit der Welt wird gemäß einem konstruktivistischen Verständnis als selbstreferentieller Prozess verstanden.

Nach der Beschreibung der wesentlichen von uns rekonstruierten sinngenetischen Typen in der Beobachtung der Befragten gehen wir an dieser Stelle auf die zweite Konsistenzschwelle im Verlauf des Deutungspfades ein. Hierbei handelt es sich um den Übergang von der Deutung zum Entwurf einer Intervention, mit der auf die zuvor beobachtete und gedeutete Situation reagiert werden könnte.

Diese Schwelle kann in unterschiedlicher Weise bewältigt werden. Analog zur Konsistenzschwelle zwischen Beobachtung und Deutung lassen sich hier sichere und unsichere Formen identifizieren.

Übergang zur Interventionsplanung: Formen der Reflexion

Ähnlich wie beim Übergang von der Beobachtung zur Deutung, zeigen sich auch beim Übergang von der Deutung zur Interventionsplanung Formen der Reflexion, in denen sich Sicherheit bzw. Unsicherheit im Hinblick auf mögliche (pädagogische) Interventionen dokumentiert.

a) Sicher

In den Formulierungen der Interviewpartner finden sich Hinweise darauf, dass Entscheidungen über mögliche pädagogische Interventionen mit professioneller Sicherheit geäußert werden.

> *„Ich hätte nicht das Gefühl, das kleinere Kind müsste in (…) seiner Kontaktaufnahme noch gestärkt werden. Weil ich ganz eindeutig sehe, dass das Kind sich in Pose setzt, um dieses Geschehen der größeren Kinder nachzuvollziehen, aber auch ein Stück weit zu partizipieren. Ich würde sagen, das ist altersangemessen und auch so eine heterogene, altersgemischte Gruppe. Entsprechend dass die Kleineren nicht zu forsch und auch mit Abstand auf größere Kinder zugehen. Ich hätte bei diesem Kind wiederum nicht unbedingt das Gefühl, ich müsste es stärker sozial integrieren“ (Interview 29).*

In dieser Aussage macht die befragte Erzieherin deutlich, dass sie sich bezüglich einer sinnvollen pädagogischen Intervention bzw. der aus ihrer Sicht nicht notwendigen Unterstützung des Kindes sicher ist. Sie leitet ihre Einschätzung konsistent aus ihren Deutungen zum altersangemessenen Verhalten des Kindes und der heterogenen Gruppe der Kinder ab und kann auf diese Weise Deutung und Interventionsplanung miteinander in Beziehung setzen und begründen.

b) Unsicher

Bezüglich der Interventionsplanung dokumentieren sich Unsicherheiten. Die Befragten sind sich nicht sicher, was angemessene (pädagogische) Interventionen beinhalten könnte bzw. ob die vorgeschlagenen Maßnahmen eine fachlich legitimierbare Handlungsweise darstellen:

> *„Man möchte ihm gerne helfen, aber ähm also man möchte es eigentlich auch nicht" (Interview 1).*

In dieser Aussage wird deutlich, dass die Erzieherin Schwierigkeiten dabei hat, zwischen zwei grundsätzlich verschiedenen Handlungsoptionen zu entscheiden. Zwischen beiden gegensätzlichen Ausrichtungen der Intervention muss sich auch der im folgenden Transkript zitierte Erzieher entscheiden:

> Interviewer: *„Angenommen Sie wären jetzt als Erzieher in dieser Situation mit dem Kind und würden das so in der Realität beobachten. Ehm … gäb's da für Sie etwas zu tun? Würden Sie da handeln"?*
> Erzieher: *„Hmh, … wenn, dann würd' ich versuchen, ihm noch ein bisschen mehr Inspiration zu geben, oder … äh, aber eigentlich gar nicht mal mehr, nein. Nein, das find ich durchaus in Ordnung, vielleicht ein bisschen…. Er hat die Materialien für sich entdeckt, er ist dabei … ich glaube, ich weiß nicht, ob man das unterstützen könnte noch. Vielleicht, wenn man sich mit ihm in dieses Spiel hinein begibt, könnte es sein, dass es noch ein bisschen längerfristiger dauern würde, aber ich weiß … ne, glaub ich nicht. Nö, ich fand das ganz gut so, wie er das für sich so gemacht hatte. Äh, der war unheimlich interessiert da dran bei dem, was er da tat. Äh … und unheimlich motiviert dabei auch (lacht)".*
> Interviewer: *„Ja"..*
> Erzieher: *„Hat sich durch nichts stören lassen, was da im ganzen Raum um ihn herum abgegangen ist. Das war so meine Beobachtung und …. Ja, aber wie gesagt, das ist nicht meine Altersgruppe. Aber ich wäre da jetzt nicht rein gegangen in das Spiel, nein" (Interview 13).*

Es zeigt sich hier, dass der befragte Erzieher in dieser Situation als verantwortlicher Pädagoge grundsätzlich eine zurückhaltende Rolle einnehmen würde, äußert dennoch Unsicherheiten, ob nicht doch eine fachlich fundierte Intervention, mit der das Kind unterstützt werden könnte, denkbar ist. Letztlich löst er das Dilemma mit dem Hinweis, dass er für diese Altersgruppe nicht zuständig ist.

Abgesehen von Schwierigkeiten der Befragten, die sich bezüglich einer Entscheidungsfindung zu pädagogischen Interventionen zeigen, dokumentieren sich Unsicherheiten ebenso anhand fehlender Zusammenhänge zwischen Deutung und Interventionsplanung. In Abgrenzung zu konsistenten Verknüpfungen, werden diese Übergänge der Konsistenzschwelle als „inkonsistent" benannt.

Als dritten wesentlichen Aspekt des Deutungspfades der Befragten, haben wir deren Aussagen zu Interventionsplanungen untersucht.

5.2.3 Interventionsplanung

Mit „Interventionsplanung" ist ein Handeln bezeichnet, anhand dessen auf das beobachtete und gedeutete Verhalten von Kindern bzw. die beobachtete und gedeutete Situationen reagiert werden kann/könnte. Bezüglich dieses Handelns lassen sich unterschiedliche Interventionsstrategien und Interventionsprämissen unterscheiden.

Interventionsstrategie

Mit der „Interventionsstrategie" ist die Art und Weise gemeint, wie die Befragten zum Entwurf möglicher pädagogischer Intervention gelangen. Hier lassen sich konkret-spontane und methodische Strategien unterscheiden.

a) Konkret-spontan

Die vorgeschlagenen Interventionen resultieren aus den spontanen Ideen der Befragten und beziehen sich konkret auf die in der Filmsequenz vorgeführten Situationen.

> *„Wenn ich das so beobachten würde, würde ich mit dem Kind zusammen überlegen, ob es da nicht noch mehr Möglichkeiten gibt, um mal ein schönes Bild zu machen. Gipsabdruck oder irgendwie noch Materialien daher zu bringen, um das Kind einfach mal weiter bewegen zu können. Verschiedene andere Muscheln vielleicht noch, um auch mal die Vielfalt kennen zu lernen, weil ich denke, es hat ihm Spaß gemacht" (Interview 3).*

In den Aussagen erfolgen keine dezidierten Bezugnahmen auf pädagogische Konzepte, die konkret benannt werden. Die Interventionsplanung wird nicht durch eine entsprechende Bezugnahme legitimiert, sondern spontan von der Befragten selbst entwickelt. Es zeigt sich im Rahmen dieser konkret-spontanen Interventionsplanungen jedoch die Strategie, im Gespräch und im Kontakt mit dem Kind, die Beweggründe seines Handelns zu erörtern, um anschließend daran anzuknüpfen. Die Befragten beschreiben, ähnlich wie im aufgeführten Transkript, explizit, dass ihre Intervention darauf gerichtet wäre, das Thema des Kindes zu identifizieren, um durch eine pädagogische Intervention die weiterführende Auseinandersetzung mit einer Fragestellung oder Thematik zu befördern.

b) Methodisch

Methodische Interventionsstrategien werden durch die explizite Bezugnahme auf ein pädagogisches Konzept definiert und/oder lassen sich als fachspezifisch übliche Strategien pädagogischen Vorgehens bezeichnen.

> Interviewer: *„Und angenommen Sie wären jetzt die Erzieherin, die da im Raum sitzt ..., also man hatte ja kurz eine Erzieherin gesehen, ähm was würden Sie jetzt da machen ... in der Situation oder gäb's für Sie irgendeinen Anlass zu handeln?*
> Erzieherin: *„Im Anschluss, ja! Also nicht sofort, sondern ähm weil ich denk mal so ein Kind in dem Alter ist ja jetzt auch erstmal fertig mit seiner konzentrierten Phase und ... ähm, macht jetzt vielleicht erstmal was Anderes" (Interview 2).*

Die Erzieherin begründet ihre (zurückhaltende) Intervention („Im Anschluss, ja! Also nicht sofort ...") mit der Bezugnahme auf das Alter des Kindes und ihren daraus abgeleiteten Schlussfolgerungen zu dessen Aufmerksamkeitsspanne, welche in diesem Falle eine zeitnahe Intervention als nicht sinnvoll erscheinen lässt.

Eine weitere typische Aussage lautet:

> *„Im Projekt Mathekings und Mathequeens haben wir gelernt, dass Kinder durch handlungsorientierte Auseinandersetzung und kindgerechtes Material beim Aufbau eines mathematischen Grundverständnisses unterstützt werden" (Interview 30).*

Die Überwindung der Konsistenzschwelle zwischen Deutung und Intervention wird hier als „methodisch" angesehen, weil die möglichen Interventionen in Beziehung zu vorher benannten Bildungsbereichen stehen oder vom jeweiligen Alter des Kindes abhängig gemacht werden.

Methodische Interventionsformen lassen sich neben solchen, direkt auf die gezeigte Filmsequenz bezogene Aussagen, auch in Metaerzählungen der Befragten zur gängigen Praxis in der eigenen Kindertagesstätte rekonstruieren. So skizziert eine Erzieherin (Interviewte 20) bei der Schilderung möglicher Interventionen, teils explizit mit Fachbegriffen („Anamnese"), teils implizit („wir beobachten die Kinder und bevor entschieden wird, was gemacht wird, guckt man sich die Kinder genau an") die Phasen von Anamnese, Diagnose und Intervention. Die Befragte formuliert damit eine eigenständige Beschreibung der Phasen eines der methodischen Vorgehen zur Beobachtung und Dokumentation kindlicher Bildungsprozesse (vgl. Abs. 2.4, S. 32).

Interventionsprämissen

Ähnlich wie im Falle der Deutungen, lassen sich in den beschriebenen Interventionsstrategien der Befragten unterschiedliche grundsätzliche Ausrichtungen, d. h. „Interventionsprämissen“, unterscheiden. Im Wesentlichen sind dies die Formen einer pädagogischen „Zurückhaltung“ einerseits und einer „unterstützenden Intervention“ andererseits. Beide Interventionsprämissen werden im Folgenden, einschließlich weiterer Differenzierungen innerhalb dieser Typen, vorgestellt.

a) Pädagogische Zurückhaltung

Eine Interventionsprämisse, die in den Antworten der Befragten rekonstruiert werden kann, ist durch eine Passivität pädagogischen Handelns gekennzeichnet, bei dem in das kindliche Handeln bzw. in die beobachtete Situation nicht eingegriffen wird. Diese Interventionsprämisse bezeichnen wir als „Zurückhaltung“. Die dieser Prämisse zugrunde liegende (pädagogische) Passivität kann anhand unseres empirischen Materials nochmals als „passive Passivität“ und „aktive Passivität“ differenziert werden. Beide sind nicht mit einer indifferenten pädagogischen Haltung gleichzusetzen.

Passive Passivität
Die grundlegende Interventionsprämisse der Befragten besteht in einer Zurückhaltung bezüglich pädagogischer Interventionen. Es wird favorisiert, das/die Kind/er nicht in der Beschäftigung mit einer Thematik zu stören, sondern sie ihren eigenen Handlungsimpulsen und der Richtung ihres Interesses folgen zu lassen. Die Erzieherin bzw. der Erzieher äußert, sich eher passiv verhalten zu wollen. Diese passive Passivität resultiert dabei aus der Einschätzung der Befragten, dass in der vorgeführten Situation keine Handlungsnotwendigkeit besteht und in diesem Sinne kein Anlass gegeben ist, von Seiten der frühpädagogischen Fachkraft einzugreifen. Aus diesem Grunde wird diese Form der Passivität als passiv benannt, da sie durch eine abwartende Haltung geprägt ist, in dem Sinne, dass nicht interveniert wird, solange kein zwingender Grund dazu besteht.

Diese passive Passivität wird in den Aussagen der ErzieherInnen an Bedingungen geknüpft, die für eine entsprechende Möglichkeit zur Zurückhaltung erfüllt sein müssen.

Bedingung/en
Zum einen ist für die Befragten keine Notwendigkeit zur Interventionsplanung gegeben, solange kein/e *Notfall/Gefahr* für das Kind besteht. Sowohl die Umwelt des Kindes als auch die Handlungsweisen des Kindes werden dahingehend bewertet, dass keinerlei Gefahren für das leibliche Wohl des Kindes bestehen.

Zum anderen wird Zurückhaltung dann als legitim angesehen, wenn in der Beobachtung und Deutung keine Unzufriedenheit des Kindes festzustellen ist. Eine typische Aussage lautet beispielsweise:

> *„Also, in dem Moment jetzt in der Sequenz würd' ich nicht irgendwie eingreifen. Weil es ist nichts Gefährliches und er ist da sehr beschäftigt, er ist nicht unzufrieden" (Interview 2).*

In dieser kurzen Aussage dokumentiert sich die passive Passivität und auch die beiden aufgeführten Bedingungen werden angesprochen und als Bedingungen der Zurückhaltung legitimierend bewertet.

Im Unterschied zu dieser „passiven Passivität" kann eine weitere Interventionsprämisse festgestellt werden, die wir als „aktive Passivität" bezeichnet haben. Obwohl sich beide Interventionsprämissen bezüglich der letztendlichen Aktivität der ErzieherInnen nicht unterscheiden – es wird in beiden Fällen nicht eingegriffen – so werden sie doch an andere Legitimationen und Bedingungen der Zurückhaltung geknüpft.

Aktive Passivität
Dieser zurückhaltenden bzw. ausbleibenden Interventionsplanung liegt die Vorstellung zugrunde, dass sich das Kind alleine mit Themen, Gegenständen und Sachverhalten beschäftigen will und soll. Die Passivität der ErzieherInnen dient dem Zweck, Freiraum zu schaffen, in dem das Kind eigene Erfahrungen machen kann.

Ihre Zurückhaltung wird von den Befragten explizit und kontrastierend in Abgrenzung zu einem „Eingreifen" in das kindliche Handeln formuliert. Dem Kind ist die Möglichkeit zu einem freien Handeln bzw. im Spiel dadurch gegeben, dass anwesende ErzieherInnen und andere Personen dem Kind die Möglichkeit zur freien Gestaltung lassen. Das unterlassene Eingreifen wird als bewusste Entscheidung thematisiert und die Zurückhaltung nicht allein als Passivität aufgrund ausbleibender Handlungsnotwendigkeiten, sondern als aktive Handlung. Aus diesem Grunde haben wir diese Interventionsprämisse als „aktive Passivität" bezeichnet.

Neben den beiden Formen einer pädagogischen Zurückhaltung als Interventionsprämisse, dokumentieren sich alternative Ansätze pädagogischen Handelns, bei denen von Seiten der ErzieherInnen unterstützend eingegriffen wird.

b) Unterstützend

Im Rahmen der unterstützend eingreifenden Interventionsprämisse werden (pädagogische) Handlungsweisen benannt, durch die das Kind in der Auseinandersetzung mit seinem Thema unterstützt werden soll. Diese unterstützende Interventionsplanung konkretisiert sich dann in unterschiedlichen Formen, die im Folgenden differenziert dargestellt werden.

Abwartende Unterstützung
Eine erste Form der unterstützenden Intervention, die hier beschrieben werden soll, stellt gewissermaßen eine Übergangsform zwischen zurückhaltender und unterstützender Intervention dar. Diese unterstützende Interventionsplanung realisiert sich zunächst in einer „weiteren Beobachtung": Vor einer Intervention der ErzieherInnen soll zunächst eine weitere (über die in der Filmsequenz gezeigte Situation hinausreichende) Beobachtung stattfinden, um eine dem spezifischen Fall angemessene Entscheidung treffen zu können. Die Intervention wird hier also bereits angekündigt, aber „vertagt".

> *„Wenn die Sequenz jetzt länger gegangen wäre, dann hätte man noch gucken können, gibt man ihm noch neue Reize? Fordert er das?" (Interview 20)?*

Eine längere Beobachtung der Situation könnte gemäß der hier zitierten Erzieherin zu der Einschätzung führen, dass es sinnvoll wäre, einzugreifen und „neue Reize" anzubieten.

Die weiteren Beobachtungen der ErzieherInnen beziehen sich auf die Handlungsweise des/der Kindes/Kinder, welche hinsichtlich verschiedener Dimensionen beobachtet wird. Bevor eingegriffen wird, muss sich zunächst erst zeigen, dass sich das Interesse des Kindes für eine bestimmte Sache oder ein Thema in der zeitlichen, sachlichen und sozialen Dimension ausweitet. Erst wenn sich das Kind länger mit einem Thema beschäftigt (zeitlich), die Auseinandersetzung mit bestimmten Dingen überhaupt sicher erkannt werden kann (sachlich) oder aber andere Kinder hinzukommen (sozial), wird eine darauf fördernd eingehende pädagogische Intervention als sinnvoll erachtet.

Eine typische Aussage, die bereits zur Illustration der passiven Passivität genutzt wurde, wird folgendermaßen weitergeführt:

> *„Also, in dem Moment jetzt in der Sequenz würd' ich nicht irgendwie eingreifen. Weil, es ist nichts Gefährliches und er ist da sehr beschäftigt, er ist nicht unzufrieden. Ähm, man könnte halt überlegen, wie man das weiter, also man müsste das beobachten, wie es weiter geht, ne? Ob er da sein Interesse wirklich da aufs Bauen legt und vielleicht noch verschiedene Sachen, verschiedene Materialien auch anbieten. Also nicht nur Holzkisten, sondern vielleicht auch große Legosteine oder so was" (Interview 2).*

Die vorangehende Beobachtung in der „abwartenden Unterstützung" kann in diesem Sinne auch als Bedingung gesehen werden, um von passiver oder aktiver Passivität in den Modus einer handelnden, pädagogischen Intervention in Form von Unterstützungen für das Kind zu wechseln.

Unterstützende Interventionsplanung
In den aufgeführten Zitaten zur Illustration der unterschiedlichen Interventionsprämissen und Strategien dokumentieren sich nicht allein die grundlegenden Vorgehensweisen der Befragten, anhand derer sie Ideen für pädagogisches Handeln entwickeln. In ihren Aussagen wird ebenso angedeutet, worin eine Intervention, wenn sie letztlich durchgeführt würde, bestehen könnte.

Es zeigen sich hierbei drei Varianten. Zur Illustration werden wieder Teile der eingangs aufgeführten Zitate verwendet:

> *„(…) mit dem Kind zusammen überlegen, ob es da nicht noch mehr Möglichkeiten gibt, um mal ein schönes Bild zu machen (…)" (Interview 3).*

In Aussagen wie der der Interviewten 3 schlagen die Befragten zum einen vor, eine thematische Ausweitung vorzunehmen. Nachdem durch die Beobachtung bzw. durch den Dialog mit dem Kind erkannt wurde, mit welchem Thema es sich beschäftigt, kann eine Intervention laut den Befragten darin bestehen, das Kind zu animieren, sich in anderer Weise mit Materialien zu beschäftigen. Im Beispiel des Zitates ist dies der Vorschlag, ein „schönes Bild zu machen". Neben dieser thematischen Ausweitung lässt sich eine soziale Ausweitung erkennen. Die Befragte schlägt vor, „mit dem Kind zusammen [zu] überlegen (Einfügung: MK)", was getan werden könnte. Die Beschäftigung des Kindes mit einem Thema und Material wird dialogisch um die Perspektive der (zunächst beobachtenden) Erzieherin ergänzt. In anderen Aussagen äußern die Befragten beispielsweise auch, dass andere Kinder hinzugeholt werden könnten. Dies ist dann eine andere Variante der sozialen Ausweitung.

Neben Interventionen, bei denen eine thematische und/oder soziale Ausweitung als Möglichkeit der Anknüpfung an das Thema des Kindes vorgeschlagen wird, findet sich eine andere Interventionsform, die im folgenden Ausschnitt eines Transkriptes illustriert ist:

> *„(...) vielleicht noch verschiedene Sachen, verschiedene Materialien auch anbieten. Also nicht nur Holzkisten, sondern vielleicht auch große Legosteine oder so was“* (Interview 2).

In dieser Aussage der bereits zuvor zitierten Interviewten 2 wird eine materielle Ausweitung als möglicher Interventionsentwurf vorgeschlagen. Dem Kind könnte laut der Befragten anderes Material angeboten werden, als das, mit dem es sich ohnehin beschäftigt. Diese Interventionsvariante der materiellen Ausweitung dokumentiert sich in unserem Datenmaterial als häufigste vorgeschlagene pädagogische Maßnahme. Eine Variante dieser Intervention besteht darin, dem Kind, statt anderem Material, mehr Material derselben Art anzubieten. Beschäftigt sich ein Kind beispielsweise, wie in Filmsequenz 3, mit Muscheln, wird erwogen, mehr Muscheln zur Verfügung zu stellen.

Rahmenbedingungen

Ein Aspekt der Beobachtungs- und Deutungskompetenz war nicht von vornherein als relevanter Aspekt im Forschungs- und Erhebungsdesign berücksichtigt, sondern wurde von den Befragten benannt und auf diese Weise erst im Zuge der Analyse des empirischen Datenmaterials in den Aufmerksamkeitshorizont der wissenschaftlichen Reflexion gehoben: Die Rahmenbedingungen der Beobachtung und Deutung in der alltäglichen Praxis. Hierbei lassen sich zwei grundsätzlich unterschiedliche Varianten benennen. Bein einigen Befragten sind die Beobachtungen und Deutungen kindlicher Handlungen und Lernprozesse institutionell als gängige Praxis der Kindertagesstätte abgesichert. Bei anderen Befragten ist diese Tätigkeit der individuellen Eigenverantwortung der Fachkräfte überlassen. Beide Varianten werden an dieser Stelle kurz skizziert.

a) Diskursiver Aushandlungsprozess/institutionell abgesichert

Beobachtungen und Deutungen sind im Alltag der ErzieherInnen als kollektives Verfahren konzeptionell etabliert. Eine entsprechende Personalsituation gibt den Befragten im Alltag ausreichende Spielräume für Beobachtungen, die anschließend fallabhängig mit Kolleginnen, der Leitung, dem Team und den Eltern besprochen werden. Für langfristige Beobachtungen werden in der Einrichtung entsprechende Beobachtungs- und Dokumentationsverfahren genutzt. Beobachtungen werden als zentraler Aspekt der Arbeit betrachtet, insbesondere auch hinsichtlich der Einbindung von Eltern.

b) Individuell/personalisiert

Im Gegensatz dazu schildern andere ErzieherInnen die Beobachtung und Deutung kindlichen Handelns als eine Tätigkeit, die „nebenher immer läuft", aber der Eigeninitiative der einzelnen ErzieherInnen überlassen bleibt. Die Rahmenbedingungen, unter denen die ErzieherInnen dies dann durchführen, weisen vielfältige Widerstände auf, die den Vorgang erschweren. Es gibt weder einheitlich eingeführte Verfahren im Team, noch entsprechend ausgerichtete Organisationsformen.

Zur übersichtlichen Darstellung der beschriebenen Terminologien und Orientierungsrahmen, dem „Wie" der Beobachtungs- und Deutungsprozesse, werden die vorangegangenen Ausführungen in Form einer tabellarischen Auflistung zusammengefasst und dargestellt (vgl. Tabelle 6).

5.2.4 Zwischenfazit und Reflexion zur Rekonstruktion der sinngenetischen Typen

Trennscharfe Definitionen

Eine wesentliche Herausforderung bei der Analyse des Datenmaterials und der Identifizierung der sinngenetischen Typen bestand in der trennscharfen Definition und isolierten Beschreibung der einzelnen Orientierungsrahmen. Insbesondere für die an die Rekonstruktion anschließende Codierung weiterer Interviews war die exakte Abgrenzung der sinngenetischen Typen eine notwendige Bedingung für eine präzise Analyse. Die angefertigten Typenbeschreibungen mussten sich dabei durch ihre Eignung in der Aufschlüsselung empirischen Materials bewähren.

Tabelle 6 Codesystem zu Orientierungsrahmen

Orientierungsrahmen

Terminologie
- Alltagssprachlich
- Fachlich
- Theoretisch

Beobachtungsprämisse
- Kindorientiert
- Kontextorientiert

Deutungsbasis
- Erfahrungen
  - Vergleich mit anderen Kindern/Kinder allgemein
  - Vergleich mit anderen Situationen
- Fachliche Konzepte
- Theorien/wissenschaftl. Referenzrahmen

Deutungsprämisse
- Ergebnisorientiert
- Prozessorientiert
- Spiel-Prämisse
- Lern-Prämisse

Das Bild vom Kind
- Hilfsbedürftiges Kind
- Selbstständiges Kind

Interventionsstrategie
- Konkret-spontan
- Methodisch

Interventionsprämisse
- zurückhaltend
- unterstützend

Reflexion
- Sicher
- Unsicher

Rahmenbedingungen
- Institutionalisiert
- personalisiert

Mischung sinngenetischer Typen

Die hier beschriebenen sinngenetischen Typen finden sich im empirischen Einzelfall nicht in dieser isolierten Form. Die rekonstruierten Deutungspfade sind von den unterschiedlichen Orientierungsrahmen durchdrungen und sinngenetische Typen, die an dieser Stelle als vermeintliche Gegensatzpaare erscheinen, können im empirischen Einzelfall nebeneinander und einander überlappend auftreten, so dass sich von Fall zu Fall ein spezifisches Muster aus Kombinationen der sinngenetischen Typen zeigt.

Dies stellt zum einen ein analytisches Problem der Forschung dar, dokumentiert aber auch die komplexen, sich teilweise widerstrebenden Orientierungen in der Beobachtung, Deutung und Interventionsplanung der Praktiker.

Beobachtungs- und Deutungsprozesse frühpädagogischer Fachkräfte sind durch die Benennung der einzelnen Elemente ihrer Deutungspfade noch nicht hinreichend charakterisiert. Im Verlauf der Forschung wurden daher Profile von Einzelfällen hinsichtlich der darin enthaltenen und dominanten Orientierungsrahmen angefertigt. Zum einen, um den Einzelfall hierdurch zu analysieren und zu verstehen. Zum anderen, um die Einzelfälle miteinander vergleichen zu können, um in einem zweiten Schritt typische Muster in der Kombination der sinngenetischen Typen zu erfassen.

Identifizierung dominanter sinngenetischer Typen und typischer Deutungspfade

Wenn sinngenetische Typen innerhalb des empirischen Einzelfalles in unterschiedlichen Anteilen enthalten sind, stellt sich die Frage, wie die Einzelfälle in ihrer spezifischen Charakteristik, d. h. in der typischen Kombination sinngenetischer Typen, als *abstrakte Typen* erkannt und abgebildet werden können. In den folgenden Ausführungen wird erläutert, welche Vorgehensweise hierfür in unserer Studie angewendet wird.

a) Sinngenetische Typen finden sich in unterschiedlicher Gewichtung

Die Dominanz eines sinngenetischen Typs kann zunächst anhand seiner Gewichtung in den Aussagen der Befragten ermittelt werden. Hierzu wird die rein quantitative Verteilung entsprechend codierter Interviewpassagen verglichen. Wird dann beispielsweise lediglich eine Aussage dem Orientierungsrahmen „ergebnisorientierte Deutungsprämisse" zugeordnet, im gleichen Absatz aber mehrere Aussagen dem Orientierungsrahmen einer „prozessorientierten Deutungsprämisse" zugeordnet, dann ist dies ein erstes Anzeichen für eine Dominanz des letzteren Typs im Deutungspfad der Befragten.

Besonderheit: alltagssprachliche vs. fachliche Terminologie
Eine Besonderheit tritt bei der Klassifizierung der Terminologie auf. Auch innerhalb einer Fachsprache werden sich *Anteile alltagssprachlicher Terminologie finden lassen*. In der Regel wird diese Art der Formulierung sogar überwiegen. Fachliche Terminologie hingegen zeigt sich vereinzelt, anhand einzelner Begriffe. Fachliche Terminologie kann in einem quantitativen Sinne nicht als dominanter Aspekt in Formulierungen der Befragten auftreten.

> *„Ähm Modelllernen war jetzt erstmal nicht. Es war sehr für sich selbst aktiv, hat wenig Kontakt zu anderen Kindern gehabt und es hat jetzt erstmal nichts nachgeahmt" (Interview 29).*

In dieser Äußerung wurde lediglich der Begriff „Modelllernen" als fachliche Terminologie gekennzeichnet. Dieser Begriff wird nach der Nennung durch alltagssprachliche Formulierungen gerahmt, mittels derer der fachliche Terminus dann schlüssig erläutert wird.

Daher wird die fachliche Terminologie als charakteristisches Merkmal dieses Interviewabschnittes gewertet. Um als Modus Operandi des gesamten Deutungspfades rekonstruiert zu werden, muss sich die Verwendung fachlicher Begrifflichkeiten in entsprechend formulierten Sequenzen als homologen Äußerungen über das gesamte Interview mit seinen drei Abschnitten als ein wesentliches Element im Beobachtungs- und Deutungsprozess zeigen.

b) homologe Äußerungen
Um einen sinngenetischen Typ einem Deutungspfad zuzuordnen, ist es nicht ausreichend, diesen Orientierungsrahmen in einer einzelnen Aussage zu identifizieren. Ein sinngenetischer Typus wird dem Einzelfall dann zugeordnet, wenn sich die entsprechende Deutungsorientierung in homologen Äußerungen über alle drei Interviewteile gemäß der dokumentarischen Methode hinweg nachweisen lässt und sich in diesem Sinne bestätigt. Im Gegensatz dazu finden sich Deutungspfade, in denen bestimmte Orientierungsrahmen nicht rekonstruierbar sind oder sich Anzeichen für sinngenetische Typen nur in vereinzelten Bemerkungen zeigen, ohne sich durch homologe Aussagen zu bestätigen.

Wenn sich im Einzelfall ein sinngenetischer Typ, beispielsweise eine fachliche Deutungsbasis, nicht in homologen Äußerungen über die gesamten drei Abschnitte des Interviews zeigt, wird dieser Beobachtungs- und Deutungsmodus nicht als charakteristisch für den Deutungspfad der befragten Erzieherin angesehen. Vielmehr bleibt diese Orientierung im Hinblick auf das gesamte Interview peripher. Als dominanter Orientierungsrahmen und damit als charakteristisch für diesen Fall erweist sich hingegen beispielsweise eine erfahrungsorientierte Deutungsbasis, wenn sich dieser Modus in homologen Äußerungen über das gesamte Interview nachweisen lässt. Dieser Einzelfall wird daher diesem rekonstruierten Typ zugeordnet.

c) Kombination sinngenetischer Typen
Auch die Art und Weise der Kombinationen unterschiedlicher sinngenetischer Typen gibt einen Hinweis auf den dominanten Orientierungsrahmen innerhalb eines Deutungspfades. So kann rekonstruiert werden, welcher sinngenetische Typ sich im Argumentationsverlauf der Befragten durchsetzt. Beispielsweise können sich in den ersten Aussagen noch kontext- und kindorientierte Beobachtungsprämissen vermischen, während sich dann in den daran anschließenden Aussagen ausschließlich kindorientierte Beobachtungsprämissen zeigen und in diesem Sinne einen Hinweis auf diese Prämisse als dominanten Orientierungsrahmen liefern. Vergleichbares findet sich auch in der Beschreibung frühpädagogischer Konzepte. Ist z. B. die Nennung von Begriffen wie „Situationsansatz“ oder „Montessori-Pädagogik“ ein erster Hinweis auf die Verwendung fachlicher Terminologie, kann sich in den daran anschließenden Ausführungen der Befragten eine alltagssprachliche Terminologie als dominant erweisen, wenn eben solche frühpädagogischen Konzepte nicht anhand des fachlichen Vokabulars erläutert werden, sonders mittels alltagssprachlicher Ausdrucksweisen und Beispielen argumentiert wird.

Die dominanten Orientierungsrahmen eines Deutungspfades werden demnach anhand ihrer quantitativen Gewichtung, durch den Nachweis homologer Äußerungen und durch den Argumentationsverlauf der Befragten ermittelt.

5.2.5 Typisierte Deutungspfade

Die Rekonstruktion und Abstraktion der empirischen Daten dient der Rekonstruktion und Beschreibung typischer Fälle. Auf der Grundlage der ermittelten Aufmerksamkeitsfokussierungen und der rekonstruierten Orientierungsmuster kann dann dargestellt werden, auf welche Weise thematische Aspekte gemäß der Funktionslogik spezifischer Orientierungsrahmen zu Deutungspfaden verknüpft werden.

Typische Fälle

Im Zuge der qualitativen Auswertung und Typenbildung gemäß der dokumentarischen Methode lassen sich diese Typen anhand typischer Kombinationen von sinngenetischen Typen, die über die 30 Einzelfälle hinweg beobachtbar sind, beschreiben. Hinsichtlich ihrer charakteristischen Kombinationsmuster unterscheiden wir die Typen der

- Erfahrungsorientierten,
- Informierten,
- Methodiker und
- Lerntheoretiker.

Um ein Bild über die quantitative Verteilung der Typen zu erlangen, wird jeder der von uns erhobenen 30 Einzelfälle einem Typ zugeordnet.

Einzelfall und typische Deutungspfade

Der konkrete Einzelfall kann in einzelnen Facetten von diesem typischen Muster abweichen. Einzelfälle sind zwar durch einen dominanten typischen Deutungspfad geprägt, können jedoch vereinzelt Elemente (sinngenetische Typen) aufweisen, die durch ihre periphere und geringe Ausprägung als untypisch anzusehen sind und vielmehr anderen Typen von Deutungspfaden zugeordnet werden, in denen sie dann als dominanter Operationsmodus wirken. So finden sich dann in einem schwerpunktmäßig erfahrungsorientierten Einzelfall durchaus methodische Momente, während auch die Lerntheoretiker auf Erfahrungen zurückgreifen.

Konkrete Einzelfälle lassen sich demnach nicht in Gänze einem Typ zuordnen, sondern weisen vielmehr eine tendenzielle Ausrichtung auf, die sie in die Nähe eines abstrakt formulierten Typs rücken. In dieser Hinsicht ist die Einteilung in die vier von uns definierten Typen das Ergebnis einer fallübergreifenden Kontrastierung. Dem Forschungsgegenstand würde man nur gerecht, wenn es gelänge, gewissermaßen ein Kontinuum zu definieren, in dem dann der jeweilige Einzelfall gemäß seines ganz spezifische Profils angeordnet werden könnte. So fänden sich dann weitere Kategorien neben den vier hier benannten. Letztlich könnte jeder Einzelfall für sich genommen durch seine spezifischen Charakteristika eine eigene Kategorie bilden. Wir haben davon Abstand genommen, da dies analytisch nur schwer zu handhaben wäre und keine brauchbare allgemeine Orientierung mehr bieten würde.

Analytisch gesehen ist es zunächst ohnehin nicht zwingend erforderlich, den Einzelfall unbedingt einem Typ zu zuordnen. Der Einzelfall kann für sich genommen verstanden werden und hinsichtlich der in ihm realisierten Gewichtung der sinngenetischen Typen analysiert werden.

Für die hier vorliegende Studie wurde dennoch eine Zuordnung vorgenommen, um einen Anhaltspunkt für die Häufigkeit bestimmter Typen im Sampling der 30 Interviews zu erhalten.

Verteilung der unterschiedlichen Typen

Die Datenerhebung war und ist nicht repräsentativ. Dennoch lassen sich Aussagen zur Verteilung innerhalb der Stichprobe treffen. Dabei lässt sich erkennen, dass ein Großteil der Befragten schwerpunktmäßig erfahrungsorientiert beobachtet und deutet. Insgesamt wurden die 30 von uns untersuchten Einzelfälle gemäß der folgenden Grafik den vier rekonstruierten Typen zugeordnet:

Im nun anschließenden Kapitel erfolgen ausführliche, beschreibende Charakterisierungen zu den von uns unterschiedenen Typen anhand kompletter typischer Deutungspfade. Hierbei soll deutlich werden, was das jeweils typische ist und was die ausschlaggebenden diskriminierenden Aspekte sind, die den Einzelfall einem Typ zuordnen. Diese Beschreibungen typischer Fälle können nicht

Abbildung 5 Verteilung der dreißig Einzelfälle auf Typen

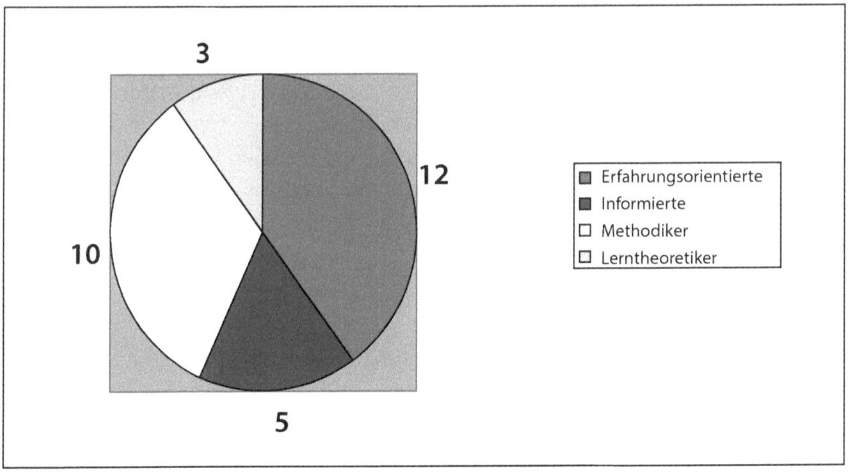

mehr strikt einem konkreten Fall und einer konkreten Filmsequenz zugeordnet werden.

5.3 Typ A: Die Erfahrungsorientierten

„Irgendwie hatte ich das Gefühl, es ist nicht so zufrieden".

In diesem Kapitel wird ein Deutungspfad mit einer spezifischen Ausprägung dargestellt, den wir als den Typ der „Erfahrungsorientierten" bezeichnen und als Modus Operandi in einigen empirischen Fällen rekonstruieren konnten. In den folgenden Ausführungen wird dargestellt, welche sinngenetischen Typen und welche Orientierungsrahmen als typisch für die Erfahrungsorientierten rekonstruiert werden konnten und sich schwerpunktmäßig im Deutungspfad finden lassen.

Anders als noch im vorangegangenen Kapitel richtet sich die Intention der Ausführungen nicht auf die isolierte Beschreibung dieser einzelnen Elemente, sondern auf die Beschreibung eines für die Erfahrungsorientierten typischen kompletten Deutungspfades, der durch die Verbindung unterschiedlicher sinngenetischer Typen in einer typischen Kombination charakterisiert wird.

Die Darstellung des Deutungspfades orientiert sich an der Chronologie der geführten Interviews. Die Beschreibung beginnt demnach mit der Eingangsphase des Interviews, die sich gemäß des Leitfadens zum teilstrukturierten Interview im Anschluss an die offen formulierte Frage entfaltet. Die Interviewten können dabei ihre Beobachtungen gemäß den gewählten Aufmerksamkeitsfokussierungen schildern und somit ihre Relevanzsetzungen artikulieren.

Zur Illustration werden Ausschnitte aus dem empirischen Material als transkribierte Aussagen eingefügt. Der Beschreibung einer typischen Anfangssequenz eines erfahrungsorientierten Deutungspfades stellen wir zunächst die Aussage der Interviewten 1 zu Film 1 voran, die Interpretation erfolgt im Anschluss.

> Interviewer: *„Was haben Sie beobachtet?"*
> Interviewte 1: *„Ähm, ich habe ein Kind beobachtet. Ein … in meinen Augen Krippenkind. Also, keine drei Jahre alt. Schwer zu schätzen, … noch keine zwei. Ähm, das versucht hat, sich also … also ich habe beobachtet, dass dieses Kind … einen Rollwagen hatte, es ihm aber nicht gereicht hat. Also dieser Rollwagen wurde beladen. Und auch wieder entladen. Und hin und her geschoben, aber das reichte dem Kind nicht. Es sollte irgendwie anders sein und dann hat es also überlegt, wie es das machen könnte. Hat sich dann andere*

> *Hilfsmittel dazu genommen, also noch ein ... ein größeres ... einen größeren Holzbaustein ohne Räder. ... Dann hat es aber gemerkt, dass das irgendwie, also irgendwie gefiel ihm das nicht und hat immer weiter konstruiert, es ist gar nicht mehr zum Ende gekommen. Hat dann irgendwann, obwohl es ja eigentlich was Rollendes haben wollte, was sich hin und her bewegt, hat dann den Rollwagen umgedreht, so dass die Räder in der Luft waren und ähm ... hat ... tja, ich weiß es selber nicht so genau. Also irgendwie ... ja hatte zwischendrin dann auch wieder beladen mit anderen Bausteinen, aber ähm irgendwie hatte ich das Gefühl, es ist nicht so zufrieden" (Interview 1).*

Dieses Zitat der Befragten 1 enthält eine Reihe an Aufmerksamkeitsfokussierungen und Beobachtungs- und Deutungsprozesse, die als typisch für „die Erfahrungsorientierten" herausgearbeitet werden konnten. Als erstes Element zeigt sich in diesen Fällen eine kindorientierte Beobachtungsprämisse.

Beobachtungsprämisse: kindorientiert

Die Beobachtungen konzentrieren sich im Rahmen dieses Typs auf das einzelne Kind und es erfolgen Aufmerksamkeitsfokussierungen, die sich auf **äußerlich wahrnehmbare Aspekte des Kindes** beziehen. Bei dieser Beobachtung erfolgt eine Beschreibung der Handlungen des Kindes, im Beispiel des Transkriptes ist dies das Stapeln von Baukästen. Die Beschreibungen der Handlungen des Kindes beinhalten dabei oftmals Aussagen zum Körpereinsatz und zu akustische Äußerungen des Kindes. Da dies im konkreten Fall der Interviewten 1 nicht der Fall ist, dient die Aussage der Interviewten 2 als Beispiel:

> Interviewte 2: *„Er trägt die Kisten umher und macht so Töne der Anstrengung, also: „Oohh", so stöhnt er da quasi (...) und reibt sich zum Schluss so die Hände, als wäre er mit seiner ... mit seinem, als hätte er sein Ziel erreicht, als wäre er mit seiner Arbeit fertig" (Interview 2).*

Innerhalb dieser Eingangssequenz erfolgen Einschätzungen zum Alter und zum Geschlecht des gezeigten Kindes. Die Einschätzungen können dabei nicht immer präzise und eindeutig vorgenommen werden. Daher formulieren die Befragten grob gehaltene Schätzungen wie beispielsweise „ca. zwei bis drei Jahre alt" und Klassifizierungen, wie „Krippenkind" oder Vermutungen: „wahrscheinlich ein Junge".

Schlussfolgerung auf psychische Prozesse: Ziel und Zufriedenheit
Neben dieser Konzentration auf äußerlich wahrnehmbare Aspekte tritt in der kindorientierten Beobachtung der Erfahrungsorientierten eine Aufmerksamkeitsfokussierung auf die psychischen Prozesse des Kindes. Anhand der bis dato geleisteten Beobachtung und Beschreibung der benannten äußerlich wahrnehmbaren Aspekte erfolgen hierbei Einschätzungen darüber, was das Ziel bzw. der Wunsch des/der Kindes/Kinder ist.

Die kindorientierte Beobachtungsprämisse wird mit einer ergebnisorientierten Deutungsprämisse kombiniert: Zur Deutung der Handlungsweisen des Kindes, d.h. zur Interpretation der kindorientierten Beobachtung, werden diesem Intentionalität und Ergebnisorientierung unterstellt. In den hier zitierten Äußerungen aus Interview 1 und 2 dokumentiert sich dies durch die entsprechenden Aussagen, dass der Junge etwas Rollendes haben wollte (Interview 1) und der Feststellung, dass er sein Ziel erreicht habe (Interview 2).

In unseren empirischen Daten zeigt sich, dass dieser ergebnisorientierte Deutungsrahmen mit Einschätzungen dazu einhergeht, ob das Kind zufrieden oder unzufrieden mit dem Ergebnis seiner Handlungen ist. Im ergebnisorientierten Deutungsmodus legt das Postulat eines Zieles die Frage nach der (nicht) erfolgreichen Zielerreichung nahe und lenkt die Aufmerksamkeit und Deutungsprozesse der Befragten auf diesen Aspekt.

Im Interview werden solche Deutungen zur Zufriedenheit des Kindes als Aufmerksamkeitsfokus der Befragten aufgegriffen und es wird nachgefragt, aufgrund welcher Beobachtungen die Einschätzung zur Gemütslage des Kindes vorgenommen wird:

> Interviewte 2: „*Also es macht den Eindruck, ähm ... als hätte er das Ziel gehabt, erstmal die Kisten aufeinander zu stapeln (...). Und, ja also ich hatte den Eindruck er war zufrieden mit seinem, was er geschafft hat*".
> Interviewer: „*Woran lesen Sie das ab, dass der zufrieden ist?*"
> Interviewte 2: „*An seinem Gesichtsausdruck. So an dieser Geste mit den Händen, die er da so macht. Und ähm ... ich denke wenn er unzufrieden wäre, dann hätte er eher ... vielleicht die Kisten sogar wieder umgestoßen oder hätte jedenfalls ein anderes Gesicht gemacht dazu*" *(Interview 2).*

In diesem Transkript zum Interview 2 dokumentiert sich eine Kopplung von Beobachtungs- und Deutungsprämisse, wie sie typisch für den Deutungspfad der Erfahrungsorientierten ist. Im Rahmen dieses Deutungspfades werden typischerweise die Gestik und Mimik als Indizien für die (Un-)Zufriedenheit des Kindes benannt und somit als Verbindung zwischen äußerlich wahrnehmbaren Aspekten und psychischen Prozessen bzw. als Verbindung von kindorientierter Beobachtung und ergebnisorientierter Deutung angegeben.

In einigen Interviews wird diese Eingangssequenz des Deutungspfades von den Befragten selbst explizit beschrieben. Im folgenden Transkript äußert sich ein Erzieher zu Filmsequenz 2:

> Interviewer: „*Können Sie beschreiben, wie Sie da vorgehen, wenn Sie sowas beobachten und interpretieren*"?
> Interviewter 12: „*Ich guck mir das Umfeld an. Hier kennt man seine Kinder ja, also in meinem, in dieser Gruppe oder in den Gruppen. Ähm, wenn ich da jetzt so den Fokus drauf werfe, auf diese Sequenz, die da war, äh … guck ich erstmal auf den Gesichtsausdruck des Kindes, ob es überhaupt mitspielen möchte, wie es sich fühlt oder wie es, wie die Mimik ist von dem Kind. So würd' ich das erstmal sehen. Und ob das Kind unzufrieden ist oder die beobachtende Position eingenommen hat. Also, bisschen muss man es beobachten*" *(Interview 12).*

Typische Sequenz

Die bis hier rekonstruierte und beschriebene Sequenz des Deutungspfades aus der Kombination äußerlich wahrnehmbarer Aspekte *(Handlungen – Alter – Geschlecht – Gestik/Mimik)* und psychischer Prozesse *(Ziel des Kindes – Zufriedenheit des Kindes)* stellt ein zentrales Muster dar, das als typische Eingangssequenz im Deutungspfad der Erfahrungsorientierten nachgewiesen werden kann. Im weiteren Verlauf der Typenbeschreibungen wird diese Sequenz auch bei einigen der anderen von uns identifizierten Typen wieder in Erscheinung treten, hier dann aber in Kombination mit anderen Facetten der Beobachtung und Vermischung mit weiteren Aufmerksamkeitsfokussierungen (vgl. „die Methodiker").

Es dokumentieren sich hierbei nicht allein die Aufmerksamkeitsfokussierungen der Befragten. Da sich an dieser Stelle Beobachtungs- und Deutungsprozesse überschneiden, wird ebenso deutlich, wie die Befragten die Konsistenzschwelle zwischen Beobachtung und Deutung bearbeiten bzw. überwinden.

Übergang Beobachtung – Deutung mit Unsicherheiten

Zunächst betrachten wir die Deutungen, die sich im Anschluss an die Eingangssequenz zeigen, in inhaltlicher Hinsicht. Hier wird zunächst deutlich, dass es innerhalb dieses Deutungstyps durchaus zu gänzlich unterschiedlichen Resultaten der Deutung kommt.

Wie eingangs beschrieben, gehen die beiden zitierten Interviewten 1 und 2 gemäß der Deutungsprämisse ihres Deutungspfades davon aus, dass dem kindlichen Handeln eine Ergebnisorientierung zugrunde liegt. Im daran anschließenden weiteren Verlauf des Deutungspfades gelangen sie in ihrer Interpretationen dann aber sehr unterschiedlichen Deutungen. Während die Interviewte 2 beschreibt, dass das Kind sein Ziel erreicht habe und damit zufrieden sei (vgl. *Interview 2*), formuliert die Interviewte 1:

> *„Das Kind hat während der ganzen Beobachtung und während seiner Aktion ähm nicht gerade Freude ausgestrahlt. Es war, also es war sehr konzentriert, aber sah auch irgendwie nicht zufrieden aus. Da kann man nun spekulieren, (...) aber ähm ich würde sagen meiner Einschä ... meiner Meinung nach, ähm ... hat es das für mich ausgestrahlt, dass es nicht zufrieden ist. Also es hat nicht gelächelt oder meinetwegen der Erzieherin oder wem auch immer gesagt äh: guck mal! Also, nicht „guck mal", sondern halt irgendeine (betont: irgendeine) Geste gemacht, um zu zeigen, dass es zufrieden ist. Daraus schließe ich das" (Interview 1).*

Im empirischen Material, d. h. im Rahmen der Interviews als Einzelfälle, finden sich solche unterschiedlichen Interpretationen. Während eine Erzieherin deutet, dass das beobachtete Kind sich zwar mit einem Thema (dem Wagen und Kisten) beschäftigt und dabei konzentriert wirkt, aber keine Freude ausstrahlt und nicht zufrieden ist, gelangt eine andere Erzieherin durch ihre Deutung derselben Filmsequenz zu einer gänzlich anderen Einschätzung, bei der sie den Gesichtsausdruck des Kindes als ein Anzeichen für dessen Zufriedenheit interpretiert.

Die aus der Analyse gewonnene Erkenntnis, dass dieser typische Deutungspfad mit gänzlich unterschiedlichen inhaltlichen Resultaten einhergehen kann, beispielsweise bezüglich der (Un-)Zufriedenheit von Kindern, kann als Hinweis gedeutet werden, dass aus der Beobachtung nicht hinreichend zuverlässige Informationen gewonnen wurden, um zu einer validen Deutung zu gelangen. Der Interpretations- bzw. Deutungsspielraum ist so flexibel, dass extrem voneinander abweichende Resultate möglich sind. Dies ist auch den Befragten dieses Typs, zumindest implizit, bewusst. Deutungen, bei denen von äußerlich wahrnehmbaren Aspekten bezüglich der Kinder (bspw. deren Handlungen) auf psychische Prozesse geschlossen werden (Zielsetzungen und Zufriedenheit) gehen typischerweise mit Unsicherheiten an dieser Konsistenzschwelle zwischen Beobachtung und Deutung einher. Die ErzieherInnen äußern selbst Zweifel an ihren Deutungen, was sich in unterschiedlichen Satzfloskeln dokumentiert, mit denen die formulierten Deutungen relativiert werden, wie beispielsweise: „schwer zu schätzen", „irgendwie", „ich weiß es selber nicht so genau", „irgendwie hatte ich das Gefühl, es ist nicht so zufrieden", „da kann man nun spekulieren". Die Deutungen der befragten ErzieherInnen können daher an dieser Stelle zunächst als eine Art Vermutung bezeichnet werden, hinsichtlich deren Gültigkeit sich die Befragten unsicher sind.

In einigen Fällen ist die Unsicherheit bezüglich der Deutung so ausgeprägt, dass sich die Befragten auf keine Deutung festlegen möchten:

> Interviewte 6: *„Hmh, hmh … Ich denke, dass er was, dass er was bauen will oder dass er was was herstellen will oder was, aber … äh, es es geht ne Zeitlang ja auch so, dass der Klotz, dass er das immer so schief hält und dass der Klotz immer runter rutscht".*
> Interviewer: *„Ja, ja".*
> Interviewte 6: *„Und solche Sachen. Oder ob er einfach nur feststellen will, wie die … ja, was passiert, wenn man was, wenn man was macht? Ich weiß es nicht. Da bin ich mir nicht so sicher (lacht). Das kann ich nur …, das finde ich kann man nur sich … ja … denken, das kann man nicht, äh … . Weiß ich nicht, kann ich ihnen nichts weiter dazu sagen" (Interview 6).*

In anderen Fällen werden die Deutungen von den Befragten selbst als Spekulation gekennzeichnet:

> Interviewte 2: *„Ja also, wenn ich jetzt mal meiner Fantasie freien Lauf lasse (lacht), dann würde ich mir vorstellen, das Kind…" (Interview 2).*

Die befragte Erzieherin leitet ihre Aussagen mit einer Formulierung ein, die verdeutlicht, dass ihre Deutungen sich in keiner Weise auf belastbare Beobachtungen stützen oder als fundierte Interpretationen anzusehen sind. Vielmehr entspringt die Deutung der Fantasie der Befragten, ist demnach also als willkürliche Vermutung anzusehen, die bei entsprechend anderen Assoziationen seitens der Befragten auch gänzlich anders ausfallen könnte.

Ergebnisorientierte Deutungsprämisse

Obwohl die befragen pädagogischen Fachkräfte aufgrund hoher Unsicherheit in der Verbindung von Beobachtung und Deutung im Übergang der ersten Konsistenzschwelle letztlich zu inhaltlich unterschiedlichen Einschätzungen gelangen können, beschreiten sie ihre Deutungspfade anhand derselben Deutungslogik und vergleichbarer Orientierungen. Zusammenfassend formuliert, besteht der Modus Operandi bis hierher darin, dass dem beobachteten Kind zunächst Intentionalität und Ergebnisorientierung im Handeln unterstellt wird, um dann vor dem Hintergrund eines erreichten bzw. nicht erreichten Zieles eine Einschätzungen zur (Un-)Zufriedenheit des Kindes anhand der gezeigten Gestik um Mimik vorzunehmen.

Erfahrungsorientierte Deutungsbasis

Im Verlauf des Interviews wird die Konsistenzschwelle zwischen Beobachtung und Deutung weiter behandelt, indem der/die Interviewer/in nach weiteren Deutungen der Situation fragt und das Thema des Kindes thematisiert wird. Der Leitfaden sieht hierzu die Frage: „Was denken Sie, um was geht es dem Kind hier"? vor. Die Antworten der Befragten des erfahrungsorientierten Typs weisen hierbei unterschiedliche Deutungen auf. Zunächst finden sich einige Fälle, bei denen keine Deutung gegeben werden kann:

> Interviewte 10: *„Es hatte bestimmt eine Idee dabei, ich weiß aber nicht, welche" (Interview 10).*

In der Mehrzahl der Fälle werden jedoch mögliche Themen der Kinder benannt. Als Beispiel betrachten wir wiederum die Aussagen der Befragten zu Filmsequenz 1. Es werden hierzu eine Reihe unterschiedlicher Vermutungen geäußert. Eine Befragte vermutet, dass das Kind zeigen möchte, wie stark es ist (Interviewte 7); eine Andere vermutet, dass es dem Kind um Zerstörung geht (Interviewte 9); einige andere vermuten, dass das Kind hier etwas nachspielt: den Beruf des Vaters, der eventuell LKW-Fahrer sein könne (Interviewte 10). Von den meisten Interviewten wird aber geäußert, dass das Thema des Kindes das Stapeln der Holzkisten ist. Insofern ist das folgende Zitat der Interviewten 3 typisch:

> Interviewte 3: *„Also, (...) mir war das schon klar. Ich habe ja eigene Kinder und ich weiß, bei meinen Kindern war das auch so. Da gab's dann die Momente, wo immer wieder der Turm gebaut wurde und runter geschmissen wurde" (Interview 3).*

Interviewpartnerin 1 äußert hier, dass das Thema des Kindes im Auf- und Abbau eines Turmes mit den Holzkisten ist. Dieses Thema rekonstruiert sie aus der Erfahrung mit ihren eigenen Kindern, von denen diese Thematik ebenfalls bearbeitet wurde.

Diese erfahrungsorientierte Deutungsbasis bezieht sich dabei nicht allein auf die Identifizierung von Themen, mit denen sich Kinder beschäftigen, sondern beispielsweise auch auf die Einschätzung des Alters oder die Beurteilung von Verhaltensweisen und Rahmenbedingungen:

> Interviewte 9: *„Ich denke für Kinder in dem Alter ist das normal. Bei uns in der Krippe sehe ich das auch immer wieder. (…) Bei uns spielen die auch oft nur in Pampers" (Interview 9).*

Die Beobachtungen stützen sich gemäß der kindorientierten Beobachtungsprämisse auf konkret wahrnehmbare Indizien. Die Deutung basiert auf dem Vergleich mit anderen Kindern oder Situationen. Hier setzt sich das bereits in der kindorientierten Beobachtungsprämisse gewählte Muster weiter fort. Die Deutung wird vollzogen, in dem die kindorientierte Beobachtung mit anderen, zeitlich zurückliegenden, kindorientierten Beobachtungen verglichen wird.

Ein Resultat dieser erfahrungsorientierten Deutungsbasis, der erinnernde Abgleich kindlichen Handelns und typischer Situationen, strukturiert dann auch Einschätzungen und Erwartungshaltungen bezüglich kindlichen Handelns. Zur Filmsequenz 2 befragt, fällt mehreren Interviewten vor allem auf, dass das Mädchen keinen verbalen Kontakt zu den anderen Kindern aufnimmt.

Es dokumentiert sich eine gewisse Erwartungshaltung, nach der, vor dem Hintergrund der Erfahrungen mit anderen Kindern, davon auszugehen wäre, dass das Kind verbal mit anderen Kindern in Kontakt tritt. Nachdem dies nicht geschieht, werden mehrere Gründe hierfür vermutet, beispielsweise, dass das Kind erst seit kurzer Zeit in der Einrichtung ist, sich erst orientieren muss und daher schüchtern ist.

Explizit benannte Deutungsbasis

Im Verlaufe des Interviews werden die Interviewten selbst zu ihrer Deutungsbasis befragt:

> Interviewer: *„Gibt's hier bestimmtes Wissen, was Ihnen dabei hilft, so eine Einschätzung vorzunehmen"?*
> Interviewter 12: *„Die Erfahrung, würd' ich sagen. Das, das lernt man auch nicht in der Schule. Also, hab ich da auch nicht gelernt, das ist so das ist mehr die Berufspraxis, die da so kommt. Würd' ich sagen jetzt" (Interview 12).*

Solche Aussagen, mit denen pädagogische Fachkräfte selbst ihre Erfahrung als Deutungsbasis benennen, finden sich typischerweise bei den Erfahrungsorientierten. Ein weiteres Beispiel ist die Aussage der Interviewten 7:

> Interviewte 7: *„Ich denke, man interpretiert mit Hilfe ... aus Erfahrung. Weil man das schon mal irgendwie beobachtet hat"* (Interview 7).

Es zeigt sich hier eine Übereinstimmung zwischen rekonstruiertem Modus Operandi und der Selbsteinschätzung der Befragten.

Inkompetent: keine Erfahrung

Auch die Grenzen dieser Deutungsbasis werden von den Befragten benannt. Die eingangs beschriebene Unsicherheit hinsichtlich der Deutung der gezeigten Filmsequenz wird von einigen Befragten explizit darauf zurückgeführt, dass keine Erfahrungswerte vorliegen, die zur Deutung herangezogen und genutzt werden können. Dies betrifft beispielsweise für das in Filmsequenz 1 agierende Kind speziell dessen Altersgruppe („Krippenkinder"). Es gleicht nicht den Kindern, mit denen die Befragten im Berufsalltag arbeiten. Erzieher 12 vollzieht mit einem Rekurs auf seine Erfahrungsgrundlage eine Erklärung zu den Schwierigkeiten seiner Deutung:

> Interviewter 12: *„Das ist mein Eindruck... . Das ist aber nicht meine Zielgruppe, diese Krabbelstube! Das kann ich so gar nicht so sagen".*
> Interviewer: *„Ja".*
> Interviewter 12: *„Das sind jüngere Kinder, die haben wir nicht"* (Interview 12).
> (...)
> Interviewter 12: *„Das war so meine Beobachtung und ... . Ja, aber wie gesagt, das ist nicht meine Altersgruppe"* (Interview 12).

Vor dem Hintergrund der in Kapitel 2 gegebenen Definition des Kompetenzbegriffs, insbesondere als Zuständigkeit, bescheinigt sich der Befragte selbst eine Inkompetenz im ursprünglichen soziologischen Sinne nach Max Weber.

Anhand dieses Deutungsprozesses zeigt sich, dass der Deutungsrahmen der Erzieherin hier in erster Linie durch den Vergleich des im Film gezeigten konkreten Kindes mit Kindern im Allgemeinen strukturiert ist. Das dazu notwendige Wissen wird von der Erzieherin den Erfahrungswerten ihrer Arbeit mit Kindern entnommen. Dieser Vergleich zeigt sich für die Beobachtung zweiter Ordnung, aber auch die Erzieherin selbst weist in mehreren Abschnitten explizit auf diesen

Prozess des vergleichenden Deutens hin. Aufgrund dieses zentralen Aspektes, der sowohl Beobachtung als auch Deutung strukturiert, erhält der hier beschriebene Typ die Bezeichnung „Erfahrungsorientiert".

Intuition

Die erfahrungsorientierte Deutungsbasis enthält nicht allein explizit benannte Vergleichshorizonte, sondern umfasst auch Elemente, die als Intuition zu bezeichnen sind. Dieser Begriff beschreibt ein „ahnendes Erfassen" (Duden zum Begriff „Intuition") bzw. ein „unmittelbares Erkennen, Erfassen von Vorgängen und Zusammenhängen ohne wissenschaftliche Erkenntnis" (Knaurs Fremdwörterbuch).

Intuition als Deutungsbasis dokumentiert sich in einer Reihe von Äußerungen der Befragten. Einige Beispiele:

> Interviewte 1: *„Ich spul da jetzt kein bestimmtes Schema ab" (Interview 1).*
>
> Interviewte 1: *„Man könnte jetzt die Bereiche abgehen, also wie gut ist die Wahrnehmung von dem Kind oder wie gut ist die Motorik usw. Aber ähm letztendlich die reine Beobachtung, die mache ich immer so" (Interview 1).*
>
> Interviewte 2: *„Also, ich orientiere mich am Gesichtsausdruck des Kindes, um erstmal festzustellen, ob das Kind sich wohl fühlt oder ähm ... ja welche Gefühle, soweit man das am Gesichtsausdruck erkennen kann, das Kind gerade bewegen. Ähm ..., ja und dann guckt man natürlich danach, was das Kind tut ... und daraus ziehe ich dann meine Rückschlüsse [schmunzelnd]".*
>
> Interviewer: *„Hmh, hmh"*
>
> Interviewte 2: *„Das ist schwierig das zu beschreiben, weil das läuft ja einfach so ab" (Interview 2).*
>
> Interviewte 8: *„Einfach so ein Auge haben und versuchen, möglichst alles wahrzunehmen. Aber dass man da jetzt irgendwie gezielt vorgeht, ne kann ich so nicht sagen" (Interview 8).*

In diesen Aussagen benennen die Befragten selbst den Modus Operandi ihres Deutungsprozesses („Ich spul da jetzt kein bestimmtes Schema ab") oder sie beschreiben die intuitive Vorgehensweise implizit, indem zum Beobachtungs- und Deutungsprozess berichtet wird: „(...) das läuft ja einfach so ab".

Randständige Orientierungen: fachliche Konzepte und prozessorientierte Deutung

Im konkreten Einzelfall, der von uns dem erfahrungsorientierten Typ zugeordnet wird, können sich durchaus einzelne Aspekte finden, die auf andere Deutungsgrundlagen verweisen, wenn beispielsweise Deutungen durch Bezugnahme auf abstraktere Konzepte, die nicht der eigenen Anschauung und Erfahrung der Erzieherin entstammt, vollzogen werden:

> Interviewte 1: „*(...) aber das Gesicht deutet noch sehr auf das Kindchenschema hin, also die großen Augen und dieser große Kopf im Verhältnis zum Körper*" *(Interview 1).*

Auch finden sich neben der kindorientierten Beobachtung und der ergebnisorientierten Deutung Sequenzen, in denen sich die Beobachtung und Deutung anhand anderer Prämissen strukturiert. Diese Aspekte können jedoch gemäß der dokumentarischen Methode nicht als Modus Operandi des Beobachtungs- und Deutungsprozesses konstatiert werden, wenn bspw. ein vereinzelter Begriff (hier: „Kindchenschema") als einziger Beleg für die Orientierung an fachlichen Konzepten im gesamten Interview gefunden wird und im Argumentationsverlauf randständig bleibt und weder in entsprechenden Ausführungen erläutert werden kann, noch zu Sicherheiten in der Deutung der Befragten führen.

Beschreibung des Lernprozesses: alltagssprachlich
In den kind- und ergebnisbezogenen Beobachtungs- und Deutungsprozessen des erfahrungsorientierten Typs werden alltagssprachliche Begriffe zur Beschreibung der Beobachtungen genutzt. Dies gilt auch für die Deutung und Beschreibung des Lernprozesses. Im teilstrukturierten Interview erfolgt eine Fokussierung der thematischen Ausrichtung und es wird mit der Formulierung „Denken Sie, dass das Kind hier etwas lernt"? nach dem Lernprozess des Kindes gefragt. Auffällig ist in unseren Daten zu diesem Typ zunächst, dass diese Frage, ob das Kind etwas lerne, vehement und anhand von Aussagen, in denen sich große Sicherheit dokumentiert, bejaht wird. Als homologe Äußerungen finden sich in den Interviews Aussage wie beispielsweise:

> *„Ja, auf alle Fälle, es lernt ganz viel" (Interview 12),*
> *„Natürlich lernt das Kind da auch was" (Interview 5),*
> *„Ja, ich denke sowieso, Kinder lernen immer irgendwas, egal was sie machen (Interview 9).*

Dieser großen Sicherheit und Nachdrücklichkeit, mit der von einem Lernprozess der Kinder ausgegangen wird, messen wir einen Einfluss auf die weitere Deutung zu. Dieses Postulat eines Lernprozesses haben wir daher als „Lernprämisse" bezeichnet.

An die Frage nach dem Lernprozess bzw. an die Aussagen der Befragten dazu schließt sich die Nachfrage bzw. Aufforderung der Interviewleitung an, diesen offenkundig vorhandenen Lernprozess zu beschreiben.

> Interviewerin: „*Lernt das Kind hier etwas*"?
> Interviewte 3: „*Ja, mit Sicherheit. (...) Erntet Erfahrung, selber seine äh raus zu äh selber was zu machen, es lernt also selber selbstständig Dinge auszuprobieren, (mhm) er fängt dann an diese Kiste, wo zum Beispiel der Boden nicht war, vielleicht umkippt oder nicht draufkommt. Ähm, er hat gemerkt, dass es sehr anstrengend ist" (Interview 3).*

In den Äußerungen zum Lernprozess dokumentieren sich beim erfahrungsorientierten Typ alltagssprachliche Formulierungen, in denen der Lernprozess anhand einer konkreten Beschreibung der sichtbaren Situation anhand alltagssprachlicher Terminologie erläutert wird. Im Interview wird nachgefragt, um zu ergründen, ob bspw. fachliche Konzepte in der Deutung genutzt werden:

> Interviewerin: „*Ähm ja, können sie das ähm irgendwie Lerntheorien zuordnen, was sie hier gesehen haben, oder was fällt ihnen ...?*"
> Interviewte 3: *Och, das ist schon so lange her. Ich denke immer wieder daran: Kinder müssen bestimmte Entwicklungsschritte machen, müssen ganz viele Sachen lernen, müssen ganz viele Sachen wiederholen, bis sie es begriffen haben. (...) Auch so lange wiederholen, bis sie von selber aufhören, also sie wiederholen das so lange, bis sie's können. Welche Lerntheorie das ist, das weiß ich nicht" (Interview 3).*

In diesem Sinne kann hier davon gesprochen werden, dass das Lernen von Kindern zu einer Grundannahme geworden ist, die als Prämisse die Deutung a priori strukturiert und, rekursiv angewendet, anhand der konkreten Situation inhaltlich gefüllt wird. Über diese rekursive Deutungsweise hinaus enthalten die Aussagen der Erzieherin hier keine Hinweise auf Referenzen außerhalb ihres subjektiven Erfahrungsraumes. Es finden sich keine (fachlichen) Referenzen, die als Bezugspunkt außerhalb der konkret beobachteten Situation zu deren Deutung dient und die anhand fachlicher Terminologie beschrieben werden könnte.

Das Gleiche gilt für die Bildungsbereiche bzw. den niedersächsischen **Orien-**

tierungsplan. Auf die Frage, ob und wie der Lern-/Bildungsprozess des Kindes dort einzuordnen wären, antwortet die Interviewte 3:

> Interviewerin: „*Also würden sie sagen, hier findet Bildung statt*"?
> Interviewte 3: „*Ja*".
> Interviewerin: „*Wenn sie mal an den Bildungs- und Orientierungsplan für Niedersachsen denken, (…) könnten sie da Bildungsbereiche wieder finden*"?
> Interviewte 3: „*Jetzt muss ich erst mal überlegen, was gibt es denn für Bildungsbereiche. Die hängen alle bei uns draußen auf dem Flur (ja). Oh, hohohohoho … [lange pause]. Ich muss mir den Plan jetzt herholen*".
> Interviewerin: „*Also, einfach was ihnen jetzt dazu spontan als erstes einfällt*".
> Interviewte 3: *[lange Pause] „Phfphfphf, ne weiß ich im Moment nicht" (Interview 3).*

Spielprämisse
Eine weitere Prämisse, die die Beobachtung und Deutung der Erfahrungsorientierten strukturiert, ist die häufige Interpretation kindlichen Handelns als „Spiel" seitens der Erfahrungsorientierten.

> Interviewte 5: „*Also, ich denke es hatte schon ein Verständnis über Menge und ich denke, dass sich das Kind das ausgedacht hat, weil es ein Spiel damit machen wollte. Also, es wollte sich selber ein Spiel machen und weil es dann eben diese großen Muscheln auf die Steinhäufchen drauf gelegt hat" (Interview 5).*

Dieses Element der „Spielprämisse" ist ebenso typisch für den erfahrungsorientierten Typ. Dabei wird das kindliche Spiel oftmals zusammen mit dem Lernprozess benannt und eine konkrete Beziehung zwischen diesen beiden kindlichen Aktivitäten pauschalisierend hergestellt. Dies dokumentiert sich in Aussagen wie beispielsweise:

> Interviewte 1: „*Das ist jede Menge, was es dabei lernt beim Spielen" (Interview 1).*

Bei aller erkennbaren Vorsicht und Zurückhaltung der ErzieherInnen bezüglich der Deutung der Filmsequenz treffen sie die allgemeinen Aussagen zu Kindern ohne erkennbare Zweifel: „Kinder probieren gerne aus, wie hoch etwas gestapelt werden kann", „Kinder lernen immer", „Kinder lernen viel über das Spiel", etc.

Interventionsstrategie: Zurückhaltung und weitere Beobachtung

Nach diesen Interviewsequenzen, die sich primär auf die Beobachtung und Deutung beziehen und auf den Übergang zwischen diesen beiden Aspekten an der ersten Konsistenzschwelle fokussieren, richtet sich das „simulierte Fachgespräch" auf den Aspekt der Interventionsplanung. Zur Erläuterung des typischen Operationsmodus wird auch hierbei zunächst wieder eine Interviewsequenz vorangestellt, die im Anschluss hinsichtlich der für den erfahrungsorientierten Typ charakteristischen Elemente rekonstruiert wird.

> Interviewer: *„Und angenommen Sie wären jetzt die Erzieherin, die da im Raum sitzt (…), gäb's für Sie irgendeinen Anlass zu handeln"?*
> Interviewte 2: *„Also, in dem Moment jetzt in der Sequenz würd' ich nicht irgendwie eingreifen. Weil, es ist nichts Gefährliches und er ist da sehr beschäftigt, er ist nicht unzufrieden. Ähm, man könnte halt überlegen, wie man das weiter, also man müsste das beobachten, wie es weiter geht, ne? Ob er da sein Interesse wirklich da auf's Bauen legt und vielleicht noch verschiedene Sachen, verschiedene Materialien auch anbieten. Also nicht nur Holzkisten, sondern vielleicht auch große Legosteine oder so was" (Interview 2).*

In diesem Zitat dokumentieren sich unterschiedliche Aspekte, die sich auch in homologen Äußerungen anderer erfahrungsorientierter Typen zeigen und daher als typisch anzusehen sind. Im Folgenden werden diese Elemente einzeln beschrieben.

Zunächst zeigt sich eine Zurückhaltung bezüglich der Formulierung einer Interventionsplanung. Solange das Kind sich mit einer Sache intensiv auseinander setzt und unter der Bedingung, dass keine Gefahr und/oder Unzufriedenheit besteht, gibt es für die befragten Fachkräfte keinen Anlass zu handeln.

Weiter beobachten

Das Verhalten des Kindes müsste laut der befragten Fachkräfte aber weiterhin beobachtet werden. Treten bestimmte Themen oder Verhaltensweisen öfters auf, können daraus Rückschlüsse auf die das Kind interessierende Thematik gezogen und Interventionen abgeleitet werden.

Diese weitere Beobachtung kann – vor dem Hintergrund der rekonstruierten erfahrungsorientierten Deutungsbasis – als weitere Facette dieses Modus Operandi gesehen werden. Die Befragten setzen darauf, durch eine weitere Beobachtung des betreffenden Kindes mehr Erfahrungswerte zu dessen Handlungsweisen und Themen zu erlangen. Diese Form der Interventionsplanung stellt demnach keine Intervention im eigentlichen Sinne dar, sondern verschiebt sie in der zeitlichen Dimension auf einen späteren Zeitpunkt, der nach weiterer Informationsgewinnung durch Beobachtung liegt.

Daneben zeigt sich eine Form der Intervention, die ein Eingreifen in das kindliche Handeln bzw. die Situation darstellt. Auch diese dokumentiert sich in den Äußerungen der Befragten 2, wenn sie davon spricht, „verschiedene Materialien" anzubieten. Um noch ein weiteres Beispiel aufzuführen und auch die Art der homologen Äußerungen an dieser Stelle exemplarisch zu verdeutlichen, zitieren wir die Interviewte 3:

> Interviewerin: *„Wenn sie äh solch eine Situation jetzt hier bei ihnen in der Einrichtung beobachtet hätten, würden sie im Anschluss dieser Situation etwas tun, würden sie handeln"?*
> Interviewte 3: *„Ja, ich würde mir überlegen, was für Anregungen könnten wir ihm noch bieten (mhm), weil das ist ja nicht mal die einzige Beobachtung. Man kennt das Kind schon länger (genau) und achtet immer drauf und sagt: O. k., er baut gern mit dem Turm, äh baut gern damit. Wie kann ich ihm das noch möglich machen, was biete ich ihm noch an. Oder wenn wir rausgehen, vielleicht stell ich da noch Material hin oder (mhm) baue mit ihm zusammen. Also, dass es weitergeht in der Entwicklung, ja und zum Erproben und Testen einfach, dass man guckt, was braucht dieser Junge denn einfach, (ja) was ist interessant?".*
> Interviewerin: *„Also, sie würden dann am Interesse der Kinder anknüpfen"?*
> Interviewte 3: *„Ja, wenn möglich, ist schwierig bei 25 Kindern. Aber wir versuchen das hier auch zu machen, dass wir viel beobachten und wenn ich ihn einfach sehe, weil wir haben auch einen Zweijährigen, ich weiß, der macht so was im Moment auch ganz gerne (mhm). Dann biete ich ihm natürlich solche Sachen an, sobald ich es hinkriege und das ist nicht immer so schnell möglich, (ja) aber ich könnte mir vorstellen: große Legobausteine. Es gibt ja die Großen, hinstellen und ihm ganz viel dazu anzubieten" (Interviewte 3).*

Mehr oder anderes Material

Hier dokumentiert sich die gängigste Art der Interventionsplanung, die in der Anregung zur Ausweitung der beim Kind beobachteten Tätigkeit besteht. Im aufgeführten Transkript lassen sich materielle und soziale Ausweitungen der Situation feststellen. Es wird hier dann typischerweise vorgeschlagen, dem Kind mehr vom bereits genutzten Material zu geben oder aber anderes Material anzubieten. Die zweite Form besteht in der sozialen Ausweitung: In diesem Beispiel schlägt die Befragte vor, mit dem Kind zusammen zu bauen. Andere Befragte schlagen beispielsweise vor, noch andere Kinder hinzu zu holen.

Generell soll durch eine mögliche Intervention das Kind dabei unterstützt werden, sich mit (s)einem Thema weiter zu beschäftigen. Die vorgeschlagenen Interventionen der materiellen, sozialen und thematischen Ausweitung stehen dabei in einigen Fällen in einem nachvollziehbaren Bezug zu den vorher durchgeführten Beobachtungen und Deutungen, in manchen Fällen nicht.

> Interviewte 1: „*Also entweder während dessen, würde ich darauf eingehen und jetzt zum Beispiel … das mit dem Beladen zum Beispiel mal ausprobieren. Also: alle Bauklötze rauf, einmal mit Rädern nach oben, einmal mit Rädern aufm Boden, kann ich das Ding überhaupt noch bewegen, was passiert da eigentlich? Auch einen Turm bauen, auch mal im Vergleich dann mit (…) Holzbausteinen, also da würde ich mir auch noch andere Kinder dazu holen, Größere. Das hatte ich auch gesehen, dass da auch noch größere Kinder im Hintergrund waren. (…) Und ähm, … dann würde ich das weiter verfolgen, so wie man das in dem Alter weiterverfolgen kann. Also, das könnte man mit Kindergartenkindern noch ganz anders aufbereiten. Krippe … ja, also ich würde irgendwas mit Rollen machen, mit Sich-Bewegen oder Türme irgendwie so was*“ *(Interview 1).*

Die hier vorgeschlagene Intervention, dem Kind mehr Kisten zur Verfügung zu stellen, steht offenkundig mit dem zuvor identifizierten Thema des Kindes, dem Stapeln von Kisten, in Verbindung. Warum die Einbeziehung weiterer Kinder eine sinnvolle Intervention darstellt, kann an dieser Stelle nur vermutet werden. Der Begründungszusammenhang für diese Intervention wird von der Befragten nicht explizit verbal geäußert. Ihre Überlegungen dazu können nicht rekonstruiert werden. Hier zeigen sich auch die Grenzen der von uns gewählten Erhebungsmethode (vgl. Abs. 6.2, S. 243 ff).

Dialog mit dem Kind suchen

Als dritte Variante zeigt sich in den Daten der empirischen Fälle dieses Typs immer wieder der Hinweis, mit dem Kind über seine Handlungen und Themen sprechen zu wollen, um daraus dann eine Intervention abzuleiten. Die Konsistenzschwelle zwischen Deutung und Interventionsplanung wird erkennbar, indem ein abwartendes, weiteres Beobachten die Intervention in die Zukunft verschoben wird oder aber in einer Ausweitung der gedeuteten bzw. identifizierten Thematik des Kindes. Es zeigen sich sowohl Unsicherheiten als auch Sicherheiten beim Übergang von der Deutung zur Interventionsplanung.

Sicherheit/Unsicherheiten beim Übergang von der Deutung zur Interventionsplanung

Tendenziell werden solche Interventionen – die darin bestehen, das Kind gewähren zu lassen und weiter zu beobachten – mit großer Sicherheit vorgebracht. Das Kind wird als selbstständiges Kind gesehen, dass sich von selbst entwickelt, ohne dass hierbei besonderes pädagogisches Handeln notwendig wäre. Unsicherheiten zeigen sich verstärkt dort, wo der Versuch unternommen wird, Interventionsplanungen abzuleiten. Das weitere Beobachten und der Dialog mit dem Kind sind Interventionen, die auf die Unsicherheit bezüglich einer sinnvollen Interventionsplanung reagieren.

Selbstreflexion: Welches Wissen hilft?
Eine der letzten Fragen, die jeweils zu jeder der drei gezeigten Filmsequenzen gestellt wird, bezieht sich auf die Selbstreflexion der Befragten. Es wird hier gefragt, welches Wissen ihnen zur Beobachtung und Deutung der Filmsequenz dient. Hier soll ermittelt werden, welche Wissensformen den Befragten explizit bewusst zur Verfügung stehen. Wie an unterschiedlichen Stellen dieses Kapitels deutlich wurde, äußern sich die Befragten bereits auch ohne ein konkretes Nachfragen dazu, indem sie beispielsweise Auskunft zu ihrer Deutungsbasis geben. So wird dann in einigen Fällen der rekonstruierte erfahrungsorientierte Deutungspfad von den Befragten selbst beschrieben und bestätigt:

> Interviewer: *„Ähm, könnten Sie das beschreiben, wie das ähm, bei ihnen abläuft, wenn Sie jetzt z. B. dieses Kind beobachten. Ähm, wie sie so, ja so eine Einschätzung dann hinkriegen. Also wissen sie sofort, um was es da geht oder wie entsteht so'n Bild bei Ihnen darüber, was das Kind dort tut"?*
> Interviewte 4: *„Also ich beobachte erstmal ähm, wirklich nur das, was man sehen kann und ohne ne spezielle Fragestellung kann ich da auch gar nichts deuten. (Ehm, ehm) Also, wenn Sie jetzt nicht sagen, es geht um die besonderen Kompetenzen, die das Kind zeigt, wüsste ich gar nicht, was ich da deuten soll. (Ja, ja) Also, ich hab mir auch nicht richtig viel dazu aufgeschrieben, also dass ich vermute, wie alt das Kind ist und was vielleicht sein Ziel war".*
> Interviewer: *„Haben Sie irgendwas, also, könnten Sie sagen, worauf Sie sich beziehen in ihren Beobachtungen? Also, gibt's irgendwie … ja, ich will jetzt nichts vorwegnehmen, aber gibt es irgendwie etwas, was Sie so im Hinterkopf haben, wenn Sie so Kinder …"*
> Interviewte 4: *„Ehm, ich gucke immer, ob das Kind mit seiner Aufgabenstellung, die es sich selbst gestellt hat, zufrieden ist" (Interview 4).*

Einige der Interviewten, die dem erfahrungsorientierten Typ zugeordnet wurden, benennen hier aber auch das in der Ausbildung erworbene Wissen. Damit sind zum einen die grundständigen Ausbildungen an Fachschulen, aber auch Fort- und Weiterbildungen gemeint. Vor allem wird aber von allen Interviewten dieses Typs die im Beruf erlangte Erfahrung genannt:

> Interviewte 4: *„Hmh, das ist meine Berufserfahrung. Die Beobachtung, die ich während meiner Arbeit auch an anderen Kindern mache“ (Interview 4).*

Rahmenbedingungen

Ein weitere Aspekt, den die Befragten im Zusammenhang mit ihrer Beobachtungs- und Deutungstätigkeit thematisieren, sind die Rahmenbedingungen der Beobachtung und Deutung im beruflichen Alltag. Dieser Themenbereich stellt keinen vorher durch uns vorgesehenen Topos des Interviewleitfadens dar.

Die ErzieherInnen sprechen selbsttätig die von ihnen als schlecht eingeschätzten Bedingungen der Praxis an, unter denen kindliches Handeln beobachtet und gedeutet wird bzw. beobachtet und gedeutet werden soll. Eine Interviewte äußert bspw., generell mache ihr die Beobachtung und Deutung kindlichen Handelns Spaß, aufgrund der Personalsituation fehle jedoch häufig die Zeit dazu:

> Interviewte 1: *„Wir sind hier nur zu zweit und es ist sehr schwer zu beobachten. Ich mach das sehr gerne. Aber die Zeit fehlt einfach“ (Interview 1).*

Eine weitere Befragte gibt im Rahmen des Interviews ausführlicher Auskunft zu den Rahmenbedingungen:

> Interviewerin: *„Sie haben jetzt grad auf das Buch gezeigt, auf die Bildungs- und Lerngeschichten“.*
> Interviewte 3: *„Was ich sehr wichtig finde ist, das hört sich alles schön und gut an, aber im täglichen Alltag geht das unter. Wir wollten auch anfangen zu beobachten, haben uns alles hingelegt mit Kamera und Stift und sind dann nicht dazu gekommen, geschweige denn, das dann aufzuschreiben oder zu besprechen, wir brauchen einfach viel mehr Zeit. Wir sollen ganz viel bilden, bilden, bilden, sollen uns weiter fortbilden, sollen viel beobachten, geht aber nicht, weil wir viel zu wenig Personen sind und Zeit fehlt und wir hier haben auch gar nicht die räumlichen Möglichkeiten, wir haben nur einen Gruppenraum, um da ein, zwei, drei Kinder in Ruhe zu beobachten, das kann man eigentlich nicht in 'ner Gruppe immer machen, wo noch die anderen rumlaufen. Können wir nicht. Da rasen die*

anderen dazwischen, wir werden gestört, die räumlichen Gegebenheiten müssen stimmen. Und Fortbildungen müssen sein, immer wieder, auch ich brauche die, auch wenn ich sage, ich hab schon 30 Jahre lang Berufserfahrung, weil ich merke, je mehr ich lerne oder je mehr ich das sehe, desto mehr verfestigt sich das und ich finde, das ist wichtig. Beobachten ist das Erste in unserer Arbeit, bevor wir irgendwas machen können" (Interview 3).

Zusammenfassende Charakterisierung zu Typ A „die Erfahrungsorientierten"

Dieser Typ zeigt in der Kombination und Gewichtung der einzelnen Orientierungsrahmen ein spezifisches Muster. Der vorangestellte Text erläutert, welche Orientierungsrahmen dies sind und auf welche Weise sie miteinander kombiniert werden. Anhand der in diesem Fall rekonstruierbaren impliziten Vergleichshorizonte und auch anhand der von der Erzieherin explizit angesprochenen Prämissen ihrer Deutungsprozesse, zeigt sich ein Deutungsrahmen, der als **erfahrungsorientiert** bezeichnet werden kann. Neben den anderen hier dargestellten Facetten wurde der Aspekt der Erfahrung als Bezugspunkt dieses Typs herausgestellt, da sie unserer Einschätzung nach den wesentlichen Kern der hier skizzierten Beobachtungs- und Deutungsprozesse ausmacht. Sowohl Beobachtung und Deutung als auch Interventionsplanung sind durch den Rückgriff auf Erfahrungswerte strukturiert. So ist die kindorientierte Beobachtungsprämisse und die daran anschließende Deutung durch Erfahrungswerte gerahmt, wird ihrerseits aber auch wieder selbst zu Erfahrung, auf die später zurückgegriffen werden kann. Auch die Interventionsplanung greift letztlich auf Erfahrung zurück. Die ErzieherInnen schlagen pädagogische Maßnahmen vor, die sie bereits zu anderen Zeitpunkten mit anderen Kindern als sinnvoll erlebten oder aber verweisen darauf, das Kind noch weiter beobachten zu müssen, sprich: weitere Erfahrungen sammeln zu müssen. Aufgrund dieses zentralen Stellenwertes der Erfahrung, erhält dieser Typ seinen Namen als „erfahrungsorientierter Typ". Zur besseren Übersicht wird die Charakteristik dieses Typs an dieser Stelle anhand einer Matrix zusammenfassend dargestellt.

Eine Diskussion dieses typischen Deutungspfades hinsichtlich der Deutungskompetenz findet sich im Kapitel 6 (S. 239 ff).

Tabelle 7 Übersicht Typ A: Erfahrungsorientierte

Typenprofil: die Erfahrungsorientierten		
Kategorie	**Modus Operandi**	**Spezifikation**
Terminologie	**alltagssprachlich**	vereinzelte fachliche Begriffe
Beobachtungsprämisse	**kindorientiert**	*Äußerlich Wahrnehmbares* Handlungen des Kindes, Alter, Körpereinsatz und akustische Äußerungen, Gestik/Mimik *Psychische Prozesse* Ziel/Motiv des Kindes, Zufriedenheit
Übergang Beobachtung – Deutung	**unsicher**	
Deutungsbasis	**Erfahrungen**	
Deutungsprämisse	**Ergebnisorientiert** **Lernprämisse** **Spielprämisse**	
Übergang Deutung – Interventionsplanung	**Sicher** **Unsicher**	
Interventionsprämisse	**Zurückhaltung, abwartend unterstützend**	Wenn keine Gefahr und/oder Unzufriedenheit
Interventionsstrategie	**Konkret spontan**	Materielle, soziale, thematische Ausweitung;

5.4 Typ B: Die Informierten

„Also man möchte ihm gerne helfen, aber man möchte es eigentlich auch nicht."

In diesem Teilkapitel wird der Beobachtungs- und Deutungsprozess der „Informierten" dargestellt. In einigen Teilen weist dieser Typ die gleichen Merkmale auf wie der Typ der Erfahrungsorientierten. In einigen Aspekten unterscheidet er sich aber auch so deutlich, dass wir die „Informierten" als einen eigenständigen Typ, und nicht als Sonderform der Erfahrungsorientierten, darstellen wollen.

An dieser Stelle werden somit die spezifischen Besonderheiten der „Informierten“ herausgestellt. Bezüglich der Aspekte, in denen sie mit den Strukturmerkmalen des Deutungspfades der Erfahrungsorientierten übereinstimmen, verweisen wir auf die entsprechenden Passagen in der vorherigen Typenbeschreibung und vermeiden somit redundante Ausführungen. Dies betrifft unmittelbar die Beobachtungsprämisse der „Informierten“.

Beobachtungsprämisse: kindorientiert

Hinsichtlich der Beobachtungsprämisse mit der Kombination aus kindorientierter Beobachtung und Aufmerksamkeitsfokussierungen auf äußerlich Wahrnehmbares und psychische Prozesse des Kindes unterscheidet sich dieser Typ nicht von dem der Erfahrungsorientierten. Wie dort bereits ausgeführt, findet sich auch hier die typische Sequenz, bei der, nach der Betrachtung von Handlungen, Alter, Geschlecht und Gestik/Mimik auf das Ziel und die Zufriedenheit des Kindes geschlussfolgert wird. An dieser Stelle sei daher auf die ausführlicheren Beschreibungen dieser Sequenz innerhalb der Ausführungen zum erfahrungsorientierten Typ verwiesen.

Deutungsbasis mit fachlichen Konzepten

Eine erste spezifische Charakteristik der Informierten, die sie von anderen Typen unterscheidet, zeigt sich bezüglich ihrer Deutungsbasis. Ein Zitat zum Interview 14 dient hier als einführendes Beispiel:

> Interviewte 14: *„Ähm, das ist ähm diese emotionale Kompetenz, diese soziale, dieses Sozialverhalten, so etwas, also die anderen Kinder haben ja nicht so was geschrieen ‚ey geh zur Seite‘ oder so und und und sie hat ja automatisch diesen Schritt zur Seite gemacht und das gehört ja so ein Stück auch dazu“ (Interview 14).*

In dieser kurzen Interviewsequenz zum Film 2 spricht die Befragte von „emotionaler Kompetenz“ und „Sozialverhalten“. Durch diese Begriffe wird ihre Kenntnis fachlicher Konzepte signalisiert. Im Unterschied zu den Erfahrungsorientierten finden sich in den Interviews mit Fachkräften dieses Typs durchgängig Bezugnahmen auf fachliche Konzepte, die der Deutung zugrunde liegen.

Der Befund, dass sich im Deutungspfad der Informierten durch die verwendete Terminologie Hinweise auf fachliche Konzepte als Elemente ihrer Deutungsbasis finden lassen, soll im Weiteren genauer betrachtet werden. Die Rekonstruktion des Deutungspfades erfolgt hierzu bezüglich der Effekte, die diese fachliche Deutungsbasis auf die Struktur und Dynamik des Beobachtungs- und Deutungsprozesses hat.

Übergang Beobachtung – Deutung: unsicher

Im Folgenden betrachten wir zunächst die Äußerungen der Interviewten 14 zur Filmsequenz 3:

> Interviewerin: „*Was lernt das Kind dann bei so einer Tätigkeit? Bei so einem frei gewählten Spiel*"?
> Interviewte 14: „*Also einfach auch ähm dieses, dieses Sehen, fünf, wie äh sieht 'ne Fünf einmal auf einem Würfel aus, wie sieht das aus, wenn ich fünf Steine so lege oder auch so, also diese Mengen, das Mengen Erkennen einfach auch, Konzentration ist klar. Die Feinmotorik ist einfach dabei, weil es auch äh sehr kleine Steine auch waren, die es äh da genommen hat und ähm Beobachten. Ja es ist ganz viel dabei*".
> Interviewerin: „*Sie haben ja schon ganz viele Lernbereiche oder Bildungsbereiche jetzt genannt, die wir auch im Orientierungsplan wieder finden. Äh ja, welcher Hauptbereich würden Sie sagen, ist mit diesem Angebot verbunden*"?
> Interviewte 14: „*Also es ist zum Einen die Konzentration, die Feinmotorik und ähm diese, dieses Erkennen, dieses Mengen erkennen, find jetzt kein Fachwort dafür, da gibt es ja so tausend Dinger dafür*" *(Interview 14)*.

Die Befragte deutet die Handlungen des Kindes, seinen Umgang mit den Kugeln und Muscheln, als eine Tätigkeit, in der die Thematik von Mengen bearbeitet wird und Konzentration und Feinmotorik genutzt werden. Bei genauerer Betrachtung zeigt sich zunächst, dass die zur Deutung genutzten Konzepte zwar bekannt sind und durch entsprechende fachliche Terminologie benannt werden können, auf Nachfrage im Interview zeigen sich dann jedoch Unsicherheiten, die erwähnten Konzepte auf fachlichem Niveau, d. h. unter Verwendung der für das Konzept spezifischen fachlichen Begrifflichkeiten plausibel zu erläutern. Die eingeführten fachlichen Konzepte werden typischerweise anhand einer konkreten Beschreibung der gezeigten Filmsequenz oder erinnerter Episoden aus dem eigenen Berufsalltag erklärt.

Fachliche Konzepte sind demnach bekannt, werden aber im Rahmen des simulierten Fachgespräches teilweise unsicher gehandhabt. Diese Unsicherheit zeigt sich in deutlicherer Weise am Übergang der Konsistenzschwelle zwischen Beobachtung und Deutung.

Interviewerin: *„Welchem Bildungsbereich würdest du das zuordnen“?*
Interviewte 15: *„Hmmm, also ich würd's eigentlich der Mathematik und äh, also der Geometrie mit den Formen und so, zur ... , äh, vielleicht auch zur eigenen Körperwahrnehmung, aber in welchem Bereich genau .... (...) Weil es sich auch selber wahrnimmt, wie viel kann ich tragen, wie schwer ist es, oder wie viel Kraft brauch ich“ (Interview 15).*

Die interviewte Fachkraft greift auf das Konzept der Bildungsbereiche des Niedersächsischen Orientierungsplans zurück und benennt zum einen Mathematik, speziell Geometrie, zum anderen Körperwahrnehmung als relevante Bereiche. Sie äußert aber auch, dass ihr eine genaue Zuordnung nicht möglich ist. Jenseits der Bezeichnung der Bildungsbereiche dokumentiert sich die Unsicherheit, unter Bezugnahme auf dieses Konzept als Deutungsbasis bzw. der ihr bekannten Bildungsbereiche zu einer stichhaltig-tragfähigen Deutung zu gelangen.

Es ist ein charakteristischer Unterschied zu den „Erfahrungsorientierten“, dass die Befragten dieses Typs innerhalb ihres Deutungspfades fachliche Konzepte ansprechen. Des Weiteren ist aber auch typisch, dass die befragten Fachkräfte keine Deutungssicherheit aus diesen fachlichen Konzepten gewinnen. Der Deutungspfad ist auch bei den Informierten durch Unsicherheiten geprägt, weil die fachlichen Konzepte nicht als Deutungshilfe eingesetzt werden können und unsicher artikuliert werden.

Aufgrund dieser Charakteristik haben wir diesen Typ als die „Informierten“ bezeichnet. Anders als die „Erfahrungsorientierten“ dokumentiert sich im Deutungspfad, dass nicht allein die subjektiven Erfahrungswerte genutzt werden, sondern die Befragten über fachlich fundierte Konzepte informiert sind. Letztlich ist diese Kenntnis jedoch mit Unsicherheiten belastet, die den strukturierenden Effekt fachlicher Konzepte im Beobachtungs- und Deutungsprozesses einschränkt.

Deutungsprämissen

Ähnlich wie die Beobachtungsprämisse zeigt auch die Deutungsprämisse der Informierten die gleichen Strukturen, wie die der Erfahrungsorientierten. Die Deutungen erfolgen in erster Linie ergebnisorientiert auf das Ziel kindlichen Handelns bezogen.

Auch die eingangs dargestellte Lernprämisse prägt den Deutungspfad. Bei der Beschreibung des Lernprozesses zeigen sich die für die Informierten charakteristischen Unsicherheiten. Das Beispiel der Interviewten 16 kann hier als illustrierendes Beispiel dienen:

Interviewerin: *„Oder um was geht es dem Kind vielleicht bei seiner Aktivität"?*
Interviewte 16: *„Auszuprobieren, wie er mit den Kisten, was er damit machen kann. Wie er möglichst hoch stapeln kann, also er probiert sich einfach aus".*
Interviewerin: *„Und lernt das Kind hier was"?*
Interviewte 16: *„Ja".*
Interviewerin: *„Kannst du das beschrieben, was du meinst, was es hier lernt oder wie es lernt"?*
Interviewte 16: *„Also wie gesagt: Ich geh von diesem mathematisch-logischen Zusammenhängen aus, die es auf jeden Fall begreift und äh merkt halt hier schon, (...) wie funktioniert das mit den Rollen, wie kann ich stapeln, passt das so, passt es nicht. Möglicherweise auch: wie viele Klötze passen in so eine Kiste, so 'ne Sachen".*
Interviewerin: *„Könnte man das auch mit irgendeiner Lerntheorie in Verbindung bringen"?*
Interviewte 16: *„Mhhhh" (Pause länger als 10 Sek.) „Ich glaub, die kann ich gerade nicht so wirklich definieren. Also im Prinzip lernen durch ausprobieren" (Interview 16).*

Im Weiteren wird dargelegt, wie die Informierten fachliche Konzepte im Anschluss an die Beobachtung und Deutung zur Entwicklung möglicher Interventionen nutzen. Der Interviewer thematisiert die zweite Konsistenzschwelle zwischen Deutung und Interventionsplanung, in dem er nach möglichen Interventionen in der gezeigten Situation fragt: „Angenommen Sie wären da jetzt Erzieherin, was würden Sie tun ...?

Von der Deutung zur Interventionsplanung anhand fachlicher Konzepte

Zur Bearbeitung der zweiten Konsistenzschwelle, zur Verknüpfung von Deutung und Interventionsplanung, werden von den Befragten des Typs der „Informierten" fachliche Konzepte angeführt, die nicht allein der Deutung kindlichen Handelns dienen, sondern auch explizit Prämissen zur Konzeption und Umsetzung pädagogischen Handelns beinhalten. Eine Befragte benennt und beschreibt beispielsweise den „Situationsansatz" als handlungsleitende Konzeption ihres Handelns.

Die Erzieherin beschreibt, dass hierbei „Schlüsselsituationen" aufgegriffen würden, d.h. dass beobachtet wird, mit welchen Themen sich Kinder beschäftigen, um diese dann aufzugreifen und daran anschließend entsprechend thematisch ausgerichtete Projekte zu entwickeln. Der folgende Interviewausschnitt mit der Befragten 17 verdeutlicht, inwiefern sie dieses fachliche Konzept dabei nutzt:

Interviewer: „*Ja. ... Und ähm dieses aus der Situation was machen, was meinen Sie damit genau*"?
Interviewte 17: „*Dass man, ähm ... äh in dem Moment, wo man die Situation analysiert hat, dass man darauf eingeht. Also, ... dass man, dass man das aufgreift im Alltag und ähm ... daraus zum Beispiel ein Projekt macht oder wie auch immer. Je nachdem, wie man das gerade aufgreifen kann. Ich kann, ich kann das immer nur für den Kindergarten sagen, also ...*".
Interviewer: „*Ja*".
Interviewte 17: „*Soll ich mal ein Beispiel nennen*"?
Interviewer: „*Ja! Nennen Sie ruhig mal ein Beispiel*".
Interviewte 17: „*Also meinetwegen Kinder spielen mit ... Schlümpfen. So, dann sehe ich: Aha! Schlümpfe sind für die interessant. Dann kann ich ein Projekt zu Schlümpfen machen. Ich kann ein Schlumpfenhaus bauen, man kann selber einen Schlumpf machen ... je nachdem. Also und das äh da kenn ich mich jetzt in der Krippe gar nicht aus, wie die das machen. Wir arbeiten ja ganz anders*" *(Interview 17).*

Der genutzte fachliche Ansatz wird nicht anhand fachlicher Terminologie beschrieben, sondern alltagssprachlich durch ein, dem Erfahrungsschatz der Erzieherin entlehntes, Beispiel.

Die vorgeschlagene Intervention wird von uns hier als „eingreifendes Unterstützen" bezeichnet. Als mögliche Interventionen finden sich dieselben Strategien, die bereits beim Typ der Erfahrungsorientierten rekonstruiert wurden: materielle und soziale Ausweitung der identifizierten Thematik.

Zur Illustration verbleiben wir bei den Aussagen der Erzieherin zum Film 1: Zum einen könne ein mögliches Handeln darin liegen, auf die Situation einzugehen, indem die vorher benannten Tätigkeiten bzw. das Thema des Kindes aufgenommen werden: „Ich würde irgendwas mit Rollen machen, mit Bewegung oder Türme, irgendwie so was". Zum anderen bestünde eine Möglichkeit darin, das Material, mit dem sich das Kind beschäftigt, und die gesamte Situation zu verändern: „Andere Materialien: bunt statt einfarbig, oder Ringe, oder irgendwas, was für das Alter entsprechend ist". Die Befragte kommt bei der Beantwortung der Frage im Weiteren auf die in der Filmsequenz sichtbare Erzieherin zu sprechen, welche nach ihrer Einschätzung keinen Anteil an der Situation nimmt. Und dies, obwohl man laut befragter Erzieherin viel aus der Situation machen könnte, wenn man sich dem Kind hier annehmen würde.

Die Befragte benennt im weiteren Verlauf des Interviews neben dem Situationsansatz die „Montessori-Pädagogik" als fachlichen Orientierungsrahmen, der ihrem Handeln zugrunde liegt.

> Interviewte 17: „*Wenn ich das so sehe, würd' ich würd' ich dem Kind gerne helfen. Ich halt' mich da immer an äh Maria Montessori, eine Pädagogik so, die „hilf mir es selbst zu tun" (Interviewte 17).*

Es lässt sich feststellen, dass der hier von der befragten Erzieherin explizit benannte konzeptuelle Bezug zu Unsicherheit hinsichtlich einer adäquaten pädagogischen Intervention führt.

> Interviewte 17: „*Und ähm, … also man möchte ihm gerne helfen, aber ähm also man möchte es eigentlich auch nicht. Es mit, ihm wäre auch nicht geholfen, wenn man es an die Hand nimmt und zu den anderen Kindern hingeht und sagt: „Nun spielt doch mal mit ihm!"*
> Interviewer: „*Hmh … . Damit wäre ihm nicht geholfen*"?
> Interviewte 17: „*Ne! Also ich denke, wenn so ein also wenn ich das sehen würde, würde ich ähm … pfffff … das nur im äußersten Notfall machen, weil es mir immer wichtig ist, dass also dass die Kinder selber in Aktion treten. Das heißt, auch wenn es zurückhaltend ist, es lernt ja leider nicht daraus, dass ich es dann zu den anderen Kindern bringe und die mit ihm spielen. Es steht dann das nächste Mal vor der gleichen Situation und wenn ich das immer wieder mache, dann wird es ja auch total abhängig von mir" (Interview 17).*

Interventionsplanung: Zurückhaltung versus eingreifend unterstützend

Die Unsicherheiten im Übergang von der Deutung zur Interventionsplanung führen die Befragten in ein Dilemma, welches sich im weiteren Verlauf des Interviews dokumentiert. Die ErzieherInnen dieses Typs schwanken innerhalb dieses Deutungspfades zwischen zwei Varianten: einer eingreifenden Unterstützung einerseits und einer Zurückhaltung andererseits.

Pädagogische Zurückhaltung

Im Gegensatz zu den Formen eingreifenden Unterstützens wird von den Befragten auch der „pädagogische Gegenpol" von pädagogischer Zurückhaltung und einem Gewähren lassen des Kindes angeführt. Die Befragten sprechen an, dass ein unterstützendes Eingreifen von Kindern nicht immer gewünscht wird: „Andererseits muss man sagen, Kinder wollen das auch manchmal alleine ausprobieren". Generell sei es wichtig, dass Kinder eigene Erfahrungen machen, aber es ist auch Aufgabe der ErzieherInnen, entsprechende Situationen aufzugreifen.

Akutes Dilemma

Für die Fachkräfte des informierten Typs stellt die Frage nach dem Eingreifen in die Tätigkeiten des Kindes oder der diesbezüglichen Zurückhaltung eine besondere Problematik dar, bei deren Reflexion sie sich widersprechen. Sie geraten in Argumentationsverläufe, in denen sie letztlich nicht entscheiden können, ob Eingreifen oder Zurückhaltung hier die korrekte pädagogische Reaktion ist. Beispielsweise favorisiert die Interviewte 17 gemäß ihrer methodischen Kenntnisse der Pädagogik Montessoris und dem Konzept des Situationsansatzes ein pädagogisches Vorgehen, bei dem das Thema des Kindes aufgegriffen wird bzw. es sich alleine mit einer Thematik beschäftigen kann und eigene Erfahrungen macht. Zum anderen werden Vorschläge formuliert, wonach die Situation und das Material, mit dem sich das Kind beschäftigt, verändert werden könnten. Hier bestünde dann eine mögliche pädagogische Intervention darin, dass die Erzieherin etwas aus der Situation macht oder ein Projekt daraus entwickelt.

In diesem Sinne stellt sich den Befragten hier das klassische Dilemma pädagogischer Professionalität, das sie auch mithilfe der ihnen bekannten pädagogisch-fachlichen Prämissen nicht auflösen können.

Durch die prinzipiell angelegte methodische Interventionsstrategie (Montessori-Pädagogik; Situationsansatz) gewinnen die Befragten **keine Handlungssicherheit**. Nach wie vor oszillieren sie zwischen den Interventionsprämissen „gewähren lassen" und „unterstützen". Diese Unvereinbarkeit pädagogischer Paradoxie, die eine Entscheidung hinsichtlich des pädagogischen Handelns der Informierten erschwert, dokumentiert sich auch im „Bild vom Kind".

Zum einen wird die Eigenaktivität der Kinder betont und angeführt, dass Kinder nur selbst lernen können und ErzieherInnen sie allenfalls unterstützend begleiten können bzw. aufpassen müssen, die Kinder bei der Beschäftigung mit ihren Themen nicht zu stören.

Zum anderen sehen die Informierten auch einen pädagogischen Auftrag, der darin besteht, das Kind in seinen Lernaktivitäten zu unterstützen.

> Interviewter 13: „*Also, das Kind wird ja erstmal als unbelastetes Kind geboren. (...) Und dann entwickeln sich in verschiedenen Altersstufen eben die verschiedenen äh Gehirnstränge anders aus und es gibt Gehirnstränge, die äh ... die man unheimlich viel fördern ... äh ... kann, die aber sehr viel verkümmern in Kindergärten, gerade in der Vorschulphase ähm, ähm kann man sehr große Fehler machen in der Sache (...)*".
> Interviewer: „*Ja ... . Angenommen Sie wären jetzt als Erzieher in dieser Situation mit dem Kind und würden das so in der Realität beobachten. Ehm ... gäb's da für Sie etwas zu tun? Würden Sie da handeln?*"

Interviewter 13: „*Hmh ... wenn dann würd' ich versuchen, ihm noch ein bisschen mehr Inspiration zu geben, oder ... äh, aber eigentlich gar nicht mal mehr, nein. Nein, das find ich durchaus in Ordnung, vielleicht ein bisschen.... Er hat die Materialien für sich entdeckt, er ist dabei ... ich glaube, ich weiß nicht, ob man das unterstützen könnte noch. Vielleicht wenn man sich mit ihm in dieses Spiel hinein begibt, könnte es sein, dass es noch ein bisschen längerfristiger dauern würde, aber ich weiß ... ne, glaub ich nicht (...)*" *(Interview 13).*

Auch bei den Informierten finden sich überwiegend Aussagen die besagen, dass für die Bewältigung der alltäglichen Aufgaben in erster Linie das Erfahrungswissen genutzt wird:

Interviewte 14: „*Ja, also ich denke ähm man steckt in dem Beruf drin und, meine ich, dann sieht man das doch, so, würde ich sagen*" *(Interview 14).*

Zusammenfassende Charakterisierung zu Typ B „die Informierten"

Auch dieser Typ B der „Informierten" zeigt in der Kombination und Gewichtung der einzelnen Orientierungsrahmen ein spezifisches Muster. Dabei ist festzustellen, dass er hierbei in Teilen mit dem Deutungspfad der Kategorie der Erfahrungsorientierten übereinstimmt:

Wir finden hier das eingangs skizzierte kindorientierte Muster mit Vermutungen zu Ziel und Zufriedenheit des Kindes, das sich auch hier dominant als charakteristische Sequenz auf den Beobachtungs- und Deutungsprozess auswirkt. Im Unterschied zu den Erfahrungsorientierten zeigen sich im Deutungspfad der Informierten aber Anteile fachlicher Konzepte. Sowohl im Rahmen der Deutung, als auch zur Entwicklung und Begründung möglicher Interventionen wird darauf zurückgegriffen. Kennzeichnend für den Typ der Informierten ist, dass sich trotz dieser fachlichen Anteile, die die erfahrungsorientierte Beobachtungs- und Deutungsbasis teilweise ablösen bzw. ergänzen, keine Sicherheit im Beobachtungs- und Deutungsprozess innerhalb des Deutungspfades dieser pädagogischen Fachkräfte einstellt.

Aufgrund dieses Unterschieds zu den Erfahrungsorientierten, aber auch in Unterscheidung zu den im Folgenden vorgestellten „Methodikern", werden Fachkräfte, die einen in dieser Weise ausgeprägten Deutungspfad beschreiten, als „die Informierten" benannt. Sie sind informiert, da sie fachliche Konzepte offenkundig kennen, diese aber unsicher handhaben oder keine Handlungssicherheit daraus gewinnen.

Das spezifische Muster der „Informierten“ in der Kombination und Gewichtung der einzelnen Orientierungsrahmen, wird im folgenden tabellarischen Fallprofil zusammenfassend dargestellt:

Tabelle 8 Übersicht Typ B: Die Informierten

Typenprofil: Die Informierten

Kategorie	**Modus Operandi**	**Spezifikation**
Terminologie	**alltagssprachlich**	vereinzelte fachliche Begriffe
Beobachtungsprämisse	**kindorientiert**	*Äußerlich Wahrnehmbares* Handlungen des Kindes, Alter, Körpereinsatz und akustische Äußerungen, Gestik/Mimik *Psychische Prozesse* Ziel/Motiv des Kindes, Zufriedenheit
Übergang Beobachtung – Deutung	**unsicher**	
Deutungsbasis	**Erfahrungen** **Fachliche Konzepte**	
Deutungsprämisse	**Ergebnisorientiert** **Lernprämisse** **Spielprämisse**	
Übergang Deutung – Interventionsplanung	**Unsicher**	
Interventionsprämisse	**Zurückhaltung, unterstützend**	Wenn keine Gefahr und/oder Unzufriedenheit
Interventionsstrategie	**Konkret spontan**	Materielle, soziale, thematische Ausweitung

5.5 Typ C: Die Methodiker

„Es ist ganz klar auch in der Phase von der Altersentwicklung, dass es erstmal etwas stapelt und wieder abbaut. Konstruktionsspiel ist in dem Sinne noch nicht möglich".

In diesem Teilkapitel erfolgt die Beschreibung des Typs C, den wir als die „Methodiker" bezeichnen. Nach der Darstellung der Typen der „Erfahrungsorientierten" und der „Informierten" treten die spezifischen Charakteristika dieses Typs auch durch den Kontrast zu diesen Typen hervor. Bei der Charakterisierung der Methodiker wird daher in Teilen eine vergleichende Bezugnahme zu anderen Typen hergestellt, die Typenbeschreibung soll aber auch ohne diese Vergleichsfolie für sich allein verständlich bleiben. Um die Vergleiche zu den anders strukturierten Deutungspfaden zu erleichtern bzw. um Unterschiede deutlicher hervortreten zu lassen, beziehen sich die Beispiele, wie schon in den anderen Kapiteln, hauptsächlich auf die Filmsequenz 1.

Auch die Darstellung dieses Typs orientiert sich an der Chronologie des Interviews und zeichnet den Deutungspfad anhand der typischen Kombination aus Aufmerksamkeitsfokussierungen und Orientierungsrahmen nach. Als Beispiel für einen Deutungspfad dieses Typs werden wir exemplarisch Bezug zu Ausschnitten aus Transkripten einer Auswahl von Einzelfällen nehmen. Zunächst wird hierzu die Eingangssequenz der Äußerungen der Interviewten 20 vorangestellt. Auch diese Aussage bezieht sich auf die Frage „Was haben sie beobachtet?" zur Filmsequenz 1.

> Interviewte 20: *„Hmh, es ist aktiv im freien Spiel, das heißt es probiert sich aus, ist also ganz frei in seinen Bewegungen, also viel im Stand. Also, kann ich beobachten, also es ist erst … erst saß es und dann ist es immer wieder aktiv, nimmt die Bauklötze und die Holzkisten, baut sie auf und ab. Bewegt sich frei, gestaltet viel mit … mit dem Mund. Also lallt mit, spricht Wortsch … also spricht seine Laute, ähm orientiert sich sehr stark auf seine Sache, experimentiert mit den … mit dem Gebauten, wirft es wieder runter, baut es wieder auf, stapelt neu. Mit viel Kraftaufwand und viel Ausdauer, hab ich mir noch notiert. Es ist also immer wieder bei seiner Sache, orientiert sich sehr auf sich …" (Interview 20).*

Beobachtungsprämisse: kindorientiert

Zu Beginn dieses Deutungspfades erfolgt eine Konzentration auf die Handlungen des Kindes. In den beispielgebenden Äußerungen der Interviewten 20 wird beschrieben, dass es ausprobiert, steht, geht, sitzt, Gegenstände in der Hand hält oder stapelt, Laute spricht, experimentiert und dabei Kraftaufwand und Ausdauer aufbringt. Es dokumentiert sich demnach eine kindorientierte Beobachtungsprämisse.

Es lassen sich hierbei Aufmerksamkeitsfokussierungen feststellen, die sich von denen des eingangs beschriebenen erfahrungsorientierten Typs unterscheiden. Anstatt das vermutete Ziel der Handlungen des Kindes zu beschreiben und seine (Un-)Zufriedenheit zu thematisieren, sind hier vorrangig das Thema des Kindes, seine Konzentration, der Lernprozess und seine Tätigkeiten, wie etwa das Experimentieren/Ausprobieren, als Aufmerksamkeitsfokussierung der Befragten zu erkennen. Die Prämisse der Beobachtung bleibt also die Orientierung und Konzentration auf das Kind, jedoch mit anders gelagerten thematischen Schwerpunktsetzungen. Diese thematische Verschiebung in den Aufmerksamkeitsfokussierungen der Methodiker kennzeichnet ein typisches Merkmal in ihrer Form der kindorientierten Beobachtung.

Daneben bleibt aber auch das Muster, bei dem anhand von äußerlich wahrnehmbaren Aspekten (Handlungen, Alter, Geschlecht, Gestik/Mimik) auf psychische Prozesse (Ziel und Zufriedenheit des Kindes) geschlossen wird, das wir als charakteristisch zunächst für die Erfahrungsorientierten, später auch für die Informierten beschrieben hatten, ein Element des Deutungspfades einiger Fälle, die wir den Methodikern zurechnen (beispielsweise die Interviewten 18, 23 und 27). Doch anders als bei den Erfahrungsorientierten ist dieses Muster weniger stark ausgeprägt, d. h. es lässt sich nicht durch homologe Äußerungen über die gesamten drei Phasen des Interviews nachweisen, sondern tritt partiell in einzelnen Abschnitten auf und ist durch die anderen benannten Aufmerksamkeitsfokussierungen erweitert.

Neben dieser Form der kindorientierten Beobachtungsprämisse zeigt sich bei den Methodikern eine Beobachtungsprämisse, die sich im Deutungspfad der Erfahrungsorientierten nicht als dominantes Muster erweist, bei den Methodikern jedoch zunehmend auftritt: In etwa der Hälfte der Fälle, wie auch im Gespräch mit der Interviewten 20, kann eine **kontextorientierte Beobachtungsprämisse** rekonstruiert werden. Neben der Aufmerksamkeitsfokussierung auf das handelnde Kind (kindorientierte Beobachtungsprämisse) treten Aufmerksamkeitsfokussierungen, in denen Bedingungen berücksichtigt werden, die die Handlungen des Kindes als Kontext rahmen. Der folgende Ausschnitt des Transkriptes stellt die unmittelbare Fortsetzung der vorher zitierten Äußerungen der Interviewten 20 dar:

Interviewte 20: „... *und ähm, ... hat auch freie Möglichkeiten, das heißt die Erzieherin, die dort oder die betreuenden Erwachsenen sind mit im Raum, aber lassen dem Kind die freie Gestaltung. Und auch andere Kinder halten sich im Hintergrund auf*".
Interviewer: „*Hmh*".
Interviewte 20: „*Was ich auffällig finde ist, dass es sonst nackt ist, mit Pampers, aber Schuhe und Socken trägt. Das ist also das, was mir sofort ins Auge fiel. Was ich ungewöhnlich finde für einen Teppichraum. Dass also dieses Kind die Schuhe noch trägt*".
Interviewer: „*Ah ja, also...*".
Interviewte 20: „*Also, da es sonst ja sehr frei bewegen kann vom Körperlichen und sich sehr stark auch spüren kann in der Aktivität, aber ähm dann wiederum Socken und Schuhe trägt, wobei die Fußflächen ja nicht direkt in, den Bodenkontakt dann haben*".
Interviewer: „*Ah ja, also bei Ihnen hier zum Beispiel in der Kita wäre das ohne Schuhe dann*".
Interviewte 20: „*Genau! Dass man einfach auch noch mal das Gesamtbild beobachten kann, aber die Kinder einfach diesen Bodenkontakt spüren, weil es ja auch sehr angenehm aussieht. Weil es also ja auch die Möglichkeit hat, auf diesem Boden ... also auch ähm, das zu spüren. Was er ja jetzt auch mit den Knien macht. Das dann also auch noch an den Füssen spürt*" *(Interview 20).*

In der Beobachtung wird einerseits der **materielle Kontext** der Situation thematisiert. Im Bespiel der Äußerungen des Interviews 20 ist dies etwa die Bekleidung des Kindes und die räumlichen Gegebenheiten, wie die Beschaffenheit des „Teppichraums". In anderen Interviews zu anderen Filmsequenzen wird u.a. die Beschaffenheit eines Außengeländes der Kindertagesstätte angesprochen.

Andererseits wird im Rahmen der kontextorientierten Beobachtungsprämisse auch der **soziale Kontext** thematisiert. Die in der Situation ggf. anwesenden anderen Kinder und ErzieherInnen werden angesprochen und in ihrem Handeln und Verhalten beschrieben. Dieser soziale Kontext wird auch mit den Verhaltensweisen des beobachteten Kindes in Verbindung gebracht. Es wird dann beispielsweise wie in der Aussage der Interviewten 20 angemerkt, dass dem Kind die Möglichkeit zu einem freien Spiel auch dadurch gegeben ist, dass anwesende ErzieherInnen und andere Personen dem Kind die Möglichkeit zur freien Gestaltung lassen und nicht eingreifen. Zu Film 2 wird beschrieben, dass Kinder Bereitschaft zeigen, das beobachtete Kind mitspielen zu lassen.

Insgesamt ist die Beobachtungsperspektive der Methodiker vergleichsweise breit angelegt. In der kindorientierten Beobachtungsprämisse treten Aufmerksamkeitsfokussierungen auf, die Aspekte wie Konzentration oder das Experimentieren/Ausprobieren thematisieren. Vermutungen zum Ziel des Kindes und zu seiner Zufriedenheit weichen diesen thematischen Fokussierungen oder treten in den Hintergrund der Aufmerksamkeit.

Neben diese „erweiterte" kindorientierte Beobachtungsprämisse tritt in ca. der Hälfte der Fälle eine kontextorientierte Beobachtungsprämisse, bei der auch der Kontext kindlichen Handelns in dessen Beobachtung und Deutung Berücksichtigung findet.

Fachliche Konzepte als Deutungsbasis

Die Deutungen erfolgen im Anschluss an die Beobachtung, neben der Bezugnahme auf Erfahrungswerte, auch anhand **fachlicher Konzepte**. Die befragten ErzieherInnen generieren die Deutungsrahmen nicht unmittelbar aus der beobachteten Situation sondern anhand anderer Quellen. Sie stellen Bezüge zwischen diesen Ansätzen und ihren kind- oder kontextorientierten Beobachtungen z. B. im Bereich der „Körpereigenwahrnehmung" oder der „Raumkonzepte" her. Anhand dieser auf fachlichen Konzepten basierenden Deutungen entfaltet sich eine Deutung der Handlungen des Kindes bzw., bei kontextorientierter Beobachtungsprämisse, der gesamten Situation, die auf fachliche Konzepte als Deutungsbasis verweist.

Dies dokumentiert sich auch in der verwendeten Terminologie: Die Befragten nutzen im Interview Begriffe, die nicht der Alltagssprache zuzurechnen sind, sondern fachlichem Vokabular entstammen. Die Handlungen des Kindes werden nicht nur durch alltagssprachliche Terminologie, sondern auch durch fachliche Terminologie beschrieben, beispielsweise als „aktives, freies Spiel" (Interview 20). Ähnliches gilt auch bei der Beschreibung psychischer Prozesse, beispielsweise als „Körpereigenwahrnehmung", und des materiellen Kontextes, beispielsweise als „Bewegungsraum".

Im Interview wird an dieser Stelle die Frage nach dem Thema des Kindes gestellt:

> Interviewer: *„Ja … . Haben Sie eine Vermutung, was so das äh zentrale Thema ist, mit dem das Kind sich hier beschäftigt? Worum es dem Kind dabei geht, bei diesem Handeln"?*
>
> Interviewte 20: *„Hmh! Es geht erstmal um das Ausprobieren und es ist ganz klar auch in der Phase von der Altersentwicklung, dass es erstmal etwas stapelt und wiederaufbaut, abbaut, Konstruktionsspiel ist in dem Sinne noch nicht möglich, es fängt erstmal an, es werden Dinge sortiert, wieder gestapelt, auseinander genommen, um einfach auch Mate-*

> *rialien kennen zu lernen. Wieder neu zu erforschen, auch umzufunktionieren, was also in der Phase, in dem Alter auch … wichtig ist. Dass sie die Möglichkeiten haben, auch selbst das Material zu erfahren. Und es greift ja auch keiner ein, so dass das Kind auch wirklich die Möglichkeit hat, sich da frei zu entfalten“ (Interview 20).*

Ähnlich wie in der Bearbeitung der ersten Frage deutlich wurde, orientiert sich die Erzieherin bei ihrer Deutung auch hier weiterhin an methodischen Konzepten. In diesem Beispiel nutzt sie den Begriff der „Altersentwicklung“, was auf ein ihr bekanntes Schema von Phasenabfolgen kindlicher Entwicklung verweist. Anhand des Abgleichs ihrer Beobachtungen mit diesem Schema gelangt sie zu einer Deutung bezüglich des Themas des Kindes (Ausprobieren) und der Einschätzung, dass die Materialerfahrung wichtig für dieses Kind sei. Anschließend wird die Handlung des Kindes in Abgrenzung zum „Konstruktionsspiel“ klassifiziert, welches laut Erzieherin in diesem Alter noch nicht möglich sei und das sie einer späteren Altersstufe zuschreibt. Es kann vermutet werden, dass sich die Erzieherin an dieser Stelle beispielsweise an pädagogischen Konzepten zur Zone der nächsten Entwicklung orientiert (vgl. Wygotski 1987, S. 300). Als Orientierungsrahmen dokumentieren sich demnach Kriterien **fachlicher pädagogischer Konzepte**.

Neben diesem fachlichen Konzept der Altersentwicklung finden sich in anderen Fällen des Typs „Methodiker“ eine Reihe anderer Referenzen der Deutung. Die am **häufigsten genutzten** sind: Bildungsbereiche, (kindliche) Entwicklungsphasen/Altersentwicklung und Motorik.

Zusammenhängender Übergang Beobachtung – Deutung

Die Deutungen **psychischer Prozesse,** wie etwa das „Ausprobieren“ und die „Ausdauer“, werden explizit und direkt mit **äußerlich Wahrnehmbarem** in Verbindung gebracht, beispielsweise indem die Ausdauer darauf zurückgeführt wird, dass sich das Kind eine längere Zeit mit einer Sache beschäftigt oder aber die Konzentration am geöffneten Mund und Speichelfluss des Kindes zu erkennen sei.

Die Anknüpfungspunkte der Deutungen finden sich demnach in den vorher artikulierten Beobachtungen zu Handlungen des Kindes und sind argumentativ damit verbunden.

In den Fällen, in denen doch eine Verbindung zwischen Beobachtungen und daran anschließenden Deutungen zu intrasubjektiven Prozessen des Kindes hergestellt werden (z. B. sensorische Prozesse), wird die betreffende Inkonsistenzschwelle zwischen Beobachtung und Deutung anhand theoretischer Konzepte (Körpereigenwahrnehmung) überwunden.

Sicherheit und Unsicherheit beim Übergang Beobachtung – Deutung

Zum einen gewinnen die Methodiker durch ihre Bezugnahme auf fachliche Konzepte Sicherheiten im Übergang von der Beobachtung zur Deutung. Die Kategorien und Schemata fachlicher Konzepte wirken komplexitätsreduzierend und leiten die Aufmerksamkeit und Reflexionen der ErzieherInnen.

Wie eingangs bereits als „Reflexion zur Typenbildung" bzw. „zum Verhältnis von Einzelfall und Typus" angemerkt (vgl. Abs. 3.3.2.1, S. 77), weisen Einzelfälle, die von uns in Gänze dem Typ der „Methodiker" zugeordnet wurden, jedoch auch Unsicherheiten in der Deutung von Filmsequenzen auf. Daher soll an dieser Stelle nicht der Eindruck erweckt werden, dass in der Gruppe der Methodiker jeder Einzelfall ausschließlich durch Sicherheit beim Übergang der Konsistenzschwelle von Beobachtung und Deutung geprägt ist. Eine von uns den Methodikern zugeordnete Befragte äußert zur Deutung von Filmsequenz 2:

> Interviewte 22: *„Man weiß ja nicht so genau, traut sie sich nicht zu fragen, oder kann sie es vielleicht einfach noch nicht? Das ist son, äh Situation am Ende, äh die für mich mit so einem Fragezeichen versehen ist" (Interview 22).*

Es zeigen sich in einigen Einzelfällen Unsicherheiten, obwohl erkennbar auf fachliche Konzepte als Deutungsbasis zurückgegriffen wurde.

Deutungsprämisse: ergebnisorientiert und zunehmend prozessorientiert

Neben der bislang beschriebene ergebnisorientierte Deutungsprämisse, die, wie ausgeführt, durch eine dem Kind unterstellte Intentionalität untermauert ist, tritt innerhalb der Gruppe der Methodiker die prozessorientierte Deutungsprämisse stärker hervor, als dies bei den Erfahrungsorientierten der Fall war. Wie eingangs beschrieben, sind auch bei den Methodikern ergebnisorientierte Deutungsprämissen zu finden, die den Deutungspfad strukturieren. Jedoch treten hier auch prozessorientierte Deutungsprämissen stärker hervor, bei der nicht die Zielsetzung des Kindes ergründet wird, sondern dessen Handlung an sich im zeitlichen und/oder thematischen Verlauf beobachtet und gedeutet wird.

Im Rahmen dieser Beobachtungen werden **Deutungen prozessorientiert** vollzogen, indem beschrieben wird, was und wie das Kind handelt, ohne Vermutungen über die Ziele des Kindes anzustellen oder dabei Ziele des Kindes zu vermuten (vgl. ergebnisorientierte Deutung Kategorie 1).

Diese prozessorientierte Deutungsprämisse zeigt sich verstärkt im Rahmen der Fälle, denen auch eine kontextorientierte Beobachtungsprämisse zugrunde liegt. Über einen möglichen Zusammenhang können wir an dieser Stelle keine belegbaren Aussagen treffen.

Thema: Lernen – unbegründete Lernprämisse

Auch bei den Methodikern dokumentiert sich im Anschluss an die Frage nach dem Lernprozess des Kindes eine Lernprämisse. Ähnlich wie schon für den Fall der Erfahrungsorientierten und Informierten ausgeführt, wird Kindern per se Lernaktivität zugestanden und zugeschrieben, relativ unabhängig davon, womit sich ein Kind beschäftigt oder welche Handlungsweisen es konkret zeigt.

> Interviewerin: *„Also der ganze mathematische Bereich (Ja,..., Wahrnehmung). Können Sie hier auch einen Lernprozess beschreiben, den das Kind hier vollzogen hat"?*
> Interviewte 18: *„Ja eben hauptsächlich oder großer Teil im mathematischen Bereich eben, naturwissenschaftliche Sachen gehören dazu, das mit den Perlen und Formen eben auch, Gruppen einsortieren oder wegrollen. Wenn's zum Beispiel Gegenstände mit verschiedenen Formen sortiert. Solche Sachen eben" (Interview 18).*

Der postulierte Lernprozess wird von den Methodikern zwar gemäß fachlicher Deutungsbasis anhand fachlicher Konzepte eingruppiert, z. B. in den Bildungsbereich „Mathematik", und fachlich begründet. Nach dem Lernprozess selbst befragt, erfolgt jedoch eine alltagssprachliche Beschreibung der konkreten Situation. Hier konnten keine Unterschiede zu den Erfahrungsorientierten festgestellt werden.

Übergang Deutung – Interventionsplanung: sicher

Der Typ der Methodiker zeichnet sich durch Sicherheit an der Konsistenzschwelle zwischen Deutung und Interventionsplanung aus. Anders als beim Übergang von der Beobachtung zur Deutung, bei der sich sowohl Sicherheiten als auch Unsicherheiten zeigen, ist dies ein Merkmal, dass alle Fälle dieses Typs aufweisen. Die sich dokumentierende Handlungssicherheit bei gleichzeitiger Bezugnahme auf fachliche Konzepte wurde von uns als wesentliches, charakteristisches Merkmal dieses Typs gewählt und dient als ausschlaggebendes Kriterium bei der Zuordnung von Einzelfällen zum Typ der „Methodiker". Dies kennzeichnet, im Vergleich und in Abgrenzung zu den Informierten, die Methodiker. Sie gewinnen Sicherheit aufgrund der Anlehnung ihrer Interventionsplanung an und deren Einbettung in pädagogische Konzepte.

Interventionsformen

In der Gruppe der Methodiker lassen sich zwei grundlegende Interventionsformen unterscheiden. Zur Darstellung dieser beiden Varianten werden zunächst wieder Ausschnitte aus Transkripten vorangestellt, die sich auf die Konsistenzschwelle zwischen Deutung und Interventionsplanung beziehen.

> Interviewer: *„Ähm, weil Sie jetzt schon die Erzieherin ansprachen. Angenommen Sie würden jetzt da als Erzieherin in dem Raum sein, … würden Sie irgendetwas tun oder irgendwie handeln"?*
> Interviewte 20: *„Also jetzt in diesem Rahmen fand ich es sehr gut, dass man das Kind so lässt. Also, es wäre auch so meins. Ich habe gesehen, ähm dass der Junge beobachtet wird, also dass immer noch mal ein Blick zu dem Kind ging. Also, es ist ja nicht alleine in dem Raum, andere Kinder waren auch dort. So dass man also merkte, ähm … er hat die Möglichkeit, oder es ist, wenn der Bedarf da ist, dass jemand eingreifen kann. Aber so im Ausprobieren, finde ich das völlig, völlig im Normbereich. Würd' ich ähnlich machen".*
> Interviewer: *„Hmh".*
> Interviewte 20: *„Wenn die Sequenz jetzt länger gegangen wäre, dann hätte man noch gucken können, gibt man ihm noch neue Reize? Fordert er das oder …? Er war aber ja auch erstmal in diesem Bereich und hat sich dort drauf konzentriert. Er hat ja sicherlich in dem Raum noch mehr Möglichkeiten, aber für ihn war ganz entscheidend, erstmal jetzt in diesem Bereich zu bleiben" (Interview 20).*

Bewusste Zurückhaltung – abwartend unterstützend
Eine Form der Interventionsplanung besteht in einer „abwartenden Unterstützung" des Kindes. Dies meint eine Intervention, die zunächst eine vorausgegangene längere/weitere Beobachtung voraussetzt. Anders als im Falle der Erfahrungsorientierten begründet sich diese Zurückhaltung nicht allein darin, dass weder eine Gefahrenlage oder die Unzufriedenheit des Kindes ein Eingreifen nahe legt. Sondern unterlassene Intervention wird hier als bewusste Zurückhaltung beschrieben.

> Interviewte 20: *„Also hier in der Einrichtung machen wir das so, dass wir die Kinder erstmal ankommen lassen, das heißt wir beobachten wirklich im freien Spiel. Und ähn-*

> *lich wie jetzt auch in dieser Sequenz, dass man das Kind ausprobieren lässt, (...) aber wenn wir beobachten, dann wirklich auch erstmal auf dem Hintergrund, dass das Kind auch alleine spielen darf. Und erstmal im ... im eigentlichen Spiel, in seinen, nach seinen Möglichkeiten agiert und ähm ich dann einfach auch gucke, wo sind seine Fähigkeiten, seine Stärken, was macht es schon" (Interview 20).*

In Abgrenzung zur einfachen Zurückhaltung beschreibt die Erzieherin hier explizit ein überlegtes und methodisches Vorgehen ihrer Praxis, bei der sie dem Kind den Freiraum lässt, in einem eigenständigen Spiel zu agieren. Außerdem ist bedeutsam, dass die Befragte ihr Vorgehen nicht nur als eigene, sondern als Praxis ihrer Einrichtung beschreibt, also als reflektierte Praxis.

Unterschiedliche Handlungssequenzen werden dann hinsichtlich explizit definierter Kriterien beobachtet. In diesem Interviewausschnitt dokumentiert sich eine ressourcenorientierte Beobachtung hinsichtlich der Fähigkeiten des Kindes in Filmsequenz 1.

Gelöstes Dilemma

Die Zurückhaltung, als bewusst gewählte Alternative zur Intervention, erschöpft sich im Rahmen eines Deutungspfades der Methodiker nicht in dieser reinen Zurückhaltung. Vielmehr verweisen die Befragten im Interview auf systematische Vorgehensweisen, bei denen zu unterschiedlichen Zeitpunkten Beobachtungen zum Kind angefertigt werden, diese dokumentiert werden, um anschließend in Diskussionen mit Kollegen, Eltern oder dem Kind selbst genutzt zu werden. Beim Typ der Methodiker sind auch die Zurückhaltung und die dabei erfolgende Beobachtung methodisch strukturiert und begründet.

Die Form, bei der im Dialog mit dem Kind die Entscheidung über mögliche Interventionen bearbeitet wird, wird von einer Befragten folgendermaßen geschildert:

> Interviewerin: *„Wenn wir jetzt noch mal auf die Filmsequenz zurückgehen, äh, also das Mädchen, das hier im Außengelände war, (...), wenn Sie so eine Situation beobachten, schon öfter beobachtet haben, würden Sie im Anschluss an die Situation etwas unternehmen, würden Sie handeln"?*
>
> Interviewter 24: *„Hm, wenn ich es so beobachten würde, wie es da in dem Film war, ehm, würd' ich vielleicht sogar im Anschluss an die Situation versuchen, mit dem Kind (...), zu reden: ‚Oh du hast die beobachtet', einfach wiedergeben, was das Kind gemacht hat und ehm: ‚Was haben die so gemacht, erzähl doch mal!' Und wenn es dann vielleicht spricht, (...) dann äh, könnte man ja im Anschluss fragen, ob sie gern mitgespielt hätte oder was*

> *ihr denn, was sie denn so spannend daran fand und so würd' ich das aufgreifen und sagen: ‚Komm her, wir können ja mal gucken, da hinten ist grad ein Dreirad frei, vielleicht hast ja mal Lust oder wir fragen vielleicht mal XY, die steht da auch gerade alleine, vielleicht könnt ihr ja zusammen noch mal 'ne Runde fahren'"* (Interview 24).

Das Dilemma pädagogischer Intervention, bei dem die Informierten zwischen eingreifendem Handeln und Zurückhaltung unentschlossen oszillieren, wird von den Methodikern entweder in der zeitlichen oder in der sozialen Dimension bearbeitet. Eine zeitliche Bearbeitung erfolgt, indem weitere systematische Beobachtungen durchgeführt werden. In der sozialen Dimension wird der Dialog mit dem Kind gesucht. In beiden Fällen wird das pädagogische Dilemma aufgelöst und führt deshalb nicht zu offenkundigen Unsicherheiten.

Interventionsplanung

Interventionsplanungen, wenn sie denn konkret geäußert werden, zeigen die gleiche Logik, wie bei den Erfahrungsorientierten: materielle, soziale und thematische Ausweitung.

> Interviewer: *„Ja, ja … Könnten Sie so verschiedene Bildungsbereiche hier benennen so, die eine Rolle spielen? Sie sagten ja gerade schon, das ist recht viel, was da so parallel läuft".*
> Interviewte 20: *„Ja, Bildungsbereiche ähm … ja, es läuft ganz viel über die Feinmotorik. Dann kann es schon in Richtung ähm ja Rechnen gehen. Das ist schon so in diesem Bereich auch, Mengenverständnis ist es dann. Ja, Bilateralität, das Überkreuzen der Mittellinie: nutze ich auch beide Hände? Dann auch wieder ähm ja, den Kopf und die Hände benutzen. Also wirklich in Aktion gehen mit dem Ganzen. Also ganz viele Bereiche, die sich dort … dort verknüpfen. Auch gerade über dieses Rechts/Links, wo man ja auch immer wieder merkt: mit der Hand mal wieder auf die andere Seite gehen, Dinge berühren, ablegen, fühlen … Form und Farben erkennen und dann vielleicht auch die Strukturen, wie ordne ich es an. Ganz viele Bereiche, die dort aufgefasst werden".*
> Interviewer: *„Ähm, … wenn Sie da jetzt die Erzieherin wären, hätten Sie eine Idee, wie Sie da jetzt anschließen könnten? Oder was man jetzt mit dem Jungen, also gehen wir jetzt mal davon aus, dass das ein Junge ist, irgendwie noch weiter machen könnte, wie man da irgendwie ihn, ihn unterstützen könnte"?*
> Interviewte 20: *„Man könnte ihm noch andere Materialien anbieten, oder wirklich noch Muster und Formen legen in einer Form von Mandala. Oder die Perlen nochmals gemeinsam zählen. Oder aber farblich vielleicht unterscheiden, dass man sie nochmal in Farbe taucht. Oder ähm … wie fühlt sich das auf der Haut an? Einfach noch mal fühlt.*

Also, hat man ganz viele Möglichkeiten. Oder ähm, man holt noch Erbsen dazu oder man wiegt es mal: ist es wirklich immer gleich oder ist doch noch mal ein Unterschied? Je nachdem wie alt das Kind vielleicht auch ist".
Interviewer: *„Ja, ja".*
Interviewte 20: *„Oder man macht vielleicht mit dem Kind gemeinsam ein Foto von dieser Aktion. Wie es das dann dort geformt hat. Dass es dieses Muster behält, oder man malt es noch mal ab: wie viele Perlen hab ich wirklich irgendwo hingelegt und wieviele Muscheln habe ich? Also, da kann man je nachdem, auf das Alter auch, wieder abstimmen, was man macht" (Interviewte 20).*

Die möglichen pädagogischen Interventionen, um das Thema des Kindes aufzunehmen, formuliert die Befragte im Zusammenhang mit den vorher benannten Bildungsbereichen. Trotzdem werden die Zusammenhänge zwischen Interventionsplanung und Deutungen nicht immer deutlich. In diesem Fall wird eine Vielzahl an Interventionen vorgeschlagen, die zwar diverse Ansatzpunkte pädagogischen Handelns aufzeigen, aber in dieser Fülle auch unspezifisch und willkürlich wirken.

Ähnlich wie im Falle der Erfahrungsorientierten werden Interventionen vorgeschlagen, die in der materiellen, sozialen und thematischen Ausweitung bestehen. Und ähnlich wie im Falle der Erfahrungsorientierten lassen sich hier Elemente identifizieren, die in einem Zusammenhang mit der zuvor angefertigten Beobachtung und Deutung stehen, während dieser Zusammenhang bei anderen Varianten der Interventionsplanung, zumindest für einen außen stehenden Beobachter (in diesem Falle: für uns als rekonstruktive Forscher), nicht nachvollziehbar ist. Wie eingangs beschrieben, kann hier aufgrund der Erhebungs- und Auswertungsmethodik keine verlässliche Aussage dazu getroffen werden, ob ein solcher Zusammenhang besteht, aber im Interview verbal nicht geäußert wird – oder aber die Interventionen ohne eine logische Ableitung vorgeschlagen werden und daher eher willkürlich formuliert werden. An dieser Stelle sei nochmals auf die Möglichkeiten und Grenzen unseres Erhebungssettings als „simuliertes Fachgespräch" verwiesen.

In den Interviews der „Methodiker" zeigen sich, unabhängig von ihren fachlichen Ansätzen, unterschiedliche Prämissen in den möglichen Interventionen, wodurch sich letztlich auch ein unterschiedliches „Bild vom Kind" dokumentiert. Beim Typ der Erfahrungsorientierten steht die Selbstständigkeit des Kindes im Vordergrund, d. h. der Standpunkt, dass Kinder von selbst lernen und dieser Prozess ggf. (nur) unterstützt werden kann. Vergleichbare Orientierungen dokumentieren sich auch in den Äußerungen der Methodiker:

Interviewte 18: *„Ich denke mal, ein Kind, was ausreichend Möglichkeiten hat zu spielen, ist irgendwann auch schulreif, ohne dass man viel tun muss, meiner Ansicht nach“ (Interview 18).*

In dieser Aussage zeigt sich beispielsweise, dass die Befragte trotz ihrer methodischen Ausrichtung in Beobachtung, Deutung und Interventionsplanung letztlich doch auf die Selbstbildungsprozesse des Kindes vertraut. Im Umkehrschluss bedeutet dies aber auch, dass sie der methodisch-pädagogischen Förderung kindlicher Lernprozesse letztlich vergleichsweise wenige Einfluss zuschreibt. Im Gegensatz dazu dokumentiert sich in der folgenden Aussage einer „Methodikerin“ ein anders „Bild vom Kind“:

Interviewerin: *„Und dann scheuen sie sich nicht davor, Kindern auch was anzubieten“.*
Interviewte 27: *„Natürlich, das ist ja mein Bestreben, das ist ja mein Beruf. Sonst könnt man hier ja auch Mütter hinsetzten, die die Kinder beaufsichtigen und gucken, dass kein Unfall passiert und die würden denen mit Sicherheit auch Bücher vorlesen und was basteln, aber man kommt ja eben aus dem Bereich, weil man eigentlich ein Ziel verfolgt, also das Medium ist ja eigentlich nur die Sache, wie bekomme ich das Kind dahin, die Erfahrung zu machen“.*
Interviewerin: *„Wo ist da so ihr Ziel für die Kinder hier in ihrem Kindergarten“?*
Interviewte 27: *„Das Kind zur Schulreife zu bringen: emotional, körperlich, kognitiv, sozial und mit der Leistungsbereitschaft, etwas zeigen zu können“ (Interview 27).*

Hier dokumentiert sich ein anderes pädagogisches Verständnis, bei dem die Unterstützung kindlicher Lern- und Bildungsprozesse als Interventionsprämisse das pädagogische Handeln strukturiert.

Selbstreflexion: Welches Wissen hilft?
Im Interview werden anschließend die für die Erzieherin selbst bewusst zugänglichen Aspekt ihres Deutungsprozesses thematisiert: „Könnten Sie sagen, worauf Sie zurückgreifen in der Beobachtung? Wie genau machen Sie das, so eine Einschätzung“? So nach der Basis ihrer Interpretationsbasis befragt, benennen die Befragten ihre Ausbildung oder auch Zusatzausbildung z. B. zur Heilpädagogin. Des Weiteren erfolgt in einigen Fällen die Beschreibung einer kollektiven Praxis in ihrer Einrichtung:

Interviewte 19: *„Wir beobachten hier auch im Haus, das heißt wir haben hier so Beobachtungsrunden, wo wir uns halt zusammensetzen und auch so halt Situationen oder auch*

> *halt ähm sag ich mal ein Kind gezielt rausnehmen und das auch gezielt für ein paar Minuten beobachten und das dann in der Runde in der wir dann mit den Kolleginnen zusammensitzen nochmal versuchen zu deuten, was könnte das jetzt bedeuten oder was kann man daraus ziehen" (Interview 19).*

Die Beobachtungen vollziehen sich mit Rückgriff auf Verfahren, die auf kollektiv bindende Entscheidungen über die Vorgehensweise in der Beobachtung und Deutung in der Einrichtung der Befragten gründen. Dies legt die Einschätzung nahe, dass den Vereinbarungen über Vorgehensweisen entsprechende Diskussionen vorausgegangen sind.

Fachliche Konzepte können auch eine Form annehmen, die als eine Art „Organisationskultur" im Team verstanden werden kann. So berichten einige Befragte davon (und gaben im Fragebogen entsprechende Auskunft), dass eigene Konzepte zur Beobachtung und Deutung kindlicher Bildungsprozesse im Team entwickelt wurden. Des Weiteren sind in Teams bestimmte pädagogische Prämissen zu einem geflügelten Wort in der Einrichtung geworden, wie das folgende Zitat zeigt:

> Interviewte 21: *„Und wir haben noch einmal so einen Satz den benutzen wir ganz häufig in unserer Einrichtung: das Kind ist ein Akteur seiner Welt, seiner Spielwelt" (Interview 21).*

In diesem Ausschnitt wird deutlich, dass im Team eine Auseinandersetzung über das Bild vom Kind stattgefunden hat und zur grundlegenden Prämisse geworden ist, die als Motto alltäglich präsent ist und kommuniziert wird, somit wirksam in der Beobachtung, Deutung und Interventionsplanung wird.

Rahmenbedingungen

Einige Befragte schildern eine gute Personalsituation in ihrer Einrichtung, aufgrund derer sie jederzeit die Möglichkeit zu Beobachtungen haben, welche anschließend fallabhängig mit Kolleginnen, Leitung, dem Team und den Eltern besprochen werden. Während die ErzieherInnen des erfahrungsorientierten Typs Schwierigkeiten dabei haben, überhaupt Beobachtungen im Arbeitsalltag durchzuführen, gelingt diesen Befragten teils sogar die Einbeziehung von Eltern und die gemeinsame Diskussionen im Team.

Tabelle 9 Übersicht Typ C: Die Methodiker

Typenprofil: Die Methodiker

Kategorie	Modus Operandi	Spezifikation
Terminologie	**alltagssprachlich** **fachlich**	
Beobachtungsprämisse	**kindorientiert**	*Äußerlich Wahrnehmbares* Handlungen des Kindes, Alter, Körpereinsatz und akustische Äußerungen, Gestik/Mimik *Psychische Prozesse* Ziel/Motiv des Kindes, Zufriedenheit, Thema des Kindes, Konzentration, Lernprozess, Experimentieren/Ausprobieren
	kontextorientiert	Materieller Kontext Sozialer Kontext Pädagogischer Kontext
Übergang Beobachtung – Deutung	**Sicher und unsicher**	
Deutungsbasis	**Fachliche Konzepte** **Erfahrungen**	Bildungsbereiche, kindliche Entwicklungsphasen, Motorik, Beobachtungsmodelle
Deutungsprämisse	**Ergebnisorientiert** **Prozessorientiert** **Lernprämisse** **Spielprämisse**	
Übergang Deutung – Interventionsplanung	**Sicher**	
Interventionsprämisse	**Gelöstes Dilemma**	Weiter beobachten Dialog mit Kindern
Interventionsstrategie	**methodisch**	Weiter beobachten (verfahrensgestützt) Dialog mit Kindern

Zusammenfassende Charakterisierung zu Typ C „die Methodiker"

Der hier beschriebene typische Fall C der Methodiker zeigt einen Deutungspfad, in dem sich ein spezifisches Muster in der Kombination sinngenetischer Typen widerspiegelt.

Charakteristisch ist in erster Linie die Bezugnahme auf fachliche Konzepte. Hierbei gelingt es den Methodikern, sehr viel deutlicher als den „Informierten", Deutungs- und Handlungssicherheiten zu gewinnen.

Die Methodiker weisen zudem ein breiteres Beobachtungs- und Deutungsschema auf. Neben die kind- und ergebnisorientierten Beobachtungs- und Deutungsprämissen treten im Deutungspfad der Methodiker kontext- und prozessorientierte Prämissen stärker hervor.

Auch die Charakteristik dieses Typs wird anhand einer Matrix zusammenfassend dargestellt (Tabelle 9).

5.6 Typ D: Die Lerntheoretiker

„Das ist Modelllernen und Selbstbildung".

In diesem vierten Teilkapitel wird der Typ D der „Lerntheoretiker" beschrieben. Auch in diesem Falle finden sich spezifische Charakteristika in der Gewichtung der Aufmerksamkeitsfokussierungen und Orientierungsrahmen, die ein spezifisches Muster erkennen lassen und diesen Typ von den bisher benannten unterscheidet. Auch hier gilt bezüglich der Abgrenzung zu den anderen definierten Typen, dass der Deutungspfad in Teilen Ähnlichkeiten zu Strukturelementen anderer Typen aufweist, in einzelnen Aspekten jedoch in spezifischer Weise abweicht.

Beobachtungsprämisse: kind- und kontextorientiert

Die Beobachtungsprämisse der Lerntheoretiker setzt sich aus der Kombination von kind- und kontextorientierten Aufmerksamkeitsfokussierungen zusammen. Schon im Rahmen der Typenbeschreibung der Methodiker ließ sich feststellen, dass dort etwa die Hälfte der Fälle neben der kindorientierten Beobachtung verstärkt explizit den Kontext des kindlichen Handelns berücksichtigen. In der Kategorie der Lerntheoretiker ist diese kontextorientierte Beobachtungsprämisse in allen Fällen vorzufinden. Von den Befragten werden der materielle Kontext, der soziale Kontext und **auch der pädagogische Kontext** thematisiert.

Zur Illustration eines weiteren Merkmals im Deutungspfad wird zunächst die Beobachtung der Interviewten 28 vorangestellt:

> Interviewerin: „*Wir haben jetzt gerade den ersten Film gesehen, mit dem Kind und den Kisten. Was waren deine Beobachtungen zu dem Film?*"
> Interviewte 28: *Also, erst mal rein von den Beobachtungen habe ich ein Kind gesehen, ich schätze es so auf eineinhalb bis zwei Jahre. Das rollt eine Kiste durch den Raum in verschiedenen Körperpositionen: erst sitzend, dann stehend, dann gebückt. Holt sich dann andere Kisten, um die zu stapeln. Die rutschen ineinander, es probiert, die wieder auseinander zunehmen und die Klötze legt sie herein, schiebt die umher, erzeugt damit Geräusche, nimmt sie wieder raus. Während der gesamten Situation, ähm (...) zieht es auch das Kinn an. Ähm, den Hals, gibt Laute wie ‚ah' und ‚oh' von sich. Schaut ab und zu durch den Raum und in die Kamera, aber sonst ist der Blick sehr auf das Geschehen gerichtet und zum Schluss wischt er sich die Hände ab, steht aufrecht, geht noch mal durch den Raum und beendet seine Tätigkeit".*
> Interviewerin: „*Wie interpretierst du diese Situation*"?
> Interviewte 28: *Also, ich denke ähm, dass er erst Erfahrung mit der Kiste als Material sammelt. Und sein Körper in Bezug dazu setzt mit den Bewegungen. Ich nehme das an, weil er ja erst sitzt und schiebt und dann aufsteht und ineinander schiebt und guckt, wie er es unterschiedlich bewegt und hebt. Seine Kraft ausprobiert, das zu heben und ineinander zu stapeln. Dann zwischendurch Geräusche erzeugt mit dem Material, diese Schabgeräusch beim Schieben der Klötze und die wieder raus nimmt, um es andres zu stapeln. Dann denk ich, ist er sehr engagiert bei der Sache. Was sich dadurch äußert, dass er wirklich sehr konzentriert ist und sein Blick sehr wenig abschweift. (...) Ich denke auch, für das Alter gesehen ist er wirklich sehr dabei und guckt nicht, was die anderen machen, sondern orientiert sich nur kurz im Raum, ob die Situation noch so gegeben ist, dass er weiter machen kann in seiner Tätigkeit. Ist aber dabei sehr vertieft und lässt sich auch nicht von der Kameraführung ablenken" (Interview 28).*

Die kindorientierte Beobachtungsprämisse der Lerntheoretiker zeichnet sich durch Besonderheiten hinsichtlich der gewählten Aufmerksamkeitsfokussierungen aus. In der Betrachtung äußerlich wahrnehmbarer Faktoren finden sich zunächst dieselben Schwerpunkte, wie in den zuvor skizzierten drei Typen: Die Befragten richten ihre Aufmerksamkeit auf die Handlungen des Kindes, seine Gestik/Mimik und den Einsatz des Körpers. Hinsichtlich der Beobachtung psychischer Prozesse zeigt sich dann jedoch ein Merkmal, das diesen Typ von allen drei vorher benannten Typen unterscheidet. Die Lerntheoretiker formulieren Aussagen zum vermuteten Thema des Kindes, zu seiner Konzentration, zum Prozess des Experimentierens/Ausprobierens. In keinem der Fälle, die wir dem Typ der Lerntheoretiker zugeordnet haben, finden sich jedoch Aussagen zum Ziel der kindlichen Handlungen oder zu dessen Zufriedenheit. War dieses spezifisch kindorientierte Muster noch als Element in der Beobachtung jeden bisher beschriebenen Typs vorhanden, tritt es im typischen Deutungspfad der Lerntheoretiker nicht mehr in Erscheinung.

An die Stelle einer ergebnisorientierten tritt hier eine stärker prozessorientierte Beobachtung. Die Befragten konzentrieren sich darauf, zu beobachten und zu beschreiben, auf welche Weise das Kind handelt, welchem thematischen Bereich diese Handlungen zuzuordnen sind und wie sie sich im zeitlichen Verlauf der Filmsequenz verändern.

Fachlich-theoretische Konzepte als Deutungsbasis

Die Deutungen der Lerntheoretiker beinhalten die Bezugnahme auf fachliche Referenzen.

> Interviewte 28: *„Ich denke, das ist ganz elementare Bildung. Das hat viel mit Mathematik zu tun, würde ich in den Bildungsbereich zuordnen. Und dann hat es viel mit Bewegung zu tun, mit Selbsterfahrung: Sich selbst in Beziehung zu was anderem zu setzen“.*
> Interviewerin: *„Ja, du hast ja eben auch schon die Bildungsbereich eigentlich angesprochen. Das wäre nämlich meine nächste Frage gewesen: Welche Bildungsbereiche sind denn hier abgedeckt“?*
> Interviewte 28: *„Also, ich denke ganz klar Mathematik, Statik. Dann würde ich es auch in den [Bildungsbereich] Natur und Umwelt setzten. Was für Umwelterfahrungen sammelt man, was behält man daraus (…)“ (Interview 28).*

Es zeigt sich hier, dass die Befragte zur Deutung des kindlichen Handelns bzw. zur Kategorisierung der vom Kind behandelten Thematik auf die Bildungsbereiche des niedersächsischen Orientierungsplans zurückgreift. In ihrer Zuordnung zum Bereich „Mathematik“ dokumentiert sich durch die Floskel „ganz klar“, dass sich die Befragte hinsichtlich ihrer Deutung sicher ist.

Neben der Bezugnahme auf kategoriale Definitionen des Orientierungsplans finden sich im Deutungspfad der Lerntheoretiker Referenzen, die auf wissenschaftliche Konzepte und/oder Theorien verweisen. Im Folgenden deutet Interviewte 29 die Handlungen des Kindes in Filmsequenz 3:

Interviewte 29: *„Es zählt, (...) es hat auch etwas von einer, ja es ist so eine (...) Ästhetik auch in einer Ordnung oder ähm in Dinge zusammen zufügen oder (...) zu verstecken. Und es ist natürlich erst in einem Stadium, dieser ähm objektpermanenten Ausbildung, ist es ja längst drüber hinaus, aber es hat vielleicht trotzdem noch Gefallen daran, ähm sich vorzustellen: Jetzt sind die Kugeln darunter, man sieht sie aber gar nicht mehr. Die Vorstellung anzuregen im Kopf, da ist was drunter, ich weiß es. Vielleicht weiß es aber wer anders nicht. Also, das sind alles solche Sachen, (...) die bei dem Kind da ablaufen (Interview 29).*

Die Befragte deutet die Aktivität des Kindes in diesem Abschnitt nicht allein als ein Zählen von Muscheln, sondern interpretiert es anhand des Konzeptes der Objektpermanenz. Dieses Konzept kann einem theoretisch-wissenschaftlichem Wissensbestand zugeordnet werden. Wie bereits im Kapitel zur Definition sinngenetischer Typen angedeutet wurde, ist es hierbei in der Analyse jedoch schwierig zu entscheiden, welche Deutungsbasis für den frühpädagogischen Bereich als „fachlich" anzusehen ist und wann von wissenschaftlich-theoretischen Konzepten die Rede sein kann. Festzustellen ist jedoch, dass sich in den Aussagen der Lerntheoretiker Verweise finden, die sich von denen der Methodiker unterscheiden. Auch das folgende Beispiel soll dies verdeutlichen:

Interviewte 28: *„Also, es lernt ähm seine eigene Kraft zu reduzieren im Bezug auf die Gegenstände und die Materialeigenschaften. Es lernt die Statik vom Material kennen, etwas aufeinander zu stapeln, unterschiedliche Größen aufeinander zu stapeln. (...)"*
Interviewerin: *„Hast du da so einen Lernprozess beobachten können und wenn ja, auf welche Lerntheorie führst du das vielleicht zurück"?*
Interviewte 28: *„(...) Welche Theorie – ich denke, es ist so ein bisschen Themenverfolgen, sein Thema verfolgen von Lewin".*
Interviewerin: *„Ja, was meinst du genau an der Theorie"?*
Interviewte 28: *„Dass er wirklich sein Thema verfolgt. Dass [es] kein fremd gestelltes Thema ist, sondern dass es so aus seiner intrinsischen Motivation heraus erfolgt, dass er sich mit diesem Material, mit diesen Raumgegebenheiten auseinandersetzt" (Interview 28).*

Die Bezugnahme auf fachliche Konzepte erfolgt hier durch einen Rückgriff auf das Konzept der intrinsischen Motivation. Letztlich kann in unserer Analyse an dieser Stelle nicht abschließend beurteilt werden, ob diese Theorie zum üblichen Wissenskanon von Fachkräften in Kindertagesstätten gehört. Dennoch zeigt sich anhand dieses Beispiels, dass es dem Typ der Lerntheoretiker gelingt, fachliche Konzepte als Deutungsbasis heran zu ziehen und diese auf Nachfrage plausibel zu erklären und zu erläutern. Dies ist ein Unterschied in der Handhabung fachlicher

Konzepte sowohl gegenüber den Informierten als auch gegenüber den Methodikern. Die Lerntheoretiker bringen diese Konzepte auch mit entsprechend relevanten wissenschaftlichen Akteuren in Verbindung, in diesem Falle mit dem Psychologen Kurt Lewin.

Thema Lernen: abstrakte Beschreibung anhand fachlicher Terminologie

In besonderer Weise dokumentiert sich eine fachlich-wissenschaftliche Deutungsbasis in der Beschreibung der kindlichen Lernprozesse. Auf die Frage „Lernt das Kind hier etwas?" antwortet eine Befragte:

> Interviewte 29: *„Also, es ist permanent am Lernen. Ja es probiert und es ist die ganze Zeit intensiv am Lernen" (Interview 29).*

Diese Aussage dokumentiert zunächst eine Lernprämisse in den Deutungen der Befragten. In den zuvor beschriebenen Deutungspfaden der Erfahrungsorientierten, Informierten und auch Methodikern erfolgte im Anschluss an eine solche Prämisse die Beschreibung des Lernprozesses durch die alltagssprachliche Beschreibung der konkret sichtbaren Situation. Im Deutungspfad der Lerntheoretiker zeigt sich exklusiv im gesamten Sampling, dass wissenschaftliche bzw. theoretische Konzepte zur Beschreibung der Lernprozesse genutzt werden. Auf die Aufforderung der Interviewerin hin, diesen Lernprozess bzw. die Lernprämisse ausführlicher zu beschreiben, formuliert sie:

> Interviewte 29: *„Ähm, Modelllernen war jetzt erst mal nicht. Es (...) war sehr für sich selbst aktiv, hat wenig ähm, Kontakte zu anderen Kindern gehabt, (...) es hat jetzt nichts nachgeahmt. Es (...) kam aus ihm selbst heraus, würde ich sagen (...)" (Interview 29).*
> (...)
> Interviewte 29: *„Modelllernen, das Lernen nach Modell, speziell Nachahmung oder Imitationslernen" (Interview 29).*

In diesen ausformulierten Begründungen zur Einschätzung der Lerntätigkeit des Kindes dokumentiert sich eine Bezugnahme auf fachliche Konzepte, anhand derer die Annahme, das Kind lerne hier, argumentativ mit Rückgriff auf Fachbegriffe gestützt werden kann.

Bei der Beschreibung der Typen der Erfahrungsorientierten, Informierten und Methodikern wurde hingegen deutlich, dass alle diese drei Typen bei der Beschreibung des kindlichen Lernprozesses im Verlaufe ihrer Argumentation nicht im Kontext fachlicher Konzepte verbleiben, sondern in den Modus einer Beschreibung der konkreten, im Film vorgeführten Situation wechseln. Einzig im Deutungspfad der Lerntheoretiker finden wir solche Beschreibungen von Lernprozessen anhand fachlich-theoretischer Konzepte, d. h. hier erfolgt kein Wechsel im Abstraktionsniveau. Zwar wird die Situation anhand einer alltagssprachlichen Terminologie beschrieben, dies dient jedoch zur Illustration der eingeführten fachlich-theoretischen Begrifflichkeiten und Konzepte.

Übergang Beobachtung – Deutung: unsicher

Der Übergang von der Beobachtung des Kindes zu einer Deutung und Interpretation seiner Handlungen ist auch bei dem Typ der Lerntheoretiker sowohl durch sichere wie auch durch unsichere Elemente geprägt.

> Interviewte 30: *„Ja, zur Deutung, es könnte sein, ähm, dass bei dem Kind das Thema Zahlen grad irgendwie ganz hoch im Kurs steht. Also, das wär' dann der Lernbereich „Mathematisches Grundverständnis". Es könnte auch sein, dass das Kind, äh, die Materialien an sich interessant findet und damit irgendwie seine Erfahrungen macht" (Interview 30).*

Die Interviewte 30 formuliert ihre Deutung der Filmsequenz 3 in Form einer Vermutung. Die Einschätzung zur Deutung des kindlichen Handelns und Benennung des Themas, mit dem sich das Kind beschäftigt, leitet sie in Anlehnung an die Bildungsbereiche des Niedersächsischen Orientierungsplans ab, kann jedoch die zuvor vollzogene Beobachtungen nicht eindeutig zuordnen und benennt außer dem Lernbereich der Mathematik noch die Erfahrung des Materials als mögliches Thema. Im Verlauf des Interviews formuliert sie weitere Vermutungen über die Sinnzusammenhänge des kindlichen Handelns z. B. dass dieses sich mit Muscheln aus dem Urlaub beschäftige:

> Interviewte 30: *„Es könnte auch sein, dass das Kind die Muscheln aus dem Urlaub mitgebracht hat und sich damit weiter beschäftigen möchte" (Interview 30).*

Wie auch schon bei allen drei anderen beschriebenen Typen, zeigen sich im Deutungspfad unsichere Vermutungen darüber, mit welcher Thematik sich das Kind beschäftigt.

Unsicherer Übergang trotz methodischer Interventionsstrategie

Obwohl die Befragten dieses Typs in der Abwägung möglicher Interventionen sehr methodisch und fachlich informiert vorgehen, erlangen sie nicht in allen Fällen Sicherheit bezüglich eines sinnvollen pädagogischen Vorgehens:

> Interviewte 29: *„Da würde ich vielleicht noch eine weitere Komponenten ins Spiel bringen. Da würde ich vielleicht anfangen – spontaner Gedanke – noch einen Gegenstand dazu zu nehmen, den man vielleicht wiederum auf die Muscheln noch draufsetzen könnte. Große Bauklötze oder so, da würde ich vielleicht gucken, ob ich die Situation noch erweitere" (Interview 29).*

In diesem Transkript wird deutlich, dass es für die Befragte schwierig ist zu entscheiden, in welcher Weise hier ihrerseits als pädagogische Fachkraft gehandelt werden könnte. Unsicherheiten bezüglicher der formulierten Interventionen zeigen sich an den Floskeln „vielleicht" und „würde". Auffällig ist, dass die Befragte selbst anspricht, dass es sich bei ihren Ideen zu möglichen Interventionen um „spontane Gedanken" handelt. Diese intuitiv strukturierten Interventionsstrategien hatten sich im Sampling vorrangig beim Typ der Erfahrungsorientierten gezeigt.

> Interviewte 29: *„Ich versuche verstärkt, mich immer mehr zurückzunehmen, wenn ich Kinder beobachte, dass ich ähm, wirklich versuche, keinerlei Einfluss auf die Situation zu nehmen, so gut es irgendwie geht und das ist momentan in meinem jetzigen Ausbildungsstand auch die größte Herausforderung, nicht in Interaktion sofort zu gehen, sondern Kindern ihren Raum zu lassen und die einfach zu beobachten" (Interview 29).*

Hier zeigt sich, dass die Interventionsprämissen der Lerntheoretiker denen der Methodiker gleichen. In den Fällen dieses Typs wird Zurückhaltung bezüglich einer Beeinflussung der kindlichen Tätigkeit präferiert. Letztlich wird das Dilemma, zwischen Zurückhaltung und Eingreifen entscheiden zu müssen, in der zeitlichen Dimension aufgelöst. Die Strategie besteht darin, erst nach weiterer Beobachtung eine mögliche Intervention abzuleiten.

Selbstreflexion: Welches Wissen hilft?
Die Lerntheoretiker benennen vor allem das im Studium erworbenen Wissen als Grundlage ihres Beobachtungs- und Deutungsprozesses. In der Reflexion der ab-

solvierten Ausbildung und des dabei erworbenen Wissens finden sich in vereinzelten Fällen auch Hinweise auf eine kritische Einschätzung der Wissensinhalte:

> Interviewte 29: „*Manchmal frage mich, wir sind ja auch dazu angehalten, viel zu reflektieren und ähm, manchmal hätte ich gerne noch ein bisschen konkreter den Hinweis, wofür dieses Reflektieren denn dann oder wofür wir das dann in der Praxis noch nutzen können. Also, wahrscheinlich so im Sinne von: nicht so sehr (...) in die eigenen (...) Fallen zu laufen, oder so. Dinge mit seinem eigenen, subjektiv verfärbten Blick zu sehen. Könnte ich mir schon vorstellen, dass das hilfreich ist. (...) Also, wir werden angehalten viel zu reflektieren, aber was wir dann genau mit unseren uns bewusstgemachten Deutungsmustern anfangen oder wie wir dem entgegensteuern oder ob wir dem überhaupt entgegensteuern müssen, würde mich interessieren*" *(Interview 29).*

Hier äußert die Befragte den Wunsch, über mehr „anwendbares Wissen" zu verfügen. Dies verweist auf die von uns rekonstruierten Unsicherheiten dieses Typs sowohl an der Konsistenzschwelle zwischen Beobachtung und Deutung, als auch zwischen Deutung und Interventionsplanung. Trotz z. T. sehr differenzierten Wissens und der Fähigkeit, dieses eloquent im Rahmen des simulierten Fachgespräches äußern zu können, gewinnen die Lerntheoretiker keine Handlungssicherheit aus ihren Wissensbeständen.

Zusammenfassende Charakterisierung zu Typ D „die Lerntheoretiker"

Der hier beschriebene typische Fall D der Lerntheoretiker zeigt einen Deutungspfad, der sich in der Kombination sinngenetischer Typen und präferierter Aufmerksamkeitsfokussierungen von den drei übrigen Typen maßgeblich unterscheidet.

Charakteristisch ist hierbei vor allem die Verwendung fachlich-theoretischer Terminologie und entsprechender Referenzrahmen. Im Deutungspfad finden sich zudem kind- und kontextorientierte Beobachtungen, bei denen sich das bisher nachweisbare Muster mit Vermutungen zu Ziel und Zufriedenheit nicht mehr vorfinden lässt. Es wird vielmehr verstärkt eine prozessorientierte Deutungsprämisse eingenommen.

Die fachliche und wissenschaftliche Deutungsbasis führt sowohl bei der Deutung als auch in der Formulierung von möglichen Interventionen zu Unsicherheiten.

Die Charakteristik dieses Typs wird anhand einer Matrix zusammenfassend dargestellt.

Tabelle 10 Übersicht Typ D: Lerntheoretiker

Typenprofil: Die Lerntheoretiker

Kategorie	Modus Operandi	Spezifikation
Terminologie	**Alltagssprachlich** **Fachlich** **Theoretisch**	
Beobachtungsprämisse	**Kindorientiert**	*Äußerlich Wahrnehmbares* Handlungen des Kindes, Gestik/ Mimik, Körper *Psychische Prozesse* Thema des Kindes
	Kontextorientiert	Materieller Kontext, sozialer Kontext, pädagogischer Kontext
Übergang Beobachtung – Deutung	**Sicher und unsicher**	
Deutungsbasis	**Fachliche Konzepte** **Erfahrungen**	Bildungsbereiche, kindliche Entwicklungsphasen/Altersentwicklung, Motorik, Beobachtungsmodelle,
Deutungsprämisse	**Prozessorientiert** **Lernprämisse** **Spielprämisse**	Fachlich begründet
Übergang Deutung – Interventionsplanung	**Unsicher**	
Interventionsprämisse	**Gelöstes Dilemma**	Weiter beobachten
Interventionsstrategie	**Methodisch**	Weiter beobachten (verfahrensgestützt)

5.7 Diskussion der identifizierten Typen

Im Anschluss an die rekonstruktive Analyse drängt sich die Frage auf, wie sich die hier beschriebenen Orientierungs- und Deutungsrahmen hinsichtlich frühpädagogischer Deutungskompetenz beurteilen lassen. Aus professionstheoretischer Perspektive wird ein äußerst anspruchsvoller Katalog an Kompetenzen skizziert, über die frühpädagogisches Fachpersonal in der Beobachtung und Deutung kindlichen Handelns im Idealfall verfügen soll. Dazu gehören eine professionelle Situationswahrnehmung und -analyse; fachwissenschaftlich fundiertes Wissen, das von impliziten Wissensbeständen über reflektiertes Erfahrungswissen bis hin zu wissenschaftlich-theoretischem Wissen (bspw. entwicklungspsychologisches Wissen) reichen soll, sowie eine damit einhergehende reflexive Haltung (vgl. Nentwig-Gesemann, Fröhlich-Gildhoff, Harms, Richter 2011). Es kann diskutiert werden, inwieweit die rekonstruierten Deutungspfade den Ansprüchen genügen, die in theoretischen Konzepten professionellen Handelns oder in Qualifikationsprofilen formuliert werden.

Für eine entsprechende Diskussion der rekonstruierten Deutungspfade erfolgt daher eine Einordnung vor dem Hintergrund der im Kapitel 2 skizzierten einschlägigen Konzepte, die Merkmale kompetenten beruflichen Handelns bzw. Qualifikationsprofile frühpädagogischer Fachkräfte beschreiben.

Typ A: Die Erfahrungsorientierten

Der Beobachtungs- und Deutungsprozess der Erfahrungsorientierten wurde eingehend im Teilkapitel 5.3 skizziert. Der Deutungspfad vollzieht sich wesentlich anhand eines auf das einzelne Kind bezogenen Vergleichs mit subjektiv gewonnenen Erfahrungen. Dieser Modus Operandi wird im Folgenden hinsichtlich der sich hierbei dokumentierenden Kompetenz diskutiert.

Betrachtet man die im simulierten Fachgespräch genutzte Terminologie, so lässt sich nahezu ausschließlich eine alltagssprachliche Artikulation von Beobachtungen und Deutungen feststellen. Im Stufenmodell zur Kompetenzentwicklung, das von Rauner u. a. vorgelegt wurde (vgl. Abs. 2.4.2, S. 36), entspräche dies dem Niveau 1: Nominelle Kompetenz, bei der Personen „über ein oberflächliches, begriffliches Wissen [verfügen und] der Bedeutungsumfang beruflicher Fachbegriffe (…) kaum über den der umgangssprachlichen Verwendung fachsprachlicher Begriffe hinaus [reicht]" [Ergänzungen: MK]. Im Sinne Vogels ist dies als „pädagogisches Alltagswissen" zu bezeichnen.

Die verwendete Terminologie gibt einen ersten Hinweis auf den Modus Operandi in der Beobachtung und Deutung dieses Typs. Die Interviewführung ist im Weiteren auf die Erhebung von Wissensformen ausgerichtet, die dem Beobachtungs- und Deutungsprozess und den verwendeten Begrifflichkeiten zugrunde liegen. Die Äußerungen der Interviewpartner wurden daher hinterfragt, um weitere erklärende Aussagen zu erhalten.

Hierbei dokumentiert sich, dass die Erfahrungsorientierten vorrangig auf Wissensbestände zugreifen, die sich im Laufe ihrer Berufstätigkeit durch praktisches Handeln gebildet haben und zu einem subjektiven Erfahrungsbestand sedimentiert sind. Es handelt sich somit um praktisches Wissen, welches kontextbezogen und implizit vorliegt (vgl. Abs. 2.2, S. 20). Dieses Wissen wurde von den Befragten in praktischen Handlungsvollzügen erworben und ist auf die praktische Verwendung zur Bewältigung alltäglicher Situationen in der Kindertagesstätte bezogen. Beobachtungen und Deutungen orientieren sich an den gewonnenen Erfahrungswerten und werden u. a. auch intuitiv vollzogen. Die Befragten benennen, auch auf Nachfrage hin, keine fachlichen Konzepte, die sie zur Bearbeitung ihres Deutungspfades nutzen. Aus der Expertiseforschung ist bekannt, dass berufliches Handeln zu großen Teilen an Erfahrungswerten orientiert ist. Im Novizen-Experten-Paradigma nach Dreyfus und Dreyfus (1991) wird dies als Merkmal einer sich progressiv entwickelnden beruflichen Handlungskompetenz angesehen. Auch in unserem Datenmaterial zeigt sich, dass spezifische Wissensinhalte, die in Aus- und Weiterbildungen über fachliche Konzepte und Methoden erworben wurden, nur marginal zu verzeichnen sind und eher Erfahrungswerte dominieren. Der Beobachtungsprozess kann von den Befragten selbst nicht mehr vollständig explizit beschrieben und transparent gemacht werden. Es lassen sich keine Hinweise auf ein vertieftes fachliches Wissen rekonstruieren. Der erfahrungsorientierte Typ kann die Beobachtungen und Deutungen nicht in einen weiteren Erklärungszusammenhang aus fachlichen Konzepten oder theoretischen Modellen stellen. Durch die Ausblendung fachlich-theoretischer Wissensbestände fehlt hier ein wichtiger Anknüpfungspunkt für professionelles Handeln im klassischen Sinne, das einen solchen Rekurs auf explizit formulierte fachliche Wissensbestände verlangt.

Sicherlich sind das Verinnerlichen bestimmter Wissensanteile und der souveräne Umgang damit im Berufsalltag Kennzeichen von Professionalität. Allerdings gehen sie auch mit einer Subjektivierung der Beobachterposition einher. Wenn die genutzten Beobachtungskategorien durch den Beobachter selbst nicht mehr explizit benannt werden können, werden sie auch im Dialog mit anderen

Fachkräften nicht entsprechend diskutiert und sind in diesem Sinne nicht mehr transparent. Gerade bei einer so anspruchsvollen Tätigkeit, wie der Beobachtung und Dokumentation kindlicher Bildungsprozesse, muss sich aber auch der teaminterne Austausch an konkreten und für alle einsehbaren Kategorien orientieren, da diese die Grundlage für entsprechend professionell geführten Diskussionen im Team bilden. Nur ein Team, das über einen wenigstens in Grundzügen gemeinsamen Orientierungsrahmen in der Beobachtung und Deutung verfolgt, kann sich in diesem Rahmen auch austauschen. Sind Orientierungsrahmen andererseits stark subjektiv geprägt, fehlt von vornherein eine gemeinsame Basis.

Der von uns rekonstruierte Deutungspfad ist in seinem Grundmuster darauf ausgerichtet, zu beurteilen, ob ein Kind Merkmale von Zufriedenheit zeigt. Wird ein Kind als zufrieden eingeschätzt und tritt daneben der Befund, dass die beobachtete Situation bzw. die Handlungen des Kindes selbst keine Gefahrenquelle darstellen, leiten die Fachkräfte ab, dass hier kein Grund zur pädagogischen Intervention besteht. Vor dem Hintergrund von z. B. im Orientierungsplan ambitioniert formulierten Modellen für die Arbeit in Kindertagesstätten können diese Aufmerksamkeitsfokussierungen lediglich als „pädagogische Minimalziele" bezeichnet werden. Die Erwartungen, dass frühpädagogische Fachkräfte in der Lage sind, „Bedürfnisse, Interessen und Potenziale von Kindern zu analysieren und diese bezüglich ihrer Bedeutung für Entwicklungs- und Bildungsprozesse zu beurteilen" (Autorengruppe Fachschulwesen 2011, S. 21) ist nur zum Teil erfüllt, da Rückschlüsse zu Entwicklungs- und Bildungsprozessen in Ermangelung entsprechender fachlicher Konzepte nicht möglich sind. Dieser Beobachtungs- und Deutungsprozess ist dem im DQR definierten Qualifikationsniveau 2 zuzuordnen, bei dem Personen über „grundlegendes allgemeines Wissen" verfügen.

Durch die Beobachtung und Deutung kindlichen Handelns aufgrund einer erfahrungsorientierten Deutungsbasis wird zum einen die Komplexität der jeweiligen Situation auf Bekanntes und Normalitätsvorstellungen reduziert. Den Befragten gelingt es in diesem Modus, kindliches Handeln sehr schnell zu erfassen. In diesem Sinne erfüllen sie Ansprüche an die Kompetenz frühpädagogischer Fachkräfte, die darin besteht „einerseits fallbezogene und fallübergreifende sowie andererseits situationsbezogene und situationsübergreifende Erkenntnisse zu gewinnen und miteinander in Beziehung zu setzen" (Robert Bosch Stiftung 2008, S. 29). Eine erfahrungsorientierte Wissensgrundlage, deren Referenz der Vergleich von Kindern und Situationen ist, stößt in ungewohnten Situationen oder in der Konfrontation mit unbekannten Verhaltens- und Handlungsweisen von Kindern aber gemäß des zugrunde liegenden Operationsmodus sofort auf die Grenzen des Deutungspotenzials.

Anhand dieser Beobachtungs- und Deutungsprämissen ist auch ein darauf bezogenes Handeln, eine pädagogische Intervention, vorstrukturiert. D. h. die in der Einstiegsphase gewählte Zugangsart determiniert den weiteren Deutungsprozess und legt bereits eine bestimmte Art der Intervention nahe.

Analog zu erfahrungsgestützter Beobachtung wird auch nach routinierten Mustern gehandelt. Dies bedeutet, dass ErzieherInnen keine auf das einzelne Kind ausgerichtete jeweils individuelle Beobachtung durchführen und sich auch nicht immer wieder aufs Neue neugierig und unvoreingenommen einer jeweils auftretenden Situation im Kindergartenalltag nähern. Vielmehr zeigen sich im Anschluss an eine erfahrungsorientierte, intuitive Deutungsbasis auch Interventionen, die intuitiv oder erfahrungsorientiert abgeleitet werden. Diese Fähigkeiten und Fertigkeiten sind im Rahmen des DQR dem Niveau 2 zuzuordnen, auf dem Personen über „grundlegende praktische (…) Fertigkeiten zur Ausführung von Aufgaben in einem (…) Arbeitsbereich verfügen".

In den von uns durchgeführten Interviews bestand eine solche Reaktion entweder in einer Zurückhaltung, weil das Kind nicht unzufrieden ist und keine Gefahr besteht, oder aber in einer materiellen, sozialen und thematischen Ausweitung bezüglich des Themas des Kindes.

Bei einer Reflexion zu den Fähigkeiten und Fertigkeiten des erfahrungsorientierten Typs ist zu bedenken, dass die Strukturen von Beobachtungs- und Deutungsprozessen der befragten ErzieherInnen u. a. in der Bewältigung alltäglicher Arbeitsvollzüge gewissermaßen evolutionär herausgebildet wurden und sich in diesem Sinne als praktikabel bewährt haben. Im Gegensatz dazu wäre die fortlaufende Beobachtung und Deutung von kindlichem Handeln und Situationenszenarien als neuartig und überraschend mit einem ungleich höheren Aufwand an zeitlichen und kognitiven Ressourcen verbunden. Unter den in einigen Kindertagesstätten vorzufindenden Organisationsstrukturen (vgl. Viernickel, Schwarz 2009; Kieselhorst 2010, S. 134 ff.) ist eine Praxis des Beobachtens und Deutens, wie sie in verschiedenen Fachpublikationen vorgeschlagen werden (vgl. u. a. Leu 2007; Leu et. al 2006), nicht immer mit den alltäglichen Handlungsanforderungen zu koordinieren. Im Hinblick auf die spezifischen Handlungsproblematiken des Berufes der Erzieherin oder des Erziehers muss der hier beschriebene Modus Operandi nicht zwangsläufig als defizitär bezeichnet werden, sondern kann ebenso bezüglich seiner Funktionalität gewürdigt werden.

Jede Beobachtung und Deutung strukturiert sich durch die Bezugnahme und den Abgleich von neuen Sinneseindrücken mit Sachverhalten, die bereits bekannt sind. In diesem Sinne ist eine erfahrungsorientierte Beobachtung und Deutung grundlegendes Merkmal von Erkenntnisprozessen (vgl. Abs. 2.1, S. 17 ff.) Erst wenn Beobachtungen und Deutungen nicht in einen plausiblen Zusammenhang gestellt werden können, werden sie hinterfragt und ggf. angepasst.

Solche Plausibilitätskrisen sind vielfach in unseren empirischen Daten festzustellen. Die Deutungspfade von ErzieherInnen dieses Typs sind von Unsicherheiten geprägt, die besonders an den Konsistenzschwellen deutlich zutage treten. Hierdurch sind Widersprüche und Leerstellen gekennzeichnet, die im Versuch auftreten, die vorgeführten Filmsequenzen anhand vorhandener Erfahrungswerte abzugleichen und zu deuten. Deutungen werden dann hinsichtlich ihrer Gültigkeit relativiert und so von den Befragten selbst als Vermutungen gekennzeichnet. Zum einen kann diese Unsicherheit zu Deutungs- und/oder Handlungsblockaden führen, wenn ErzieherInnen die deutende Auseinandersetzung mit der Situation resignierend einstellen und die eigene Inkompetenz und/oder Nicht-Zuständigkeit proklamieren. Zum anderen stellen solche Unsicherheiten, die auch von den ErzieherInnen selbst erlebt werden, eine Ressource für die Beobachtung und Deutung kindlicher Handlungs- und Lernprozesse bzw. die darauf einwirkenden Interventionsformen dar. Sie können als Irritationsfähigkeit von Beobachtungen und Deutungen angesehen werden. Nur wo prinzipiell eine solche Unsicherheit besteht, kann die Aufmerksamkeit wach für Irritationen der bis dato geäußerten Vermutungen bleiben. In diesem Sinne würden gerade ErzieherInnen, die sich ihrer Beobachtung und Deutung nicht sicher sind, den Anspruch an einen forschenden Habitus einlösen, mit dem Situationen und Kinder immer wieder neu, neugierig und irritationsbereit begegnet wird.

Im besten Falle führen solche Unsicherheiten zu einer Neueinschätzung der Situation. Der Entscheidungstheorie (vgl. Klatetzki 2010, S. 253 ff) kann man entnehmen, dass es bei Situationen, die im ersten Zugriff nicht als bekannte „typische Situationen" erkannt werden, zu Neueinschätzungen kommt. Dies wird entweder anhand einzelner Situationsmerkmale vollzogen oder durch das Erfinden einer Geschichte, die plausibel erklärt, wie es zu bestimmten Situationen und Handlungsweisen gekommen ist. In Ermangelung alternativer Beobachtungs- und Deutungskriterien (z. B. aus der Entwicklungspsychologie) greift der erfahrungsorientierte Deutungstyp auf letztere Variante zurück. Die dann konstruierte „Geschichte" zu Handlungsweisen von Kindern („Er will einen Turm bauen") überformt dann die gesamte Deutung und plausibilisiert alle Beobachtungen hinsichtlich der vermuteten Zielstellung des Kindes.

Im Falle der Erfahrungsorientierten zeigt sich jedoch kein dezidiertes, artikuliertes Verständnis zur Standortgebundenheit der eigenen Beobachtung oder Reflexionen zur Subjektivität von Wahrnehmung. Die Reflexion der eigenen Wahrnehmung erschöpft sich in der Kennzeichnung von Unsicherheiten bezüglich der angefertigten Deutungen. Im Deutungspfad der Erfahrungsorientierten fehlen Hinweise darauf, die Deutung anhand von Erfahrung systematisch aufzubrechen und strukturiert mit der vorhandenen Unsicherheit umzugehen.

Zumindest im Rahmen unserer Daten konnte nicht gezeigt werden, dass aus solchen Unsicherheiten entsprechende Irritationsfähigkeiten resultieren, die dazu führen, dass Interpretationen hinterfragt werden. Vielmehr wird eine einmal eingeschlagene (thematische) Deutung aufrechterhalten, auch wenn sie fortlaufend mit Zweifeln bezüglich ihrer Gültigkeit hinterlegt ist.

Die pädagogische Haltung bestimmt als grundlegende Disposition, welche möglichen Handlungsweisen in der Performanz tatsächlich realisiert werden (vgl. Nentwig-Gesemann; Fröhlich-Gildhoff; Harms; Richter 2011, S. 8). In der von uns durchgeführten Analyse dokumentiert sich die Haltung der Befragten in diesem Sinne anhand der Interventionsprämissen und Interventionsstrategien. In den Deutungspfaden dieses Typs tendieren die Befragten dazu, zu betonen, dass das Kind eigenständig lernt (vgl. Lernprämisse). Aufgrund dieser Einschätzung leiten sie eine pädagogische Intervention ab, die Zurückhaltung bezüglich einer Einmischung in das kindliche Handeln nahe legt. Die Befragten zeigen eine Haltung, nach der sie als pädagogische Fachkraft die Rahmenbedingungen kindlicher Lernprozesse gestalten, nicht aber den Lernprozess selbst unterstützen und beeinflussen können.

Auch wenn die Erfahrungsorientierten die von ihnen eingeführte Lernprämisse nicht anhand elaborierter Konzepte und Theorien zu Lern- und Bildungsprozessen dezidiert ausformulieren können, zeigt sich letztlich doch eine pädagogische Haltung, die von kindlichen Selbstbildungsprozessen ausgeht und pädagogische Handlungen entsprechend als unterstützende Rahmenbedingungen versteht.

Typ B: Die Informierten

Analog zum Deutungspfad der Erfahrungsorientierten, wird der Beobachtungs- und Deutungsprozess der Informierten diskutiert.

Die Deutungspfade der Informierten weisen in Anteilen die Bezugnahme auf fachliche Begrifflichkeiten und Konzepte auf. Dies dokumentiert sich u. a. in der verwendeten Terminologie. Im Zuge ihrer Beobachtung und Deutung greifen die Informierten auf einzelne Versatzstücke aus fachlichen und wissenschaftlichen Kontexten zurück. Durch diese Kenntnis fachlicher Konzepte zeigt sich zunächst eine Ausweitung des Deutungsrahmens der Informierten, im Vergleich zu dem der Erfahrungsorientierten. Subjektive Erfahrungswerte werden durch Erklärungsmodelle und kategoriale Deutungsschemata ergänzt.

Diese Konzepte bleiben aber randständig. Die im Argumentationsverlauf eingeführten Konzepte und Theoreme können nicht explizit beschrieben werden. Letztlich kann die dominierende Wissensform der Informierten ebenfalls als „pädagogisches Alltagswissen" (Vogel 1999) bezeichnet werden. Zwar sind die Äußerungen der Befragten dieses Typs mit fachlichen Begrifflichkeiten durchsetzt, letztlich werden diese auf Nachfrage jedoch durch eine alltagssprachliche Beschreibung konkreter Situationen und mit Bezug auf Erfahrungswissen erläutert. Eine Einordnung dieser Wissensbestände in die kategorialen Abstufungen des DQR würde sie als „erweitertes allgemeines Wissen" (DQR Niveau 3) oder „grundlegendes Fachwissen" (DQR Niveau 2) bezeichnen, über das die Befragten in einem beruflichen Handlungsfeld verfügen.

Im Zuge des Deutungspfades der Informierten zeigt sich ihre Fähigkeit, ihnen bekannte fachliche Konzepte mit den gezeigten Filmsequenzen in Verbindung zu bringen. In diesem Sinne werden einfache Transferleistungen erbracht. Im Kategoriensystem des DQR entspricht dies der Niveaustufe 3 hinsichtlich der Fertigkeiten im Rahmen der Fachkompetenz. Durch diese fachlichen Referenzen gewinnt die Auseinandersetzung mit der vorgeführten Filmsequenz an Komplexität. Die Anzahl möglicher Perspektiven, die eingenommen werden können, um das handelnde Kind und/oder die gesamte Situation zu deuten, vergrößert sich.

Im Deutungspfad der Informierten führt diese Komplexitätssteigerung zu Unsicherheiten bezüglich des pädagogischen Handelns. Das fachliche Wissen wirkt sich somit nicht unmittelbar handlungsleitend aus. Es ist vielmehr festzustellen, dass die Handlungsfähigkeit der Befragten blockiert wird, da keine Entscheidungen bspw. hinsichtlich einer als sinnvoll erachteten pädagogischen Intervention getroffen werden können.

Die Beobachtungs-, Deutungs- und Interventionskompetenzen der Informierten können entsprechend zwischen der nominellen und der funktionalen Stufe eingeordnet werden (vgl. S. 2.4.2, S. 36). Die Bezugnahme auf Fachbegriffe und Konzepte reicht zwar über eine umgangssprachliche Verwendung hinaus, diese Fachkenntnisse sind jedoch in ihren Zusammenhängen und in ihrer Bedeutung für die berufliche Arbeit nicht hinreichend durchdrungen. Die Fachkräfte des informierten Typs zeigen sich im Interview hinsichtlich fachlicher Referenzrahmen informierter als die Erfahrungsorientierten. Sie sind jedoch nicht handlungsfähiger.

Die Reflexionen im Deutungspfad führen die Informierten zu Unsicherheiten bezüglich ihrer Deutungen und letztlich auch zu Unentscheidbarkeiten. Die Informierten stellen die vorgeführte Filmsequenz zwar in einen erweiterten Kontext, wodurch eine komplexere Thematisierung möglich wird, die Handhabung dieser gesteigerten Komplexität kann jedoch nicht reduziert werden, in dem Entscheidungen für Deutungen und Interventionen getroffen werden. Wie bereits bezüglich des erfahrungsorientierten Typs ausgeführt wurde, stellen Unsicherheiten und vorläufig formulierte Deutungen eine potentielle Ressource eines irritationsfähigen Deutungspfades dar. Hierzu bedarf es jedoch eines entsprechenden Umgangs mit der Unsicherheit aufgrund von Komplexitätssteigerungen. Im Deutungspfad der Informierten wirkt sich dies als Handlungsblockade aufgrund von Unentscheidbarkeiten aus.

Die Befragten sind durch die Kenntnis rudimentär verstandener pädagogischer Konzepte in ihrer pädagogischen Tätigkeit verunsichert. So wie die Unentschiedenheit zwischen förderndem Eingreifen und Zurückhaltung erkennbar wird, dokumentieren sich Unsicherheit bezüglich des Kindbildes. Zum einen zeigen sich Ansätze, nach denen Kinder durch entsprechendes pädagogisches Handeln maßgeblich gefördert werden können, zum anderen stehen Ansätze unvermittelt daneben, die die Selbstbildungsprozesse von Kindern in den Fokus rücken. Es besteht hier die Gefahr, dass ebenso wie die Deutungsbasis, auch die Haltung der Befragten Brüche aufweist. Den Informierten würde in diesem Falle ein tragfähiges pädagogisches Leitbild zur Orientierung fehlen.

Typ C: Die Methodiker

Der wesentliche Aspekt der Kompetenz im Deutungspfad der Methodiker zeigt sich in ihrem Umgang mit fachlichen Konzepten.

Der Typ der Methodiker strukturiert den Deutungspfad u.a. anhand fachlicher Konzepte, die die Befragten anhand einer fachlichen Terminologie explizit artikulieren können und durch die sie eine Orientierung in der Deutung und Handlung erfahren. Die Befragten sind nicht allein auf ihre eigene konkrete Anschauung der Situation angewiesen, sondern es gelingt ihnen anhand fachlicher Konzepte eine Einbettung in weiterführende Analysehorizonte. Hier kann im Sinne Rauners (2006) von Arbeitsprozesswissen (vgl. Abbildung 1, S. 24) gesprochen werden, bei dem praktisches und theoretisches Wissen kombiniert und in den Deutungspfad integriert wird. Fachliche Konzepte sind bekannt und bieten eine Handlungssicherheit bezüglich pädagogischer Interventionen.

Verortet man das Wissen der Methodiker in dem von uns untersuchten Tätigkeitsfeld der Beobachtung und Deutung kindlichen Handelns und Verhaltens anhand der definierten Niveaustufen des DQR, so trifft unserer Einschätzung nach das Niveau 5 zu. Die Befragten verfügen „über integriertes berufliches Wissen in einem Tätigkeitsfeld (...). Das schließt auch vertieftes fachtheoretisches Wissen ein". Die von uns befragten Fachkräfte zeigen sich in der Lage, die ihnen bekannten fachlichen Konzepte durch eine umfassende Transferleistung auf vorgeführte Filmsequenzen anzuwenden bzw. in dem von uns durch das Erhebungssetting simulierten Fachgespräch zur Anwedung zu bringen. Sie verfügen über „breites und integriertes Wissen und dessen wissenschaftliche Grundlagen, das ihnen ein komplexes und kritisches Verständnis von Entwicklungs-, Lern-, Bildungs- und Sozialisationsprozessen eröffnet" (Autorengruppe Fachschulwesen 2011, S. 20). Lediglich die in diesem Kompetenzmerkmal aufgeführte Kenntnis zu wissenschaftlichen Grundlagen trifft nicht zu. Gemäß unserer Einteilung weisen die Deutungspfade der Methodiker keine expliziten Verweise auf wissenschaftliche Konzepte (Theorien) auf. Diese nicht nachweisbare Facette grenzt das Wissen der Methodiker von der Niveaustufe 6 des DQR ab.

Der erweiterte Deutungshorizont, den die Methodiker durch ihre Bezugnahme auf fachliche Konzepte generieren, führt, anders als beim Typ der Informierten, nicht zu einer Konfrontation mit Komplexität, die sich als Handlungsblockade auswirkt oder zu unvereinbaren Widersprüchlichkeiten führt. Denn die Kompetenz im Deutungspfad der Methodiker ist nicht allein durch die Kenntnis fachlicher Konzepte gekennzeichnet, sondern auch durch ein Handlungs- und Verfahrenswissen darüber, wie mit den aus der Anwendung dieser Konzepte resultierenden Ergebnissen umzugehen ist; Wie also, trotz der gesteigerten Komplexität und Vieldeutigkeit einer Situation, Handlungsfähigkeit gewahrt bleiben kann. Im Deutungspfad der Methodiker dokumentiert sich hierbei die Kompetenz, Unentscheidbarkeiten und Widersprüche durch Praktiken des Austausches mit Kindern, Eltern, Kollegen und Fachkräften anderer Berufsgruppen aufzulösen. Einerseits können Beobachtungen, Deutungen und mögliche Interventionen als vorläufige Daten behandelt werden. Für die Methodiker besteht somit keine Notwendigkeit, abschließend entscheiden zu müssen, welche der möglichen Perspektiven und Handlungsoptionen favorisiert werden soll. Durch den Verweis auf den Abgleich mit anderen Perspektiven erfolgt eine Verschiebung der Validierung der eigenen Beobachtung und Deutung bzw. einer Entscheidung über Interventionen in der zeitlichen Dimension. Zum anderen wird Irritationsfähigkeit systematisch wieder eingeführt. Zunächst hat es den Anschein, dass die Rahmung durch fachliche Konzepte und die damit einhergehende Sicherheit im

Deutungspfad der Methodiker mit einer geringeren Aufmerksamkeit für Irritationen einhergeht. Durch den systematischen Abgleich mit anderen Perspektiven, sei es durch eine eigene weitere Beobachtung zu einem späteren Zeitpunkt, sei es durch den Dialog mit dem beobachteten Kind selbst, werden Beobachtungen und Deutungen jedoch irritierbar und modifizierbar gehalten. Komplexität und Unentscheidbarkeiten führen nicht wie im Falle der Erfahrungsorientierten und Informierten zu Unsicherheiten oder Handlungsblockaden, sondern werden systematisch aufgefangen und als Ressource genutzt.

Der Deutungspfad der Methodiker ist in diesem Sinne durch die Bezugnahme auf „pädagogisches Professionswissen" gekennzeichnet, da vor allem der Aspekt der Handlungssicherheit zutage tritt und in unserer Typenbildung als ausschlaggebendes Kriterium eingesetzt wurde.

Typ D: Die Lerntheoretiker

Die Lerntheoretiker verknüpfen ihre Beobachtungen und Deutungen mit fachlichen Konzepten und wissenschaftlichen Erklärungsmodellen bzw. Theorien.

In diesem Sinne lässt sich, im Vergleich der vier von uns unterschiedenen Typen, in den Deutungspfaden der Lerntheoretiker die größte Spannbreite und Tiefe fachspezifischen Wissens feststellen. Allein beim diesem Typ dokumentiert sich ein Wissen, das im Sinne Rauners als theoretisches Wissen bzw. als „erziehungswissenschaftliches Wissen" (Vogel 1999) zu bezeichnen ist. D.h. dieser Typ verfügt über Wissensbestände, welche neben fachspezifischen Inhalten einen expliziten Wissenschaftsbezug ausweisen. Der DQR ordnet diesen Wissensbeständen die Niveaustufe 6 zu, die analog des Qualifikationsrahmens für Deutsche Hochschulabschlüsse die Bachelor-Qualifikation bezeichnet. Aufgrund der DQR-Maxime, der beruflichen und hochschulischen Bildung eine gleichwertige Bedeutung zuzuschreiben, wurde auch die Fachschulqualifikation von ErzieherInnen im Jahr 2012 auf Niveaustufe 6 eingeordnet.

Die Befragten verfügen über ein „integriertes Wissen einschließlich der wissenschaftlichen Grundlagen (…) sowie eines kritischen Verständnisses der wichtigsten Theorien und Methoden". Das Qualifikationsprofil „Frühpädagogik" – Fachschule/Fachakademie definiert dies als Fähigkeit „Beobachtungsergebnisse und Interpretationen unter Bezugnahme auf wissenschaftliche Kriterien zum jeweiligen Entwicklungsstand des Kindes auszutauschen, zu überprüfen und zu vertreten" (Autorengruppe Fachschulwesen 2011, S. 19).

Ein wesentliches Merkmal, die Handlungssicherheit, welches diesem theoretischen Wissen von Rauner zugeschrieben wird, findet sich jedoch nicht in unserem Datenmaterial. Vielmehr zeigt sich, dass die Befragten dieses Typs aufgrund ihrer Wissensbestände nicht zu Sicherheiten in den von ihnen formulierten Aussagen gelangen. Das theoretische Wissen wirkt sich letztlich *nicht handlungsleitend* aus und kann *nicht handlungsrechtfertigend* eingesetzt und artikuliert werden. Hinsichtlich der beruflichen Handlungssicherheit trifft die Zuordnung zum Niveau 6 im Rahmen des DQR nicht zu. Hier wird explizit aufgeführt, dass Berufstätige bzw. Absolventen „über ein sehr breites Spektrum an Methoden zur Bearbeitung komplexer Probleme in (…) einem beruflichen Tätigkeitsfeld verfügen". Trotz eines vergleichsweise umfassenden Wissens finden sich Unsicherheiten an den Konsistenzschwellen von Deutung und Interventionsplanung. In dieser Hinsicht finden sich Parallelen zum Deutungspfad der Informierten. In beiden Fällen fehlt die Fähigkeit, die Komplexität der auf einer erweiterten Wissensbasis erstellten Beobachtungen und Deutungen zu reduzieren, wie es beispielsweise den Methodikern gelingt. Hier lässt sich ein Mangel an Erfahrungswissen, bzw. im Sinne Rauners eines praktischen Wissens, vermuten. Die Strukturen des Deutungspfades der Lerntheoretiker resultieren aus der Auseinandersetzung mit wissenschaftlichen Theorien und nicht aus der Bewältigung alltäglicher Aufgaben und Handlungsnotwendigkeiten und den dabei gewonnenen Erfahrungen.

5.8 Berufsbiographische Daten, Beobachtungspraxen und soziogenetische Typenbildung

An dieser Stelle soll beleuchtet werden, in welcher Weise die dargestellten typischen Deutungspfade mit berufsbiographischen Faktoren korrespondieren. Für diese weiterführende Analyse werden die durch die standardisierten Fragebögen erhobenen berufsbiografischen Daten verwendet und mit den zuvor beschriebenen Deutungsorientierungen in Beziehung gesetzt. Es wird hierbei eine soziogenetische Typenbildung angestrebt (vgl. Nohl 2009, S. 59 ff.), um zu ermitteln, welche Besonderheiten der Berufsbiographie (Aus- und Weiterbildung) bzw. welche einrichtungsspezifischen Faktoren (Gruppengröße, Teamstruktur, eingeführte Beobachtungsverfahren) als relevante Erfahrungsdimensionen ggf. mit den ermittelten Typen der Deutungspfade in Beziehung stehen.

Die Daten der quantitativen Erhebung (Überblick)

Bevor die rekonstruierten typischen Deutungspfade mit den Daten des Fragebogens in Zusammenhang gestellt werden, wird in diesem Kapitel ein kurzer, allgemeiner Blick auf die Verteilung berufsbiographischer Faktoren im Feld geworfen. Diese Darstellung erhebt ausdrücklich nicht den Anspruch einer eigenständigen quantitativen Analyse. Sie ist nach den wesentlichen thematischen Bereichen „Niedersächsischer Orientierungsplan", „Beobachtungsverfahren", „Konzept der Kindertagesstätte" und „Schulabschluss" gegliedert.

Einige Daten, wie etwa die zeitlich gemessene Berufserfahrung oder Ausbildungsgänge, waren gemäß des theoretischen Samplings bereits im Vorfeld der Datenerhebung festgelegt worden (vgl. Methodenkapitel) und werden an dieser Stelle nicht nochmals aufgeführt.

Niedersächsischer Orientierungsplan

Von den 30 in unserer Studie befragten pädagogischen Fachkräften haben 28 den niedersächsischen Orientierungsplan gelesen. 16 davon haben ihn auch im Team diskutiert. Zwei Befragte kreuzten an, sie haben „davon gehört". Einer Befragten war der Orientierungsplan unbekannt.

Die Bedeutung des Orientierungsplans für die tägliche Arbeit wurde unterschiedlich eingeschätzt: 17 Befragte nutzen ihn als Grundlage für die Beobachtung kindlichen Handelns und geben an, dass das Team seine Arbeit am Orientierungsplan ausrichtet. Acht Befragte gaben an, durch den Orientierungsplan Anregungen für die Arbeit in der Kindertagesstätte erhalten zu haben. Für fünf Befragte hat der Orientierungsplan keinerlei Bedeutung.

Beobachtungsverfahren

Von den in unserer Studie Befragten werden eine unterschiedliche Anzahl von Verfahren zur Beobachtung und Dokumentation von Lern- und Bildungsprozessen genutzt. Die folgende Tabelle gibt hierzu eine Übersicht:

Tabelle 11 Beobachtungsverfahren

1 Verfahren	2 Verfahren	Mehr als 2 Verfahren	Kein Verfahren	Keine Angabe zu dieser Frage
10 Befragte	7 Befragte	4 Befragte	5 Befragte	4 Befragte

Als am häufigsten genutzte Beobachtungsmodelle wurden vom Team der Kindertagesstätte selbst entwickelte Beobachtungskonzepte (8), der Gelsenkirchener Entwicklungsbegleiter (5), Kuno Bellers Entwicklungstabelle (3) und die Bildungs- und Lerngeschichten (2) angegeben.

Verfahren zur Beobachtung und Dokumentation werden des Weiteren in unterschiedlicher Intensität im Rahmen der Arbeit von Kindertagesstätten genutzt. Die Teilnehmerinnen und Teilnehmer an unserer Studie gaben Auskunft darüber, wie oft entsprechende Verfahren von ihnen genutzt werden:

Tabelle 12 Beobachtungshäufigkeit

Täglich/mehrmals pro Woche	Ca. 2 × pro Monat	Weniger als 2 × pro Monat	Keine Angabe zu dieser Frage
4 Befragte	7 Befragte	10 Befragte	9 Befragte

Die Angaben dazu, wann im Team der Kindertagesstätten ein Austausch über kindliches Verhalten stattfindet, ergaben folgendes Bild: In den meisten Fällen findet ein solcher Austausch in „Tür-und-Angel-Gesprächen" statt. D. h. in informellen, nicht geplanten Gesprächen, die die Fachkräfte spontan neben anderen Tätigkeiten im Laufe des Tages führen. 28 der Befragten gaben an, dies „oft" zu tun.

Auf die Frage, ob ein Austausch über kindliches Verhalten in Teamsitzungen stattfindet, antworteten die Befragten gemäß der folgenden Tabelle:

Tabelle 13 Teamreflexion der Beobachtungen

„oft"	„hin und wieder"	„selten"	Keine Angabe zu dieser Frage
9 Befragte	7 Befragte	7 Befragte	7 Befragte

Auf die Frage, wie oft eigens für einen solchen Austausch spezielle Termine vereinbart und durchgeführt werden, antworteten

Tabelle 14 Besondere Aufmerksamkeit für Beobachtung

„oft"	„hin und wieder"	„selten"	„nie"	Keine Angabe zu dieser Frage
4 Befragte	5 Befragte	7 Befragte	1 Befragte	3 Befragte

Konzept der Kindertagesstätte
In gut der Hälfte der Kindertagesstätten der Befragten (16 von 30) wird nach einem bestimmten Konzept gearbeitet. In 10 Fällen ist dies das Konzept des „Situationsansatzes". Vereinzelt wurden andere Konzepte genannt, wie etwa „Waldkindergarten" oder „Integrationskindertagesstätte".

Schulabschluss
Im Sampling der Befragten sind folgende Schulabschlüsse vertreten:

Tabelle 15 Bildungsniveau der Befragten

Hauptschulabschluss	Realschulabschluss	(Fach-)Abitur
3 Befragte	13 Befragte	14 Befragte

Die Verteilung nach Ausbildungsgängen richtete sich nach dem theoretischen Sampling (vgl. Kapitel 3).

Soziogenetische Typik

Nach der Zuordnung der Einzelfälle zu einem der vier rekonstruierten Typen wurden die Gruppen auf signifikante Gemeinsamkeiten und/oder Unterschiede hinsichtlich ihrer berufsbiographischen Daten untersucht. Hierbei ließen sich nur geringe Zusammenhänge zwischen dem Deutungstyp und den von uns erhobenen berufsbiographischen Daten erkennen. Durch die von uns erhobenen berufsbiographischen Daten können wir nicht klären, welche Faktoren mit den Ausprägungen der Deutungspfade von Erfahrungsorientierten, Informierten, Methodikern und Lerntheoretikern korrelieren. Der Fragebogen zur Erhebung berufsbiographischer Daten wurde zu Beginn des Forschungsprojektes konzipiert. Die darin enthaltenen impliziten Grundannahmen, dass absolvierte Weiterbildungen, die Berufserfahrung oder in der Kindertagesstätte eingeführte Beobachtungsverfahren einen Einfluss auf die Deutungspfade der befragten ErzieherInnen haben, konnte nicht bestätigt werden. Bezüglich dieser Aspekte können keine Unterschiede in der Verteilung der einzelnen Typen festgestellt werden.

Im Rahmen der Interviews wurde von einigen Befragten auf Rahmenbedingungen von Beobachtungen und Deutungen kindlichen Handelns in der Praxis verwiesen. Die von einigen ErzieherInnen geschilderte Praxis spiegelt sich in einigen Aspekten des von uns genutzten Fragebogens wieder, beispielsweise in Fragen zu bekannten oder eingeführten Beobachtungsverfahren. In dieser Hinsicht lässt sich lediglich eine leichte Tendenz in den berufsbiographischen Daten erkennen: Eine Gruppe der befragten Fachkräfte hat angegeben, dass sie zur Beobachtung ein Verfahren nutzen, welches vom Team der Kindertagesstätte selbst entwickeltet wurde. In dieser Gruppe, finden sich 4 Fälle, die durch uns dem Typ der Methodiker zugeordnet wurden und 1 Fall der Informierten. Im Vergleich dazu finden sich lediglich 3 Fälle eines erfahrungsorientierten Typs. Es zeigt sich somit, dass der methodische Typ hier etwas stärker vertreten ist.

Weitere Angaben zu berufsbiographischen Daten im Bezug zu den von uns identifizierten Typen werden im Folgenden anhand eines kurzen Überblicks skizziert.

In der Gruppe der *Erfahrungsorientierten* finden sich:

- Befragte im Alter von 24 bis 53 Jahren,
- mit einer Berufserfahrung zwischen 1 und 38 Jahren.

Die Gruppe der Erfahrungsorientierten weist somit hinsichtlich der Altersstruktur und Berufserfahrung eine heterogene Struktur auf. Ebenso sind fast alle von uns erhobenen Schulabschlüsse und Ausbildungsgänge vertreten. Die einzige Ausnahme bildet die Gruppe der Studierenden: Keine von uns befragte Studierende wurde von uns dem Typ der Erfahrungsorientierten zugeordnet.

In der Gruppe der *Informierten* finden sich

- Befragte im Alter zwischen 24 und 54 Jahren,
- deren Berufserfahrung zwischen 1 und 25 Jahren liegt.

Es finden sich in dieser Gruppe alle Schulabschlüsse und Ausbildungsgänge.

In der Gruppe der *Methodiker*

- liegt das Alter der Befragten zwischen 28 und 53 Jahren,
- mit einer Berufserfahrung zwischen 7 und 33 Jahren.

Es finden sich in dieser Gruppe alle Schulabschlüsse und Ausbildungsgänge. Die Daten zur Berufserfahrung widerlegen jedoch die implizite Vorannahme, dass eine vergleichsweise langjährige Berufserfahrung damit einhergeht, dass der Deutungspfad vorrangig erfahrungsorientiert ausgerichtet ist. Es finden sich statt dessen Fachkräfte, die über vergleichsweise viel Berufserfahrung verfügen.

In der Gruppe der *Lerntheoretiker* finden sich

- Befragte im Alter zwischen 24 und 39 Jahren,
- zum Zeitpunkt der Erhebung verfügten diese über höchstens ein Jahr Berufserfahrung.

Die Gruppe der Lerntheoretiker rekrutieren sich ausschließlich aus der Gruppe der von uns befragten, akademisch ausgebildeten KindheitspädagogInnen.

6 Diskussion der Ergebnisse

In diesem abschließenden Kapitel werden die zentralen Ergebnisse der Studie zusammengefasst, einer kritischen Reflexion unterworfen und im Hinblick auf die Professionalisierungsbedarfe in der Frühpädagogik bezogen.

Zunächst soll die Reichweite der von uns gewählten Methodik kurz dargelegt werden, um aufzuzeigen, wie thematisch ähnlich gelagerte Forschungsprojekte durch Veränderungen der Forschungsmethodik zur Validierung bzw. Falsifizierung der von uns vorgestellten Ergebnisse führen könnten. Diese Grenzen der von uns gewählten Forschungsmethodik sind rückblickend in erster Linie in der Erhebung der empirischen Daten zu sehen.

a) Die Interviews zu den Filmsequenzen ermöglichen keine Interaktion mit dem zu beobachtenden Kind. Einige Befragte, vorrangig des methodischen Typs, schildern, dass einer Entscheidung über das pädagogische Handeln im Anschluss an die im Film vorgeführte Situation ein Gespräch mit dem handelnden Kind vorauszugehen hätte. Die Befragten können somit im simulierten Fachgespräch ihr weiteres Vorgehen verbal beschreiben, jedoch nicht in die Tat umsetzen. Durch die rein verbale Beschreibung pädagogischen Handelns können sich implizite Wissensbestände und unbewusst durchgeführte Routinehandlungen nicht zeigen, obwohl sie im handelnden Vollzug ggf. einen Anteil professionellen Handelns ausmachen könnten.
b) Zudem schließt es die zeitliche Begrenzung des Interviews aus, dass Beobachtungen und Interventionen über das von uns durchgeführte Interview zeitlich hinaus ausgeweitet werden. Einige Befragte äußern, dass eine hinreichende Beobachtung und Deutung des kindlichen Handelns weitere Beobachtungszeitpunkte beinhalten müsste bzw. dass für eine entsprechende Deutung des Verhaltens weitere Erfahrungswerte zum Kind gewonnen werden müssten. Zwar können wir solche Äußerungen als Hinweise zu Beobachtungs- und Deutungsprozessen werten, jedoch können wir nicht die Frage danach beantworten, zu welchen Deutungen die befragten Fachkräfte im Anschluss an eine solche zeitlich ausgedehnte Beobachtung gelangen würden.

Die Erhebung und Auswertung diente dazu, einen Einblick in Beobachtungs- und Deutungsprozesse von Fachkräften zu erlangen und in seinen Strukturen und Dynamiken zu verstehen. Die Ergebnisse können als erster Hinweis auf die Deutungskompetenz von ErzieherInnen angesehen werden. Denn die beobachteten Realitätskonstruktionen und Deutungspfade der Befragten haben sich im Rahmen einer feld- und berufsspezifischen Sozialisation und in Konfrontation mit gängigen Handlungsproblematiken herausgebildet und bewährt. In diesem Sinne verweist das Besondere des einzelnen Interviews immer auch auf die Allgemeinheit des gesamten Feldes.

6.1 Zusammenfassung zentraler Ergebnisse

Die hier vorgelegte Studie hat die Deutungskompetenzen frühpädagogischen Fachpersonals untersucht. Es wurden 30 pädagogische Fachkräfte mithilfe eines videogestützten, simulierten Fachgespräches befragt. Dazu wurde bewusst ein handlungsentlasteter Befragungsrahmen gewählt, damit die Befragten mit ausreichend Zeit ihre Deutungen kindlicher Selbstbildungsprozesses darstellen konnten. Die Interviews wurden hinsichtlich der gezeigten Beobachtungs-, Deutungs- und Interventionskompetenzen anhand der dokumentarischen Methode ausgewertet und typisiert.

Ein wesentliches Ergebnis der Studie stellt die erarbeitete Rekonstruktion unterschiedlicher Deutungstypen dar (vgl. Abs. 5.3 bis 5.6).

- Die Studie hat vier Deutungstypen herausgestellt, deren Deutungspfade analysiert wurden: Die Erfahrungsorientierten, die Informierten, die Methodiker und die Lerntheoretiker. Es zeigen sich grundsätzliche Unterschiede zwischen den Typen. Die meisten Kompetenzaspekte sind zwar bei allen Typen beobachtbar, doch ist ihre Relevanz unterschiedlich gewichtet. In diesem Sinne ist jeder Typ durch einen besonders ausgeprägten Anteil an Kompetenz charakterisiert, während andere Aspekte in den Hintergrund treten.
- Die größte Gruppe der Befragten (N= 12) macht die Gruppe der Erfahrungsorientierten aus (5.3, S. 144 ff). Dieser Typ bezieht seine Beobachtungs-, Deutungs- und Interventionsrahmen auf der Basis eigener Erfahrungswerte. Gekennzeichnet sind die Aussagen der Erfahrungsorientierten durch Intuitionen und Vermutungen, die vielfach zu einer unsicheren Deutung kindlicher Aktivitäten führen. Die Deutungen und Beobachtungen werden alltagssprachlich formuliert und weisen keine Bezüge zu fachlichen Konzepten auf. Dieser

Typ ist dem im DQR definierten Qualifikationsniveau 2 zuzuordnen, bei dem Personen über „grundlegendes allgemeines Wissen" verfügen.

- Die drittgrößte Gruppe (N= 5) sind die „Informierten" (vgl. Abs. 5.4, S. 189 ff). Im Unterschied zu den Erfahrungsorientierten zeigen sich in ihrem Deutungspfad Anteile fachlicher Konzepte, die aber unsicher artikuliert werden. Das Fachwissen kann daher auch nicht als Deutungshilfe eingesetzt werden. Somit ergänzen die fachlichen Anteile zwar ihre erfahrungsorientierte Beobachtungs- und Deutungsbasis, dennoch stellt sich keine Sicherheit im Beobachtungs- und Deutungsprozess ein. Diese Unsicherheiten bei der Beobachtung und Deutung kindlicher Selbstbildungsprozesse setzt sich in einer unsicheren Interventionsplanung (Handlungsunsicherheit) fort. Dieser Typ würde als „erweitertes allgemeines Wissen" (DQR Niveau 3) bzw. „grundlegendes Fachwissen" (DQR Niveau 2) zugeordnet.
- Die zweitgrößte Gruppe (N=10) wurden als „Methodiker" bezeichnet (vgl. Abs. 5.5, S. 199 ff). Charakteristisch ist in erster Linie die Bezugnahme auf fachliche Konzepte. Die Befragten nutzen im Interview Begriffe, die nicht der Alltagssprache zuzurechnen sind, sondern fachlichem Vokabular entstammen. Im Vergleich zu den Informierten weisen sie ein breiteres Beobachtungs- und Deutungsschema auf, was aber dennoch zu Deutungs- und Handlungssicherheiten führt. Die Deutungen der Methodiker beachten stärker kontext- und prozessorientierte Aspekte der beobachteten Sequenzen. Das Wissen der Methodiker in dem von uns untersuchten Tätigkeitsfeld ist dem Niveau 5 des DQR zuzuordnen. Die Befragten verfügen „über integriertes berufliches Wissen in einem Tätigkeitsfeld (…). Das schließt auch vertieftes fachtheoretisches Wissen ein".
- Die kleinste Gruppe sind die „Lerntheoretiker" (N= 3). Charakteristisch ist für sie vor allem die Verwendung fachlich-theoretischer Terminologie und entsprechender Wissensbereiche. Die fachliche und wissenschaftliche Deutungsbasis führt sowohl bei der Deutung als auch in der Formulierung von Interventionen zu Unsicherheiten, trotz z. T. sehr differenzierten Wissens und der Fähigkeit, dieses eloquent im Rahmen des simulierten Fachgespräches äußern zu können. Der DQR ordnet diesen Wissensbeständen die Niveaustufe 6 zu.
- Wie diese Studie verdeutlicht, hängen die Beobachtungs-, Deutungs- und Interventionskompetenzen zusammen bzw. weisen unterschiedliche Inkonsistenzen auf. Über die Hälfte der Befragten (Erfahrungsorientierte und Informierte) weisen erhebliche Unsicherheiten bei der Deutung kindlicher Selbstbildungsprozesse auf. Ihre Deutungen zeigen keine Bezüge zu fachli-

chen Konzepten oder Begriffen und werden überwiegend alltagssprachlich formuliert. Die beiden anderen Typen (Methodiker und Lerntheoretiker) können zwar fachliche Konzepte oder theoretisch-wissenschaftliches Wissen in das simulierte Fachgespräch einbringen, ohne dies jedoch als Deutungshilfe einzusetzen.

- Bei allen Typen dokumentiert sich eine Haltung, bei der den Handlungen des Kindes mit Wertschätzung begegnet wird und die eigene Position als intervenierende pädagogische Fachkraft eher zurückhaltend interpretiert wird. Kindern wird über alle vier Typen hinweg eine große Selbstständigkeit zugesprochen. Nahezu alle Befragten stellten hinsichtlich der drei Filmsequenzen fest, dass das Kind durch eigenaktive Tätigkeit (s)eine Thematik bearbeitet und dabei ohne das Zutun anderer Personen grundsätzlich lernt. Allen Typen ist gemeinsam, dass sie sich bezüglich möglicher Interventionen zunächst grundsätzlich sehr zurückhaltend zeigen und die eigene Rolle und Funktion als pädagogische Fachkraft darin sehen, das Kind in seiner Eigenaktivität zu unterstützen. Teilweise zeigen sich zwar grundlegende Unterschiede in den Beobachtungs- und Deutungsprozessen der Befragten in Bezug auf den fachlichen Hintergrund, überraschender Weise finden sich jedoch große Ähnlichkeiten zwischen den vier Typen bezüglich der grundlegenden pädagogischen Haltung. So nehmen die Erfahrungsorientierten zwar keinen Bezug auf fachliche Konzepte und nutzen keine fachliche Terminologie, ihre Handlungen laufen aber letztlich auf ähnliche Aspekte hinaus, wie sie beispielsweise bei den Methodikern zu finden sind.
- Ein weiteres Ergebnis der Befragung war die Angabe der in der Kita eingesetzten Beobachtungsverfahren und -routinen. Fünf von 30 Befragten gaben an, kein Beobachtungsverfahren einzusetzen. Vier Befragte machten dazu keine Angaben. Dies gibt einen Hinweis darauf, dass die Bedeutung von Beobachtung und Dokumentation bei den befragten Einrichtungen nicht durchgängig erkannt und umgesetzt wird. Nötig wäre hier eine Quantifizierung dieses Eindrucks. Ein weiterer Hinweis für die geringe Umsetzung von Beobachtung im Kita-Alltag findet sich in der Beobachtungshäufigkeit. Ein drittel der Befragten geben an, weniger als zwei Mal pro Monat zu beobachten und neun Befragte machen dazu keine Angaben. Ebenso findet der fachliche Austausch über die beobachteten kindlichen Aktivitäten überwiegend in „Tür-und-Angel-Gesprächen“ statt. In Teamsitzungen findet dies nur bei neun Befragten „oft“ statt. Bei je sieben Befragten findet dies „hin und wieder“ und „selten“ statt.

- Die Ergebnisse weisen darauf hin, dass ein erheblicher Professionalisierungsbedarf in den Kompetenzbereichen „Beobachtung, Deutung und Interventionsplanung“ erkennbar wird (vgl. 6.2, S. 243). Die kompetente Beobachtung und Deutung von kindlichen Bildungsprozessen hat nicht nur Auswirkungen auf die Einschätzung kindlicher Entwicklungs- und Bildungsverläufe und deren Dokumentation, sondern auch auf die fachlich fundierte Besprechung im Kita-Team sowie bei der Beratung von Eltern in Entwicklungsgesprächen. Entsprechend der zuvor genannten vier Typen, können diese Aufgaben auch nur auf der Ebene der in dieser Studie festgestellten Kompetenzen umgesetzt werden.

6.2 Professionalisierungsbedarf frühpädagogischer Fachkräfte

Die Beobachtung und Deutung von kindlichen Lern- und Bildungsprozessen ist in fast allen Bildungsplänen der Bundesländer als zentrale Aufgabe der pädagogischen Fachkräfte beschrieben worden. Die dafür notwendigen Kompetenzen wurden in dieser Studie untersucht. Dies sind:

- Wahrnehmungs- und Beobachtungskompetenz: Was habe ich gesehen?
- Deutungs- und Analysekompetenz: Wie interpretiere ich das Gesehene?
- Planungs- und Interventionskompetenz: Welche pädagogischen Schlussfolgerungen ziehe ich aus dem Gedeuteten?

Wie sich gezeigt hat, lässt sich die Deutungskompetenz nicht ohne explizit genannte Maßstäbe (z. B. DQR) einschätzen. Diese normative Orientierung ist notwendig, um die bereichsspezifische Kompetenzentwicklung (hier bezogen auf Beobachtung, Deutung und Interventionsplanung) einschätzen zu können. Beobachtung und Deutung sind aber zentral für alle Formen der Lern-, Entwicklungs- und Bildungsdokumentation. Ohne diese zentralen Kompetenzen können zwar Blätter in die Portfolioordner eingeheftet oder Fotos eingeklebt werden, wenn aber keine oder wenig fachliche Grundlagen zur Deutung des kindlichen Tuns vorliegen, können diese Sammlungen nur gezeigt aber nicht differenziert genug etwa im Dialog mit den Akteuren erläutert, verhandelt und systematisch ausgewertet werden. Dass gerade das Fachwissen über kindliche Lernprozesse und ein entsprechend professionell gestalteter Dialog mit Kindern und Eltern eine zentrale Bedingung für die entwicklungsfördernde Arbeit mit Kindern hat, wurde durch die Längsschnittuntersuchung EPPE belegt (vgl. Sylva u. a. 2004, Viernickel/

Weltzien 2009). Wie dieses Forschungsprojekt eindrücklich gezeigt hat, sind von den 30 qualitativ untersuchten Befragten nur wenige in der Lage, ihre Deutungen auf der Basis von Fachwissen und Fachbegriffen vorzunehmen. Vielfach werden Intuition und Erfahrungswerte zur Deutung von kindlichen Bildungsprozessen angewendet und diese alltagssprachlich formuliert.

Eine Einschätzung der „Deutungskompetenzen“ im Rahmen der beruflichen Kompetenzentwicklung hat bereits im Abschnitt 5.7 (S. 222ff) stattgefunden. Diese Zuordnungen müssen aber aufgrund des Verhältnisses von fachspezifischer Kompetenzmessung und allgemein beruflicher Kompetenzbeschreibung vage bleiben. Um die gefundenen beruflichen Kompetenzen in dem spezifischen Teilbereich „Beobachtung und Deutung“ weiter einzuschätzen, können fachspezifische Qualifikationsprofile, wie z. B. der von der Robert-Bosch-Stifung (2011) herausgegebene Qualifikationsrahmen eine Orientierung bieten. Er beschreibt die Fertigkeiten für die frühpädagogische Berufstätigkeit detailliert im Hinblick der zugrunde liegenden Qualifikationen. Einige Passagen, die u. a. die Themen „Beobachten und Dokumentieren“ betreffen, sollen hier hervorgehoben werden, da sie eine brauchbare Orientierung bieten, um die Ergebnisse dieser Studie einzuordnen.

Für das Handlungsfeld 1: Arbeit mit Kindern wird grundlegend folgendes hervorgehoben: „Wer in Kindertageseinrichtungen Kinder betreut, erzieht und bildet, muss über ein fachwissenschaftlich fundiertes Wissen über die Entwicklung, die Sozialisation sowie die Lern- und Bildungsprozesse von Kindern verfügen (Robert-Bosch-Stiftung 2011, S. 62).“ Um diese Bedeutung zu unterstreichen, werden die Handlungsanforderungen exemplarisch am Themenfeld „Beobachtung und Dokumentation“ hervorgehoben und entsprechend unterschiedlicher Qualifikationswege differenziert.

AbsolventInnen der Fachschule sollten über folgende Kompetenzen verfügen (Robert-Bosch-Stifung 2011 62ff):

- „ein breites und integriertes Wissen über Beobachtungs- und Dokumentationsverfahren zum Entwicklungsstand und zu Entwicklungsprozessen von Kindern“ (...)
- „Bedürfnisse, Interessen und Potenziale von Kindern zu analysieren und diese bezüglich ihrer Bedeutung für Entwicklungs- und Bildungsprozesse zu beurteilen“ (...)
- „pädagogische Angebote auf Grundlage eines Bildungsplans, einer pädagogischen Konzeption und systematischer Beobachtungen sowie unter Einbe-

ziehung der individuellen Lebenssituation des Kindes und seines sozialen Kontextes kind- und gruppenbezogen zu planen." (...)

Die AbsolventInnen eines kindheitspädagogischen Bachelor-Studiengangs sollten „darüber hinaus" folgende Kompetenzen besitzen:

- „breites, wissenschaftlich fundiertes und aktuelles Wissen über Beobachtungs- und Dokumentationsverfahren zum Entwicklungsstand von Kindern" (...)
- „mithilfe ihrer Methodenkompetenz die Verfahren, sowohl für die pädagogische Praxis als auch für wissenschaftliche Fragestellungen, auszuwählen und anzuwenden." (...)
- „systematische Kenntnisse von Methoden der Planung und Konzeption von Beobachtung und Dokumentation sowie die Fertigkeit, diese auch in unvollständig definierten, komplexen Aufgabenstellungen anzuwenden und kritisch zu reflektieren."

Die genannten Aspekte sind nur ein Ausschnitt weiterer Handlungsanforderungen, welche die gestiegene Bedeutung der Beobachtung und Dokumentation von kindlichen Bildungsprozessen verdeutlichen. Deutlich wird aber, dass lediglich der Typ der „Lerntheoretiker" und in Teilbereichen die „Methodiker" die zuvor genannten Kompetenzen im Bereich „Beobachtung und Deutung" differenziert genug besitzen.

Beachtenswert ist auch, dass die Qualifikationsprofile noch hinsichtlich des beruflichen Ausbildungsweges (Fachschule, Bachelor, Master) unterschieden werden. Dies ist mit der Differenz zwischen Gleich*wertigkeit* und Gleich*artigkeit* von Qualifikationen im DQR zu erklären. So werden zwar die Fachschulausbildung und die frühkindlichen Bachelorabschlüsse auf Niveau 6 des DQR als gleichwertig eingeordnet, dennoch wird die Gleichartigkeit dieser Qualifikationen negiert. Angesichts der festgestellten Kompetenzen im beruflichen Alltag und der Einstufung der Fachschulausbildung auf Niveau sechs müssen erhebliche Zweifel aufkommen, ob die damit verbundenen und erwünschten beruflichen Kompetenzen in diesem Teilbereich (Beobachtung, Deutung, Interventionsplanung) auch tatsächlich jemals erreicht werden.

Angesichts der beschriebenen Ergebnisse können nur drei von 30 Befragten die Niveaustufe sechs erkennen lassen. Diese drei rekrutieren sich ausschließlich aus der Gruppe der akademisch ausgebildeten KindheitspädagogInnen. Auch wenn dieses Ergebnis nicht repräsentativ ist, und dies auch nicht das Ziel der Studie war, so deutet sich erheblicher Professionalisierungsbedarf in der Aus- und Weiterbildung an.

Deutungskompetenzen und Professionalisierung

Laut Schäfer (2011, S. 256) gehen pädagogischen Veränderungsprozesse von einer Differenzierung der professionellen Wahrnehmung aus. Der inhaltliche Zusammenhang von Beobachtung, Deutung und Interventionsplanung wurde in dieser Studie bereits mehrfach hergestellt. Für Schäfer (2011, S. 256) ergibt sich folgender zentraler Aspekt: „Die Veränderungen in der pädagogischen Arbeit werden vor allem von einer Intensivierung und Differenzierung der Beobachtung für den Eigenanteil des Kindes an seinen Bildungsprozessen angestoßen." Davon ausgehend und darauf aufbauend würde sich die Organisation der Kita, das Selbstverständnis der pädagogischen Fachkräfte, die Zusammenarbeit mit Eltern, die didaktischen Prämissen und auch die Raumgestaltung verändern. Pädagogische Professionalisierungsprozesse von den kindlichen Aktivitäten aus anzustoßen, bedeutet sukzessive Veränderungen, die von den Teams der Kitas weitgehend selbst zu initiieren sind. Diese Professionalisierungserwartung wiederum lässt sich allerdings unter den gegenwärtigen oftmals defizitären strukturellen Bedingungen von vielen Kindertageseinrichtungen nur teilweise eigenständig umsetzen, wie etwa die Studie von Viernickel und Schwarz (2010) zeigt.

Setzt man die bereits mehrfach beschriebenen Anforderungen im Bereich der Beobachtung und Deutung (vgl. Kap. 1 und Abs. 2.1) in Beziehung zu den Ergebnissen der Studie (vgl. Abs. 6.1, S. 204 ff) wird der Professionalisierungsbedarf auf weiteren Ebenen deutlich.

- **Kita-Teams:** Was können Kita-Teams und vor allem Kita Leitungen tun, um im Qualitätsbereich „Beobachtung, Deutung und Interventionsplanung" professioneller zu agieren? Hier kann an den Ansatz von Schäfer angeknüpft werden. „Pädagogische Veränderungsprozesse gehen von einer Differenzierung der professionellen Wahrnehmung aus." (Schäfer 2011, S. 256). Das hat folgende Konsequenzen: 1. Zunächst ist das konsequente Anwenden von Beobachtungs- und Dokumentationsverfahren im Kita-Team und der damit verbundene Dialog zentral. 2. Um Selbstbildungstätigkeiten von Kindern zu erkennen, sind ungerichtete ebenso wie fokusssierte Beobachtungsverfahren, ein regelmäßiger und vielfältiger Dialog mit den Akteuren notwendig. 3. Damit Kita-Teams ihre Beobachtungs- und Deutungskompetenzen erweitern, sind videographierte Beobachtungssequenzen von Kindern nötig. Ganz pragmatisch geht es darum, dass in jeder Einrichtung regelmäßig routierend eine andere Fachkraft eine Selbstbildungsszene per Video dokumentiert, und diese dann als teambasierte Fallbesprechung analysiert und fachlich mehrperspektivisch interpretiert wird. 4. Parallel dazu ist es sinnvoll, dass das Kita Team seine fachliche Basis erweitert. Dies gelingt durch Kita-interne Fortbildungen mit der Fachberatung oder speziellen Fachleuten. 5. Es gilt der Grundsatz: „Weniger ist mehr". Oftmals bestehen übervolle Portfolios, deren „Sinn" aufgrund der reinen „Sammlung von Entwicklungs- oder Bildungsprozessen" fraglich erscheinen kann. Wenige vertieft gedeutete und reflektierte Szenen sind vielfach aussagekräftiger.

- **Fachschulausbildung:** Spätestens seit der Rahmenvereinbarung der KMK vom 07.11.2002 wird die Ausbildung von Erzieherinnen und Erziehern auf den Erwerb von Kompetenzen anhand von Qualifikationsprofilen ausgerichtet. Im Mittelpunkt stehen dabei vor allem Fähigkeiten zur Bewältigung von komplexen Anforderungen und eine reflexive Handlungsfähigkeit im Hinblick auf den Umgang mit der Ungewissheit und Diskontinuität des pädagogischen Alltags (vgl. Jansen 2010; Fröhlich-Gildhof; Nentwig-Gesemann, Pietsch 2011 u.a). In Ihrer aktuellen Analyse der Fachschulausbildung haben Fröhlich-Gildhof, Nentwig-Gesemann und Pietsch danach gefragt, inwiefern die Curricula den Prozesscharakter professionellen Handelns verdeutlichen, welchen Stellenwert der selbstreflexiven Haltung der Auszubildenden eingeräumt wird und wie entsprechend die Lehr-Lernformate methodisch-didaktisch gestaltet sind. Sie kommen zu dem Schluss, dass Kompetenzmodelle zwar in den Ausbildungscurricula berücksichtigt werden, das der Fokus aber eher einseitig auf Wissensvermittlung liegt (Fröhlich-Gildhof; Nentwig-Gesemann, Pietsch 2011). Es wird eine systematischere Verzahnung von Theorie und Praxis als ein gestalteter Kompetenzentwicklungsprozess „der reflexiven Verschränkung von Disposition und Performanz" empfohlen (ebd.). Vereinfacht geht es also vor allem darum Fachkräfte zu befähigen, ein fachlich breit abgesichertes Wissen in diskontinuierlichen Handlungsvollzügen reflexiv anwenden und gestalten zu können. Insofern wäre auch der Schritt von der Beobachtung zur individuellen und dialogischen Deutung und die sich daraus ergebenen nächsten Schritte vor allem ein reflexiver „Gestaltungsprozess" in dem Wissen, Kontext, Fall und die Perspektiven von Akteuren reflexiv verschmelzen müssen, um ein an den Selbstbildungspotentialen von Kindern orientiertes pädagogisches Handeln zu ermöglichen. Und genau diese Kompetenz müsste dann auch in der Fachschulausbildung systematisch trainiert werden.

- **Hochschulausbildung:** Professionalisierung ist ohne eine wissenschaftlich begründete Fachlichkeit, wie sie an Hochschulen gelehrt wird, nicht denkbar. Wie diese Studie gezeigt hat, ist diese Fachlichkeit in dem Kompetenzbereich „Beobachtung und Deutung kindlicher Selbstbildungsprozesse" eher schwach ausgeprägt. Insofern verwundert es auch nicht, wenn der Aktionsrat Bildung in seinem Gutachten zum dem Schluss kommt, „dass die pädagogische Förderqualität gegenwärtig in deutschen frühpädagogischen Einrichtungen häufig nur mittelmäßig ist" (Blossfeld u.a. 2012, S. 69). Weiterhin hebt das Gutachten einen positiven Zusammenhang zwischen dem Qualifikationsgrad der Kita-Fachkräfte und der Einrichtungsqualität hervor. Um eine höhere Fachlichkeit im Bereich der Beobachtung, Deutung und dann auch Förderung von kindlichen Bildungsprozessen zu erlangen, bedarf es verstärkter Anstrengungen bei der Akademisierung von KindheitspädagogInnen, die auf das Handlungsfeld Kindertagesstätten und die entsprechende Altersgruppe spezialisiert sind. An den Hochschulen kommt es im untersuchten Kompetenzbereich darauf an, durch entsprechende hochschuldidaktische Theorie-Praxis-Formate dafür zu sorgen, dass Studierende der Frühpädagogik ihr Fachwissen auf Beobachtungen kindlicher Alltagsszenen transferieren können, dass Hospitationen und semesterbegleitenden Praktika zu einer kontinuierlichen Beobachtungs- und Deutungsschulung genutzt werden und dass im Bereich des Forschenden Studierens darum geht, „ein Kind bzw. eine soziale Situation in ihrer Komplexität und Perspektivität sowie auch in ihrer Entwicklungsgeschichte zu erfassen (Fallverstehen)" (Nentwig-Gesemann 2008, S. 4).
- **Forschende Haltung:** Der Forschungsbegriff hat seit der Einführung kindheitspädagogischer Studiengänge Konjunktur. In der Debatte zur Akademisierung der Profession wird etwa das forschende Lernen in allen Studienordnungen und Modulhandbüchern als bedeutendes Kompetenzziel genannt. Bachelor und Master Studiengänge sollen im Verlauf des Studiums bei Studierenden einen forschenden Habitus bzw. eine forschende Haltung entwickeln. Man geht davon aus, das sich mit einer in diesem Sinne wissenschaftlich-methodischen Orientierung des Fachwissens und des pädagogischen Handelns die angestrebte Professionalisierung des Feldes wesentlich nachhaltig umsetzen lässt. Gleichwohl bleibt es oftmals unscharf, was hier bezogen auf die Handlungsproblematik der Fachkräfte gemeint ist. Wie wird diese Kompetenz in der Differenz von Bachelor- und MasterabsolventInnen bearbeitet? Ein großer Teil der Fachkräfte in der Praxis schütteln bislang vermutlich eher ungläubig den Kopf, wenn wir sie als ForscherInnen ansprechen würden. Hier wird ein Dilemma deutlich das sich zwischen dem wissenschaftlichen System, des-

sen normativem Anspruch und den durch strukturelle Voraussetzungen ebenso wie traditionelle Muster geprägten pädagogischen Alltag bewegt.

Unsere Studie belegt, wie sich dieses Dilemma in den Deutungskompetenzen der Fachkräfte niederschlägt. Im gesamten Feld muss noch wesentlich genauer erkennbar werden, was etwa die Differenz zwischen einem reflektierten Erfahrungswissen und einem forschenden Habitus mit einer wissenschaftlich-reflexiven Haltung bedeutet. Im Umkehrschluss erscheint es problematisch, wissenschaftliches Denken und Handeln, das an fachlich hochdifferenziertes Wissen, eine elaborierte Sprache und ein hermeneutisches Denken gebunden ist ausbildungsdidaktisch wie eine Wissenstechnologie zu behandeln, die man einfach übertragen kann. Das gilt insbesondere für die Methoden der Beobachtung und Dokumentation, die nicht ohne langwierige und mehrdimensionale Anpassungsprozesse ins kindheitspädagogische Feld eingeführt werden kann.

Das Verhältnis von Theorie und Praxis, von empirischen Methoden und einem Morgenkreis wird für Kinder, Eltern und Fachkräfte nur dann bedeutsam, wenn der reflexive Umgang mit theoretischem Wissen auch in der Perspektive von Akteuren der Praxis gedacht und entsprechend gelebt werden kann. In einer derartig „ethnografischen Perspektive" eines sich selbst immer wieder Befremdens, „dichten Beschreibungen" und anhaltend geteiltem Denken (sustained shared thinking) ist entscheidend, das die Persönlichkeit der Akteure, ihr rationales ebenso wie ihr intuitives, durch biografische und soziale Deutungsmuster geprägtes Wissen von diesem Spannungsverhältnis irritiert und veränderbar bleibt. Und ebenso wie bei Kindern sollten die Themen der Fachkräfte nicht einfach durch wissenschaftliche Themen ersetzt werden. (vgl. Laewen 2011) Eine dynamische Form des forschenden Lernens entwickelt sich eher in systematisch erzeugten Reibungsflächen von fachwissenschaftlich-reflexiven Denk- und Sprachmodellen, den vorhandenen Denk- und Sprachmodellen der Erwachsenen mit ständigem Blick auf kindlichen Aneignungsweisen im Wechsel von Reflexivität und Intuition. Kinder entwickeln Neugier- und Problemlöseverhalten aus einem intrinsischen Motiv heraus – intuitiv, ohne Ausbildung aber mit liebevoller Begleitung – wobei es um elementare Selbstwirksamkeitserfahrungen geht (Liebel 2008). Fachkräfte wiederum entwickeln einen forschenden Habitus durch die begleitete Verknüpfung von reflexivem Verhalten und von Wissen in einer Dialog- und Lerngemeinschaft aller Akteure. Deutungskompetenz und forschendes Lernen muss mehr sein als die Summe rational erfassbarer Faktoren. Unsere Studie verweist auch darauf, dass die Wahrnehmung und Deutung von kompetenten Kindern kompetente Erwachsene braucht.

- **Fort- und Weiterbildung:** Aus unserer Sicht wäre es daher sinnvoll, die gewonnenen theoretischen Einsichten dazu zu nutzen, Inhalte und didaktische Konzepte für Weiterbildungen zu entwickeln, um präzise auf die identifizierten Professionalisierungsbedarfe in Bezug auf die Beobachtung und Deutung kindlicher Bildungsprozesse zu reagieren. Wenn z. B. in der Praxis kind- und zielorientierte Deutungspfade überwiegen, so wäre es sinnvoll darüber nachzudenken, wie ErzieherInnen dabei unterstützt werden können, auch andere Aspekte einer fachwissenschaftlich fundierten, reflexiven Deutungskompetenz zu entfalten. Dabei müssen sich neu erworbene Wissensformen von frühpädagogischen Fachkräften gegenüber eingespielten Deutungs- und Handlungsroutinen durchsetzen. Daher würde es zu kurz greifen, einfach mehr Weiterbildungen in Beobachtungs- und Dokumentationsverfahren anzubieten. Diese oftmals methodisch ausgerichteten Weiterbildungen (Wie beobachte ich?, Wie dokumentiere ich?, Wie lege ich ein Portfolio an? Welche Beobachtungsfehler können passieren? usw.) reichen allein nicht aus. Das beste Beobachtungs- und Dokumentationsverfahren bleibt oberflächlich, wenn nicht auch ein differenziertes Wissen über die Selbstbildungstätigkeiten von Kindern im Rahmen ihrer alltäglichen Selbst- und Welterfahrung bestehen. Nötig ist also differenziertes Wissen über Kindheitsphänomene und Aneignungsweisen von Kindern. Dazu gehören u. a. Übergangsobjekte, Spiel, Bewegung, Sprache und Wortwitz, Weltwissen, Sammlungen, Naturerfahrung, Zeichnungen, Phantasie und unsichtbare Freunde, Sandkastenliebe, Medienerfahrungen und Rituale uvam. (vgl. Neuß 2007, Duncker/Lieber/Neuß/Uhlig 2010). Wenn Wissen die Wahrnehmung leitet, dann reichen Methoden zur Beobachtung nicht aus, sondern es müssen auch brauchbare Fachkategorien im Beobachtungs- und Deutungshorizont der Fachkraft vorhanden sein, die überhaupt die Voraussetzung sind, etwas zu beobachten. Zum anderen sollte Fachkräften in Fort- und Weiterbildungen die Gelegenheit gegeben werden, ihre Deutungsmuster biografisch und fachtheoretisch so zu reflektieren, damit das komplexe Zusammenspiel von Fachwissen, eigener Bildungsbiografie, frühpädagogischer Tradition sowie der Wahrnehmung und Deutung kindlicher Bildungsweisen besser verstanden und dialogisch bearbeitet werden kann (vgl. Bree 2007, 2010). Ziel dieser Professionalisierungsperspektive wäre es, die Fachkräfte dabei zu unterstützen ihr Wissen und ihre Deutung des „kindlichen Anfängergeistes" (Schäfer 2010) zu erweitern.
- **Strukturelle Rahmenbedingungen:** In 15 von 16 Bundesländern wird die „Beobachtung" als Grundlage für pädagogisches Handeln benannt. Es ist unserer Auffassung nach notwendig, bestehende strukturelle Rahmenbedingungen

(vgl. Viernickel/Schwarz 2009) daraufhin zu überprüfen, inwieweit sie eine professionelle Beobachtungen und Deutungen anhand differenzierter Beobachtungskategorien im Rahmen von systematisierten Verfahrensabläufen durch frühpädagogisches Fachpersonal zulassen. Das bedeutet konkret, Zeiten für die mittelbare pädagogische Arbeit auszuweiten, damit die in den Bildungsprogrammen geforderten Anforderungen überhaupt zeitlich einzulösen sind. Die Ausweiterung der Zeiten für mittelbar pädagogische Aufgaben darf dabei nicht zulasten der Fachkraft-Kind-Relation geschehen.

„Adieu", sagte der Fuchs. „Hier ist mein Geheimnis. Es ist ganz einfach: Man sieht nur mit dem Herzen gut. Das Wesentliche ist für die Augen unsichtbar!" (Der kleine Prinz, Saint-Exupéry)

7 Literatur

Andres, Beate; Laewen, H.-J./Pesch, L. (Hrsg.): Elementare Bildung. Handlungskonzepte und Instrumente, Band 2. Weimar 2005.

Andres, Beate; Laewen, Hans-Joachim (2011): Das infans-Konzept der Frühpädagogik. Berlin: verlag das netz

Arnold, Rolf (2010): Selbstbildung. Hohengehren 2010. Schneider

Atkinson, P. et al. (2001) (Hrsg.): Handbook of ethnography. London.

Aufenanger, Stefan (1991): Qualitative Analyse semi-struktureller Interviews – ein Werkstattbericht. In: Garz/Kraimer (Hrsg.): Qualitativ-empirische Sozialforschung: Konzepte, Methoden, Analysen. Opladen: Westdeutscher Verlag, S. 35–59.

Autorengruppe Fachschulwesen (2011): Qualifikationsprofile „Frühpädagogik" – Fachschule/Fachakademie. München: Deutsches Jugendinstitut, Weiterbildungsinitiative Frühpädagogische Fachkräfte (WiFF).

Ayres, A. J. (2002). Bausteine der kindlichen Entwicklung. Berlin: Springer-Verlag.

Baacke, Dieter (1999): Die Welt der 0–5 Jährigen. Weinheim: Beltz.

Bateson, Gregory (1999): Ökologie des Geistes. Anthropologische, psychologische, biologische und epistemologische Perspektiven. Frankfurt a. M.: Suhrkamp.

BDA „Bundesvereinigung der Deutschen Arbeitgeberverbände" (2011): Flyer 8-Punkte-Programm: Frühkindliche Bildung voranbringen.

Beller, Kuno (2006): Kuno Bellers Entwicklungstabelle. Berlin: Freie Universität

Bender, Walter (1991): Subjekt und Erkenntnis. Über den Zusammenhang von Bildung und Lernen in der Erwachsenenbildung. Weinheim: Deutscher Studien Verlag.

Bensel, Joachim; Haug-Schnabel, Gabriele (2005): Kinder beobachten und ihre Entwicklung dokumentieren. Kindergarten heute – spezial. Freiburg: Herder.

Beutelspacher, A. (2010): Kinder lernen Mathematik durch Be-greifen. In: TPS 10/2010, S. 12–15.

Beyer, A. et. al. (2003): Gelsenkirchener Entwicklungsbegleiter. Tübingen: DGVT-Verlag.

Blossfeld, Hans-Peter, Bos, Wilfried u. a. (2012): Professionalisierung in der Frühpädagogik. Qualifikationsniveau und -bedingungen des Personals in Kindertagesstätten. Münster, Waxmann-Verlag.

Bohnsack, Fritz (2003): John Dewey. In: Tenorth H.-E. (Hrsg.): Klassiker der Pädagogik. München: Beck

Bohnsack, Ralf (2000): Rekonstruktive Sozialforschung. Einführung in Methodologie und Praxis qualitativer Sozialforschung. 4. Auflage. Opladen: Leske + Budrich.

Bohnsack, Ralf (2007): Rekonstruktive Sozialforschung. Einführung in Methodologie und Praxis qualitativer Forschung. Opladen & Farmington Hills: Verlag Barbara Budrich.

Bohnsack, Ralf; Nentwig-Gesemann, Iris; Nohl, Arnd-Michael (Hrsg.) (2007): Die dokumentarische Methode und ihre Forschungspraxis. Grundlagen qualitativer Sozialforschung. 2., erweiterte und aktualisierte Auflage. Wiesbaden: VS Verlag für Sozialwissenschaft.

Bohnsack, Ralf; Nentwig-Gesemann, Iris (Hrsg.) (2010): Dokumentarische Evaluationsforschung. Theoretische Grundlagen und Beispiele aus der Praxis. Opladen; Farmington Hills: Verlag Barbara Budrich.

Brée, Stefan (2007): Künstlerische Wahrnehmungs- und Produktionsweisen – Ein Entwicklungsraum für das Lernen von Subjekten und Organisationen. Hannover: Expressum

Brée, Stefan (2010): Beobachten und Dokumentieren als Wahrnehmungs- und Interaktionsproblem. In: Koop, Christine, Schenker, Ina, Müller, Götz, Welzien, Simone (2010) (Hrsg.): Begabung wagen. Ein Handbuch für den Umgang mit Hochbegabung in Kindertagesstätten. Berlin: verlag das netz

Brügel, Eberhard (2002): Gezielte Kreativitätsförderung im Kunstunterricht – Klärung anthropologischer Voraussetzungen und Begründung kunstspezifischer Methoden. Akademie Rotenfels: URL: http://plone.schule-bw.de/schularten/sonderschulen/gestalten/projekt/bruegel.htm. Letzter Abruf: 14.10.2011.

Bruner, Jerome (1971): Studien zur kognitiven Entwicklung. Stuttgart: Klett.

Bruner, Jerome (2008): Wie das Kind sprechen lernt. Bern: Hans Huber.

Bundesministerium für Familie, Senioren, Frauen und Jugend (BMFSFJ) (2005) (Hrsg.): Das Tagesbetreuungsausbaugesetz (TAG). Berlin.

Bybee, R. W. (1997): Achieving scientific literacy: from purposes to practices. Portsmouth: Heinemann.

Carr, Margret (2007): Learning Storries – ein Bildungs- und Lernkonzept aus Neuseeland. In: Neuss, Norbert (Hrsg.):Bildungs- und Lerngeschichten im Kindergarten. Berlin: Cornelsen.

Chomsky, Noam (1973): Aspekte der Syntax-Theorie. Frankfurt am Main: Suhrkamp.

Cloos, Peter; Schulz, Marc (Hrsg.) (2011): Kindliches Tun beobachten und dokumentieren. Perspektiven auf die Bildungsbegleitung in Kindertageseinrichtungen. Weinheim; München: Juventa Verlag.

Combe, Arnold; Kolbe, Fritz-Ulrich (2004): Lehrerprofessionalität: Wissen, Können, Handeln. In: Helsper, W.; Böhme, J. (Hrsg.): Handbuch der Schulforschung. Wiesbaden: VS Verlag für Sozialwissenschaften, S. 833–851.

Csiksezentmihalyi, Mihaly (2005): Das flow – Erlebnis. Jenseits von Angst und Langeweile: im Tun aufgehen. Stuttgart: Klett-Cotta

Dippelhofer-Stiem, Barbara (2006): Berufliche Sozialisation von ErzieherInnen. In: Fried, R.; Roux, S. (Hrsg.): Pädagogik der frühen Kindheit. Weinheim und Basel: Beltz Verlag, S. 358–367.

Deutscher Qualifikationsrahmen für lebenslanges Lernen (DQR) (2010). Berlin: Bundesministerium für Bildung und Forschung (BMBF)

Dreyfus, Hubert L.; Dreyfus, Stuart E. (1987): Künstliche Intelligenz: von den Grenzen der Denkmaschine und dem Wert der Intuition. Reinbek bei Hamburg: Rowohlt.

Duncker, L./Lieber, G./Neuß, N./Uhlig, B. (Hrsg.) (2010): Bildung in der Kindheit. Das Handbuch zum Lernen in Kindergarten und Grundschule. Velber 2010. Kallmeyer.

Erpenbeck, John; von Rosenstiel, Lutz (2003): Handbuch Kompetenzmessung. Stuttgart: Schäeffer-Poeschel.

Fink, Andreas (2008): Möglichkeiten zur Förderung kreativen Denkens. In. Dressler, Martin; Baudson, Tanja Gabriele (Hrsg.): Kreativität. Beiträge aus Natur- und Geisteswissenschaften. Stuttgart: Hirzel.

Flämig, Katja; Musketa, Benjamin; Leu, Hans Rudolf (2009): Bildungs- und Lerngeschichten – Entwicklungstheoretische Hintergründe. Weimar, Berlin: verlag das netz.

Fröhlich-Gildhoff, K.; Nentwig-Gesemann, I.; Pietsch, S. (2011): Kompetenzorientierung in der Qualifizierung frühpädagogischer Fachkräfte. München: Deutsches Jugendinstitut DJI.

Fthenakis, W. E. (2009): Bildung neu definieren und hohe Bildungsqualität von Anfang an sichern. Ein Plädoyer für die Stärkung von prozessualer Qualität, Teil 2, in: Betrifft Kinder, S. 6–10.

Frostig, M. (2008): Entwicklungstest der visuellen Wahrnehmung. Göttingen: Hogrefe.

Funke (2008): Zur Psychologie der Kreativität. In: Dresler, Martin; Baudson, Tanja Gabriele (Hrsg.): Kreativität. Beiträge aus Natur- und Geisteswissenschaften. Stuttgart: Hirzel

Glasersfeld, E. von (1985): Konstruktion der Wirklichkeit und des Begriffs der Objektivität. In.: Gumin, H:; Meier, H. (Hrsg.) (2000): Einführung in den Konstruktivismus. Beiträge von Heinz von Foerster, Ernst von Glasersfeld, Peter M. Hejl, Siegfried J. Schmidt und Paul Watzlawick. 5. Auflage. München: Piper Verlag.

Goldstein, Bruce E. (2002): Wahrnehmungspsychologie. Berlin: Spektrum – Akademischer Verlag.

Gutjahr, Gert (1985): Psychologie des Interviews in Praxis und Theorie. Heidelberg: I. H. Sauer-Verlag GmbH.

Hasemann, K. (2008): Ordnen, Zählen, Experimentieren. Mathematische Bildung im Kindergarten. In: Ebert, S. (Hrsg.): Die Bildungsbereiche im Kindergarten. Orientierungswissen für ErzieherInnen. Freiburg, S. 187–209.

Honig, M.-S.; Joos, M.; Schreiber, N. (2004): Was ist ein guter Kindergarten? Theoretische und empirische Analysen zum Qualitätsbegriff in der Pädagogik. Weinheim und München: Juventa.

Kauffeld, Simone; Grote, Sven; Frieling, Ekkehart (2003): Das Kasseler-Kompetenz-Raster (KKR). In: Erpenbeck, John; Rosenstiel, Lutz (Hrsg.): Handbuch Kompetenzmessung. Stuttgart: Schäffer-Poeschel, S. 261–281.

Kaufhold, Marisa (2006): Kompetenz und Kompetenzerfassung. Analyse und Beurteilung von Verfahren der Kompetenzmessung. Wiesbaden: VS-Verlag für Sozialwissenschaften.

Kelle, H. (1998): Empirisch begründete Theoriebildung. Zur Logik und Methodologie interpretativer Sozialforschung. 2. Aufl. – Weinheim: Deutscher Studien Verlag.

Kelle, H./Tervooren, A. (Hrsg.) (2008): Ganz normale Kinder. Heterogenität und Standardisierung kindlicher Entwicklung. Weinheim und München: Juventa.

Keller, Reiner (2008): Wissenssoziologische Diskursanalyse. 2. Auflage. Wiesbaden: VS-Verlag.

Kieselhorst, Markus (2010): Zum Verhältnis von Subjekt und Organisation. Eine qualitative Studie zu Qualitätsentwicklungsprozessen in Kindertagesstätten. Wiesbaden: VS Verlag.

Klatetzki, Thomas (2005): Professionelle Arbeit und kollegiale Organisation. Eine symbolisch interpretative Perspektive. In: Klatetzki, T.; Tacke, V. (Hrsg.): Organisation und Profession. Wiesbaden: VS-Verlag für Sozialwissenschaften, S. 253–283.

Klatetzki, Thomas (2010): Kompetente Organisation oder wie man das Leben von 007 rettet. In: Kurtz, Th.; Pfadenhauer, M. (Hrsg.): Soziologie der Kompetenz. Wiesbaden: VS Verlag für Sozialwissenschaft.

Klieme, Eckhard (2004): Was sind Kompetenzen und wie lassen sie sich messen? In: Standardsicherung konkret, Pädagogik, 56 (2004) 6, S. 10–13.

Klieme, Eckhard; Leutner, D. (2006): Kompetenzmodelle zur Erfassung individueller Lernergebnisse und zur Bilanzierung von Bildungsprozessen. Beschreibung eines neue eingerichteten Schwerpunktprogramms der DFG. In: Zeitschrift für Pädagogik, Jg. 52, H. 6, S. 876–903.

Klieme, Eckhard; Hartig, Johannes (2007): Kompetenzkonzepte in den Sozialwissenschaften und im erziehrungswissenschaftlichen Diskurs. In: Zeitschrift für Erziehungswissenschaft. Sonderheft 08, S. 11–29.

Kluge, S. (1999). Empirisch begründete Typenbildung. Zur Konstruktion von Typen und Typologien in der qualitativen Sozialforschung. Opladen: Leske + Budrich.

Koch, K/Jüttner, A.-K. (2007): Kinderbetreuungseinrichtungen zwischen Dienstleistung, Bildungsauftrag und pädagogischer Qualität. In: Bildungsforschung, Jahrgang 4, 2007, Heft 1, URL: http://www.bildungsforschung.org/bildungsforschung/Archiv/2007-01/einrichtungen. Abgerufen am: 5. 3. 2008.

Koglin, Ute; Petermann Franz (2010): Psychologie. In: Kinder erziehen, bilden und betreuen. Lehrbuch für Ausbildung und Studium. Berlin: Cornelsen

Krais, Beate (1993): Geschlechterverhältnis und symbolische Gewalt. In: Gebauer, G.; Wulf, G. (Hrsg.): Praxis und Ästhetik. Neue Perspektiven im Denken Pierre Bourdieus. Frankfurt am Main: Suhrkamp, S. 208–250.

Krajewski, K. (2003): Vorhersage von Rechenschwäche in der Grundschule. Hamburg; Kovac.

Krajewski, K./Schneider, W. (2006): Mathematische Vorläuferfähigkeiten im Vorschulalter und ihre Vorhersagekraft für die Mathematikleistungen bis zum Ende der Grundschulzeit. Psychologie in Erziehung und Unterricht, 53-2006, S. 246–262.

Krombholz, H. (1998). Theorien, Modelle und Befunde zur motorischen Entwicklung im Kindesalter. Sportonomics, 4 (2), 55–76.

Kurtz, Thomas (2010): Der Kompetenzbegriff in der Soziologie. In: Kurtz, Th.; Pfadenhauer, M. (Hrsg.) (2010): Soziologie der Kompetenz. Wiesbaden: VS-Verlag, S. 7–28.

Kurtz, Thomas; Pfadenhauer, Michaela (Hrsg.) (2010): Soziologie der Kompetenz. Wiesbaden: VS-Verlag.

Laevers, Ferre (Hrsg.) (1997): Die Leuvener Engagiertheits-Skala für Kinder, LES-K. Deutsche Fassung der Leuven Involvement Scale for Young Children. Erkelenz: Fachschule für Sozialpädagogik.

Laevers, Ferre et. al. (2005): Beobachtung und Begleitung von Kindern. Erkellenz: Berufsfachschule des Kreises Heinsberg.

Laewen, Hans-Joachim; Andres, Beate (Hrsg.) (2002): Künstler, Forscher, Konstrukteure. Werkstattbuch zum Bildungsauftrag von Kindertageseinrichtungen. Neuwied: Luchterhand.

Laewen, H.-J./Andres, B.: (2006). Arbeitshilfe für Bildung und Erziehung in Kindertageseinrichtungen. Stuttgart: KVJS

Leu, Hans Rudolf (2005): Die Bildungsdebatte in Deutschland – heute und vor dreißig Jahren. In: Jampert, Karin; u. a. (Hrsg.): Schlüsselkompetenz Sprache. Sprachliche Bildung und Förderung im Kindergarten. Weimar; Berlin, S. 19–23.

Lamnek, Siegfried (1989): Qualitative Sozialforschung. Bd. 2. Methoden und Techniken. München: Psychologie Verlags Union.

Largo, Remo H. (2009): Kinderjahre. Die Individualität des Kindes als Herausforderung. München: Piper

Lee, K./Staege R. (2010): Mathematisch-ästhetische Bildung. In: Duncker/Lieber/Neuß/Uhlig (Hrsg.): Bildung in der Kindheit. Seelze, S. 134–140

Lee, K. (2010): Gestalten mit ungeordneten Ordnungen. Mathematik mit gleichem Material in großer Menge. In: TPS 10/2010, S. 16–19.

Lefrancois, G. R. (2006): Psychologie des Lernens. Berlin: Springer

Leu, Hans Rudolf (2006): Beobachtung in der Praxis. In: Fried, L.; Roux, S. (Hrsg.): Pädagogik der frühen Kindheit. Weinheim und Basel: Beltz Verlag, S. 232–243.

Leu, Hans Rudolf; et. al. (2007): Bildungs- und Lerngeschichten. Bildungsprozesse in früher Kindheit beobachten, dokumentieren und unterstützen. 2. Auflage. Weimar, Berlin: verlag das netz.

Liegle, Ludwig (2006): Bildung und Erziehung in früher Kindheit. Stuttgart: Kohlhammer.

Liebel, M. (2008): Forschende Kinder. Neue Praxis 38, Heft 3, S. 239–251

Lüders, Christian (1991): Deutungsmusteranalyse. Annäherung an ein risikoreiches Konzept. In: Garz; Kraimer: Qualitativ-empirische Sozialforschung. Opladen: Westdeutscher Verlag.

Lüders, Christian; Meuser, Michael (1997): Deutungsmusteranalyse. In: Hitzler, R.; Honer, A. (Hrsg.): Sozialwissenschaftliche Hermeneutik. Opladen: Leske + Budrich, S. 57–79.

Luhmann, Niklas (1997): Die Gesellschaft der Gesellschaft. 2 Bände. Frankfurt am Main: Suhrkamp.

Luhmann, Niklas (2002): Das Erziehungssystem der Gesellschaft. Frankfurt am Main: Suhrkamp.

Luhmann, Niklas (2003): Wie lasen sich latente Strukturen beobachten? In: Krieg, Peter; Watzlawick, Paul (Hrsg.): Das Auge des Betrachters. Heidelberg: Carl-Auer-Verlag.

Luhmann, Niklas (2005): Die operative Geschlossenheit psychischer und sozialer Systeme. In: ders.: Soziologische Aufklärung. Band 6. Die Soziologie und der Mensch. 2. Auflage. Wiesbaden: VS-Verlag für Sozialwissenschaften, S. 26–37.

Luhmann, Niklas (2009): Soziologische Aufklärung 5. Konstruktivistische Perspektiven. 4. Auflage. Wiesbaden: VS-Verlag.

Mannheim, Karl (1969): Ideologie und Utopie. Frankfurt am Main: Suhrkamp.

Mayring, Philipp (1988): Qualitative Inhaltsanalyse: Grundlagen und Techniken. Weinheim: Deutscher Studien-Verlag.

Mayring, Philipp; Gläser-Zikuda, Michaela (2008) (Hrsg.): Die Praxis der qualitativen Inhaltsanalyse. 2., neu ausgestattete Auflage. Weinheim: Beltz.

Meuser, Michael; Nagel, Ulrike (1997): Das Experteninterview – Wissenssoziologische Voraussetzungen und methodische Durchführung. In: Friebertshäuser, B.; Prengel, A. (Hrsg.): Handbuch Qualitative Forschungsmethoden in den Erziehungswissenschaften. Weinheim/München: Juventa, S. 481–491.

Meuser, Michael; Nagel, Ulrike (2002): Experteninterviews – vielfach erprobt, wenig bedacht. Ein Beitrag zur qualitativen Methodendiskussion. In: Bogner, A./Littig, B./Menz, W. (Hrsg.): Das Experteninterview. Opladen, S. 71–93.

Michaelis, Richard (2003): Grenzsteine der Entwicklung. Berlin: Infans.

Montada, Leo (2002): Die geistige Entwicklung aus der Sicht Jean Piagets. In: Entwicklung des Problemlösens. In: Oerter, Rolf; Montada, Leo (Hrsg.): Entwicklungspsychologie. Weinheim: Beltz.

Moss, Peter; Urban, Mathias (2011): Democracy and Experimentation: two fundamental values for Education. Gütersloh: Bertelsmann.

Nentwig-Gesemann, Iris (2008): Rekonstruktive Forschung in der Frühpädagogik. In: Balluseck, H. von (Hrsg.): Professionalisierung der Frühpädagogik. Perspektiven, Entwicklungen, Herausforderungen. Opladen; Farmington Hills: Verlag Barbara Budrich, S. 251–263.

Nentwig-Gesemann, Iris; Fröhlich-Gildhoff, Klaus; Harms, Henriette; Richter, Sandra (2011): Professionelle Haltung. Identität der Fachkraft für die Arbeit mit Kindern unter drei Jahren. München: Deutsches Jugendinstitut, Weiterbildungsinitiative Frühpädagogische Fachkräfte (WiFF).

Nentwig-Gesemann, Iris (2008). Das Konzept des forschenden Lernens im Rahmen der hochschulischen Ausbildung von Frühpädagoginnen. Expertise für die Robert-Bosch-Stiftung.

Neuß, Norbert (Hrsg.) (2007): Bildung und Lerngeschichten im Kindergarten. Berlin: Cornelsen.

Neuß, Norbert (2007): Eine neue Sicht auf Selbstbildungsprozesse bei Kindern. In: Neuß, Norbert (Hrsg.): Bildung und Lerngeschichten im Kindergarten. Berlin 2007, S. 123–158.

Neuß, Norbert (2009): Unsichtbare Freunde von Kindern. Warum Kinder Phantasiegefährten erfinden? Berlin 2009. Cornelsen.

Niedersächsisches Kultusministerium (Hrsg.) (2005): Orientierungsplan für Bildung und Erziehung im Elementarbereich niedersächsischer Tageseinrichtungen für Kinder. Hannover.

Nohl, Arndt-Michael (2007): Komparative Analyse: Forschungspraxis und Methodologie dokumentarischer Interpretation. In: Bohnsack, R.; Nentwig-Gesemann, I.; Nohl, A.-M. (Hrsg.): Die dokumentarische Methode und ihre Forschungspraxis. Grundlagen qualitativer Sozialforschung. 2., erweiterte und aktualisierte Auflage. Wiesbaden: VS-Verlag für Sozialwissenschaften, S. 255–276.

Nohl, Arnd-Michael (2009): Interview und dokumentarische Methode. Anleitungen für die Forschungspraxis. 3. Auflage. Wiesbaden: VS Verlag für Sozialwissenschaft.

Nörenberg, Matthias (2007): Professionelles Nicht-Wissen. Sakratische Einredungen zur Reflexionskompetenz in der Sozialen Arbeit. Heidelberg: Carl-Auer Verlag.

Oelkers, Jürgen; Reusser, Kurt (2008): Qualität entwickeln – Standards sichern – mit Differenzen umgehen. Berlin: BMBF; Bildungsforschung Band 29.
Oerter, Rolf (2002): Spiel und kindliche Entwicklung. In: Entwicklung des Problemlösens. In: Oerter, Rolf; Montada, Leo (Hrsg.): Entwicklungspsychologie. Weinheim: Beltz
Oerter, Rolf; Dreher, Michael (2002): Entwicklung des Problemlösens. In: Oerter, Rolf; Montada, Leo (Hrsg.): Entwicklungspsychologie. Weinheim: Beltz
Oevermann, Ulrich (1979): Sozialisationstheorie – Ansätze zu einer soziologischen Sozialisationstheorie und ihre Konsequenzen für die allgemeinsoziologische Analyse. In: Kölner Zeitschrift für Soziologie und Sozialpsychologie, Sonderheft 21: Deutsche Soziologie seit 1945, s. 143–168.
Oevermann, Ulrich (1981): Fallrekonstruktionen und Strukturgeneralisierung als Beitrag der objektiven Hermeneutik zur soziologisch-strukturtheoretischen Analyse. Frankfurt am Main: unveröffentl. Manuskript. Abrufbar unter: http://www.agoh.de/cms/de/downloads/uebersicht/oeffentlich/oevermann. Letzter Zugriff: 14. 10. 2011.
Oevermann, Ulrich (1996): Theoretische Skizze einer revidierten Theorie professionellen Handelns. In: Combe; Helsper (Hrsg.): Pädagogische Professionalität. Frankfurt a. M.: Suhrkamp, S. 70–182.
Oevermann, Ulrich (2001 a): Zur Analyse der Struktur von sozialen Deutungsmustern (1973) In: Sozialer Sinn, Heft 1/2001, S. 3–33.
Oevermann, Ulrich (2001 b): Die Struktur sozialer Deutungsmuster – Versuch einer Aktualisierung. In: Sozialer Sinn, Heft 1/2001, S. 35–81.
Oevermann, Ulrich (2008): Profession contra Organisation? Strukturtheoretische Perspektiven zum Verhältnis von Organisation und Profession in der Schule. In: Helsper, W.; et al. (Hrsg.): Pädagogische Professionalität in Organisationen. Neue Verhältnisbestimmungen am Beispiel Schule. Wiesbaden: VS Verlag für Sozialwissenschaften, S. 55–77.
Peez, Georg (2005): Evaluation ästhetischer Erfahrungs- und Bildungsprozesse. Beispiele zu ihrer empirischen Erforschung. München: kopaed.
Petermann, Franz; Niebank, Kai; Scheithauer, Herbert (2004): Entwicklungswissenschaft. Berlin: Springer.
Pfadenhauer (2010): Kompetenz als Qualität sozialen Handelns. In: Kurtz, Th.; Pfadenhauer, M. (Hrsg.): Soziologie der Kompetenz. Wiesbaden: VS Verlag für Sozialwissenschaften, S. 149–172.
Rabe-Kleeberg, Ursula (1999): Professionalität und Geschlechterverhältnis. In: Combe, A./Helsper, W. (Hrsg.): Pädagogische Professionalität. Frankfurt am Main: Suhrkamp, S. 276–302.
Rabe-Kleeberg, Ursula (2006): Mütterlichkeit und Profession – oder: Mütterlichkeit, eine Achillesferse der Fachlichkeit? In: Diller, A.; Rauschenbach, Th. (Hrsg.): Reform oder Ende der ErzieherInnenausbildung? Beiträge zu einer kontroversen Fachdebatte. München: DJI-Verlag, S. 95–109.
Rabe-Kleeberg, Ursula (2003): Gender Mainstreaming und Kindergarten. Weinheim: Beltz
Rademacher, J./Trautewig, N./Günther, A./Lehmann, W./Quaiser-Pohl, C.: Wie können mathematische Fähigkeiten im Kindergarten gefördert werden? Ein Förderprogramm und seine Evaluation. In. Report Psychologie (9) 2005, S. 366–376.

Rauh, Helgard (2002): Vorgeburtliche Entwicklung und Frühe Kindheit. In: Entwicklung des Problemlösens. In: Oerter, Rolf; Montada, Leo (Hrsg.): Entwicklungspsychologie. Weinheim: Beltz.

Rauner, Felix (2006): Kompetenzentwicklung in der beruflichen Bildung. Vortrag zur Veranstaltung des Norddeutschen Zentrums zur Weiterentwicklung der Pflege (NDZ) am 21.02.2006 in Hamburg. Abrufbar im Internet auf www.pflegesoft.de; Letzter Zugriff: 14.10.2011.

Rauner, Felix; Haasler, Bernd; Heinemann, Lars; Grollmann, Philipp (2008): Messen beruflicher Kompetenzen. Band 1: Grundlagen und Konzeption des KOMET-Projekts. Münster: LIT-Verlag.

Rauner; et. al. (2009): Berufliche Kompetenz messen: Das Projekt KOMET. Zwischenbericht 2009. Universität Bremen.

Reich, Kersten (2008): Konstruktivistische Didaktik. Lehr- und Studienbuch mit Methodenpool. Weiheim: Beltz.

Reichertz, Jo (1997): Objektive Hermeneutik. In: Hitzler, R.; Honer, A. (Hrsg.): Sozialwissenschaftliche Hermeneutik. Opladen: Leske + Budrich, S. 31–55.

Reyer, Jürgen (2004): Kindergarten. In: Benner, Dietrich; Oelkers, Jürgen (Hrsg.): Historisches Wörterbuch der Pädagogik. Weinheim: Beltz.

Robert Bosch Stiftung (2008): Frühpädagogik studieren – ein Orientierungsrahmen für Hochschulen, Stuttgart.

Robert Bosch Stiftung (2008): Qualifikationsprofile in Arbeitsfeldern der Pädagogik der Kindheit. Ausbildungswege im überblick. Stuttgart 2011.

Rohrmann, Tim (2006): Männer in Kindertageseinrichtungen und Grundschulen: Bestandsaufnahe und Perspektiven. In: Krabel, Jens; Stuve, Olaf (Hrsg.): Männer in „Frauenberufen" der Pflege und Erziehung. Opladen: Verlag Barbara Budrich.

Rychen, Dominique Simone (2003): Schlüsselkompetenzen und die potentielle Rolle kultureller Bildung. Aus der Sicht des OECD-Projektes DeSeCo. In: Kompetenzentwicklung in der kulturellen Bildung. Remscheid: Bundesvereinigung Kulturelle Jugendbildung e. V.

Schäfer, G. E. (1989). Spielphantasie und Spielumwelt. Spielen, Bilden und Gestalten als Prozesse

zwischen Innen und Außen. Weinheim, München: Juventa.

Schäfer, Gerd E. (1998/2005): Bildungsprozesse im Kindesalter. Weinheim: Juventa.

Schäfer, G. E. (2002). Bildung beginnt vor der Schule. Fachpolitischer Diskurs – Köln, Maternushaus. Vortragsmanuskript vom 14.2.2002.

Schäfer, Gerd E. (2003/2005): Bildung beginnt mit der Geburt. Förderung von Bildungsprozessen in den ersten sechs Lebensjahren. Weinheim: Beltz.

Schäfer, Gerd E. (2009): Einführung in die Pädagogik der frühen Kindheit. http://www.hf.uni-koeln.de/data/eso/File/Schaefer/Einfuehrung_in_die_Paedagogik_der_fruehen_Kindheit_I.pdf; 14.3.2012

Schäfer, Gerd E. (2005): Überlegungen zur Professionalisierung von ErzieherInnen. Expertise für die Robert-Bosch-Stiftung. Stuttgart: Robert Bosch Stiftung.

Schäfer, Gerd E. (2008): Lernen im Lebenslauf. Formale, non-formale und informelle Bildung in früher und mittlerer Kindheit. Landtag Nordrhein-Westfalen: Enquetkommission „Chancen für Kinder".

Schäfer, Gerd E. (2010): Fachfrau für den kindlichen Anfängergeist. In: Schäfer, Gerd E.; Staege, Roswitha, Meiners, Kathrin (Hrsg.)(2010): Kinderwelten – Bildungswelten. Unterwegs zur Frühpädagogik. Berlin. Cornelsen

Schäfer, Gerd E. (2011): Was ist frühkindliche Bildung? Kindlicher Anfängergeist in einer Kultur des Lernens. Weinheim/München Juventa.

Schäfer, G. E.; Strätz, R. et. al. (2005): Beobachtung und Dokumentation in der Praxis. Arbeitshilfen zur professionellen Bildungsarbeit in Kindertageseinrichtungen. CD und Handbuch. Kronach.

Schäffter, Ortfried (2007): Erwachsenenpädagogische Institutionsanalyse. Begründungen für eine lernförderliche Forschungspraxis. In: Heuer, U.; Siebers, R. (Hrsg.): Weiterbildung am Beginn des 21. Jahrhunderts. Festschrift für Wiltrud Gieseke. Münster, New York, München, Berlin: Waxmann Verlag.

Schmalenbach, Bernhard (2007): Eine heilpädagogische Psychologie der Hand. Luzern: Edition SZH/CSPS.

Schneider, Gerald (1988): Hermeneutische Strukturanalyse von qualitativen Interviews. In: Kölner Zeitschrift für Soziologie und Sozialpsychologie, Heft 2, Jg. 40, S. 223–244.

Scholl, Armin: Die Befragung: sozialwissenschaftliche Methode und kommunikationswissenschaftliche Anwendung. Konstanz: UVK (UTB).

Simon, Fritz B. (1998): Psychopathologische Konstruktionen. In: Rusch; Schmidt (Hrsg.): Konstruktivismus in Psychiatrie und Psychologie. Frankfurt am Main: Suhrkamp, S. 87–103.

Sodian, Beate (2002): Entwicklung des begrifflichen Wissens. In: Entwicklung des Problemlösens. In: Oerter, Rolf; Montada, Leo (Hrsg.): Entwicklungspsychologie. Weinheim: Beltz.

Spiegel Hartmut, Selter Christoph (2004). Kinder & Mathematik. Was Erwachsene wissen sollten. Seelze: Kallmeyer.

Spitzer, Manfred (2006): Geist und Gehirn. Spiegelneuronen. München: Bayrischer Rundfunk/BR Alpha/Video.

Stenger, Ursula (2007): Zum Ereignischarakter von Bildungsprozessen. In: Wulf, Christoph; Zirfas, Jörg (Hrsg.): Pädagogik des Performativen. Weinheim: Beltz.

Strauss, Anselm; Corbin, Juliet (1996): Grounded Theory: Grundlagen qualitativer Sozialforschung. Weinheim: Beltz.

Sylva, K./Melhuish, E./Sammons, P./Siraj-Blatchford, I./Taggart, B./Elliot, K. (2004) The Effective Provision of Pre-School Education (EPPE) project. Zu den Auswirkungen vorschulischer Einrichtungen in England. In: Faust, G. u. a. (Hrsg.): Anschlussfähige Bildungsprozesse im Elementar- und Primarbereich. Bad Heilbrunn, Julius Klinkhardt, S. 154–167.

Tietze, Wolfgang; Viernickel, Susanne (2007): Pädagogische Qualität in Tageseinrichtungen für Kinder. Ein nationaler Kriterienkatalog. Berlin: Cornelsen.

Tomasello, Michael (2009): Die Ursprünge der menschlichen Kommunikation. Suhrkamp: Frankfurt a. M.

Uhlig, B. (2010): Prozesse ästhetischen Lernens. In: Duncker/Lieber/Neuß/Uhlig (Hrsg.): Bildung in der Kindheit. Seelze, S. 132–134.

Viernickel, Susanne; Völkel, Petra (2005): Beobachten und dokumentieren im pädagogischen Alltag. Freiburg: Herder.

Viernickel, Susanne; Schwarz, Stefanie (2009): Schlüssel zu guter Bildung, Erziehung und Betreuung – Wissenschaftliche Parameter zur Bestimmung der pädagogischen Fachkraft-Kind-Relation. Berlin: GEW.

Vogel, Peter (1999): Der Theorie-Praxis-Konflikt in der Pädagogik als Deutungsmuster im Studienalltag – oder: Was lernt man eigentlich im erziehungswissenschaftlichen Studium? In: Der pädagogische Blick 7, S. 34–40.

von Hentig, H. (2003):Wissenschaft. Eine Kritik. München: Hanser.

Weber, Sigrid (Hrsg.) (2005): Die Bildungsbereiche im Kindergarten. Basiswissen für Ausbildung und Praxis. Freiburg

Weinert, Franz E (2001): Vergleichende Leistungsmessung in Schulen – eine umstrittene Selbstverständlichkeit. In: Weinert, Franz E. (Hrsg.): Leistungsmessungen in Schulen. Weinheim: Beltz, S. 17–31.

Weltzien, Dörte; Viernickel, Susanne (2008): Einführung stärkeorientierter Beobachtungsverfahren in Kindertageseinrichtungen – Auswirkungen auf die Wahrnehmung kindlicher Interessen, Dialogbereitschaft und Partizipation. In: Fröhlich-Gildhoff, K.; Nentwig-Gesemann, I. ; Haderlein, R. (Hrsg.): Forschung in der Frühpädagogik. Freiburg: FEL, S. 203–234.

Whalley, Margy (2008): Eltern als Experten ihrer Kinder. Das „Early Excellence" – Modell in Kinder- und Familienzentren. Berlin: dohrmann Verlag.

Wilke, Franziska (2004): Schemata. Eine Theorie kindlicher Bildungsprozesse. In: Kinderbeobachtung in Kitas. Erfahrungen und Methoden im ersten Early Excellence Centre in Berlin. Berlin: dohrmann Verlag.

Witzel, Andreas (2000): Das problemzentrierte Interview. Forum Qualitative Sozialforschung. Abrufbar unter: http://qualitative-research.net/fqs. Letzter Zugriff: 14.10.2011.

Wulf, Christoph; Zirfas, Jörg (2007): Performative Pädagogik und performative Bildungstheorien. Ein neuer Fokus erziehungswissenschaftlicher Forschung. In: Wulf, Christoph; Zirfas, Jörg (Hrsg.): Pädagogik des Performativen. Weinheim: Beltz.

Wygotski, Lev (1980): Das Spiel und seine Bedeutung in der psychischen Entwicklung des Kindes. In: Elkonin, Daniil (Hrsg.): Beiträge zur Psychologie. Berlin: Volk und Wissen

Wygotski, L. S. (1987): Ausgewählte Schriften, Bd. 2, Arbeiten zur psychischen Entwicklung der Persönlichkeit, Köln: Pahl-Rugenstein Verlag.

Zimbardo, Philip G. (1992): Psychologie. 5. neu übersetzte und bearbeitete Auflage. Berlin, Heidelberg, New York, London, Paris, Tokyo, Hong Kong, Barcelona, Budapest: Springer Verlag.

Zimbardo/Gierrig (2004): Psychologie. Pearson Education: München

Zimmer, Renate (2005): Handbuch der Sinneswahrnehmung. Grundlagen einer ganzheitlichen Bildung und Erziehung. 13. Gesamtauflage. Freiburg im Breisgau.

Zimmer, Renate (2010): Bewegung und Sprache. Verknüpfung des Entwicklungs- und Bildungsbereiches Bewegung mit der sprachlichen Förderung in Kindertageseinrichtungen. DJI: URL: http://www.dji.de/bibs/384_Expertise_Bewegung_Zimmer.pdf, Letzter Zugriff: 14.10.2011.

FSC
www.fsc.org
MIX
Papier | Fördert gute Waldnutzung
FSC® C083411

Kolibri 360 GmbH
Ferdinand-Jühlke-Straße 7
99095 Erfurt, Deutschland
produktsicherheit@kolibri360.de